# 新型干法水泥
## 生产工艺读本

### 第三版

王君伟 编著

XINXING GANFA SHUINI SHENGCHAN GONGYI DUBEN

化学工业出版社

·北京·

为普及水泥新型干法生产工艺知识，传播近年来水泥生产工艺方面技术新进展，本书比较系统地介绍了水泥新型干法生产工艺中原燃料、石灰石破碎、生料均化、物料粉磨、熟料煅烧方面的基本知识；并以第二代新型干法生产线技术创新和研发为核心，重点介绍了节能减排和水泥窑炉协同处置废弃物等方面的内容，展示了水泥行业在科技方面的新进展和新概念。

　　本书可作为生产一线人员培训读物，也可供水泥专业院校学生参考。

**图书在版编目（CIP）数据**

新型干法水泥生产工艺读本/王君伟编著. —3 版.
北京：化学工业出版社，2017.6（2022.9重印）
　ISBN 978-7-122-29561-3

　Ⅰ.①新… Ⅱ.①王… Ⅲ.①水泥-干法-生产工艺
Ⅳ.①TQ172.6

中国版本图书馆 CIP 数据核字（2017）第 088857 号

---

责任编辑：韩霄翠　仇志刚　　　　　　　　文字编辑：李　玥
责任校对：王　静　　　　　　　　　　　　装帧设计：张　辉

---

出版发行：化学工业出版社（北京市东城区青年湖南街 13 号　邮政编码 100011）
印　　装：北京盛通数码印刷有限公司
787mm×1092mm　1/16　印张 15¼　字数 377 千字　2022 年 9 月北京第 3 版第 3 次印刷

---

购书咨询：010-64518888　　　　　　　　售后服务：010-64518899
网　　址：http://www.cip.com.cn
凡购买本书，如有缺损质量问题，本社销售中心负责调换。

---

定　　价：68.00 元

# 前　言

《新型干法水泥生产工艺读本（第二版）》出版至今已六年了，时值实施国民经济"十二五"规划，在这期间水泥工作者为推进水泥技术进步做出不懈努力，引领我国水泥行业用新技术、新设备提升生产效率，节能减排取得明显效果。在"十三五"规划起始之年，水泥行业要继续为缓解社会资源紧张、改善环境以及为水泥行业"从大到强"等方面，做出新贡献。为此，本书在第二版基础上，采纳企业读者反馈意见，删除了某些内容，如窑、磨操作等，并对六年间的工艺新技术、新设备、科技创新，以新版形式进行增补和修正，以满足基层读者了解新知识、新动态的渴望，具体如下。

① 节能减排是一项利国、利民、利企业的举措。水泥企业要扭转"高污染、高排放"的社会形象，在节能减排方面要有所作为，故新版中增设"节能减排"篇幅。

② 废物的循环使用与低品位原燃材料的综合利用是缓解自然资源匮乏、持续生产和企业履行社会责任的表现之一。故以"消纳处置废渣、废物资源化利用"为题，突出介绍"水泥窑炉协同处置固体废物"在减量化、资源化和无害化中的优势和处置技术路线。

③ 为增强操作者在生产中的预见性，利于科学操作，增添了"水泥窑生产操作中常用计算公式"内容。

④ 近年来，政府为配合"十二五"规划实施，制定和颁布了一系列政策、法规和标准，对水泥行业的能耗限额和环保限值的标准，以"新"刷"旧"进行补录。结合"十二五"期间科研实施成果，在"新技术""新设备""新概念"方面进行全新介绍，赋予新的思路进行扩展阐述。

第三版依然是一本献给水泥企业职工的科普读物，让读者在阅读中感受到时代跳动的脉搏。希望能为读者打开水泥知识门窗，开阔视野，活跃思维，为"十三五"规划实施立新功！

本书得以出版到第三版，特别感谢读者对本书的厚爱以及化学工业出版社的大力支持。另外，本书在编写过程中参考了一些文献和《水泥》《水泥技术》《水泥工程》《新世纪水泥导报》等专业杂志，在此向原作者和这些杂志的编辑们再次表示衷心感谢！同时对为本书编写提供建议的企业和为书稿顺利完成提供技术信息的水泥粉磨实践专家邹伟斌先生以及尧柏特种水泥公司蒲城分公司副经理王俊高工、陕西声威建材公司杨新社高工等的帮助致以谢意！笔者还要感谢李薇、隋建平、张小芬、郑丽珠、李志龙、李志、兰建成、王莉薇、丁玲玲、杨林、任建新、周其峰、赵桂珍等对书稿完成给予的帮助!

由于编者技术水平有限,技术资料掌握不全,取舍不一定合适,书中如有疏漏和不妥之处,恳请水泥同行、读者赐教指正。

编著者

2016 年 8 月

# 第一版前言

　　这是一本以"读书笔记"方式编写的"科普读物"，也是一本面向广大水泥生产一线职工的读本。市场需求变化推动技术进步，科技进步促进生产发展；技术形势发展，需要综合技能型的操作人才和科技人才。我国正处于工业转型的重要时期，发展中的新生事物来势迅猛，人的认识也要跟随时代不断刷新和前进。知识具有共享性，人们会在反复应用中验证前人所给予的知识，从浩瀚的知识海洋中得到启示并消化、吸收，从而更新、发展、创造具有更高价值的技术产品，这种继往开来的"知识"演变为后人认识自然、改造自然、开拓未来的能力。

　　波特兰水泥自 1824 年诞生以来，生产技术和装备经历了多次重大变革，特别是 20 世纪 70 年代出现的预热预分解技术（新型干法技术），符合现代水泥工业时期所要求的"生产规模扩大、生产效率提高、物耗能耗下降、环保功能增强"。世界各国水泥科技工作者、生产者与时俱进，为之奋斗，取得令人瞩目的成就。我国水泥新型干法技术虽然起步晚，但在老一辈水泥工作者的关怀和重视下，新生代努力拼搏，相继开发出具有自主知识产权和我国特色的新型干法技术和设备，现已成为我国水泥工业结构调整的主导方向。

　　为让读者更多地、更轻松地了解水泥工业发展的现状和趋势，本书以 2000t/d 及以上规模新型干法水泥生产线为主线，从原燃料、破碎、均化、粉磨、煅烧、环保和科技进展等方面，本着"工艺为主、兼顾设备，着重现在、展示发展"的意图进行编写，较系统地介绍了新型干法水泥生产工艺的基本知识。本书系采撷于浩瀚的书本、专业杂志和生产经验，经过取舍、加工整理出的一本反映水泥行业最新研究成果和成熟技术的读物，奉献给我国水泥企业工作者，希望以其知识性、普及性、新颖性和实用性能对水泥专业人员积累知识、更新知识有所帮助；也希望通过阅读本书，在获得新知识，开阔眼界的同时，能为企业腾飞插上知识飞翔的翅膀。

　　在此向所有被本书所引用和摘引资料的作者以及提供信息的专业杂志编辑们致以谢意！本书在编写中，得到原陕西秦岭水泥股份公司高级技术顾问李祖尚的指导；有关预分解窑操作部分，得到了陕西秦岭水泥股份公司 7 号窑分厂副厂长、总工程师王俊的帮助，在此一并表示感谢！作者还要感谢李薇、隋建平、杨林、赵桂珍、林莹、张小芬对书稿的顺利完成给予的热情帮助。

　　本书编写的初衷是希望能为企业一线人员提供水泥生产基本知识，但由于作者长期在生产企业从事技术管理和技术服务工作，对生产实际操作知识的掌握不如一线人员，加上资料很欠缺，书中观点仅供参考，不足和疏漏之处恳请读者指出，以便修正、补充。

编著者

2006 年 12 月

# 第二版前言

《新型干法水泥生产工艺读本》问世至今已有 3 年多，在这期间，我国水泥工业在生产、科研等方面有很大进展。为了反映水泥工业技术进步的新成就、新内容，笔者在第一版基础上对相关内容进行补充和修订，重点有以下三方面。

一是根据新发布的标准、规范和产业政策，对相关内容作了必要论述和数值修正。

二是除保留硅酸盐水泥生产基础知识外，新融入了 3 年多来日产熟料 5000t 规模新型干法生产线的新信息、新实践和新数据。

三是补充了近年来我国和世界水泥工业在生产、科研等方面的新举措、新成果和新概念，目的是希望读者通过阅读本书，获得水泥技术发展的"新思维、新趋势、新热点"等信息。如：第一章补充了可以享受增值税即征即退政策的废渣目录、中国煤炭编码总表；第五章对使用水泥助磨剂时应注意的问题作了进一步补充；第六章对篦式冷却机和低温余热发电作了补充修正；第九章介绍了水泥工业协同处置废弃物的技术途径、节能减排技术和低碳经济的知识。

第二版仍然是一本适合水泥企业职工的专业科普读物。在进入 21 世纪的今天，需要"用科学头脑去思考，用科学方法去工作"，希望本书能为水泥生产一线职工提供一些简明信息，供实践中参考和验证。

本书在编写过程中参考了一些文献资料和《水泥》《水泥技术》《水泥工程》《新世纪水泥导报》《中国水泥》等专业杂志，在此向原作者和这些杂志的编辑致以真诚的谢意。本书的编写也得到了陕西秦岭水泥股份公司和陕西声威建材集团有限公司的帮助，在此一并表示感谢！笔者还要感谢李薇、隋建平、杨林、赵桂珍、林莹、张小芬等对书稿顺利完成给予的热情帮助。

由于笔者水平有限，书中如有疏漏和不妥之处，请水泥同行和读者指正。

编著者

2010 年 9 月

# 目　录

# 绪　论

　　20世纪50～70年代出现的悬浮预热和预分解技术（即新型干法水泥技术）大大提高了水泥窑的热效率和单机生产能力，以其技术先进性、设备可靠性、生产适应性和工艺性能优良等特点，促进水泥工业向大型化进一步发展，也是实现水泥工业现代化的必经之路，成为当今世界水泥工业的主导技术。

　　我国水泥行业采用预热预分解技术装备进行生产，虽然起步晚、起点低，但在"引进、消化、改造、创新"过程中，水泥工作者不懈努力，取得实质性效果，如今继续向高层次的"第二代新型干法水泥生产研发技术"进军。从"八五"以来，以提高新型干法回转窑生产水泥熟料比例、调整结构、转型升级为具体目标，提出"上大改小"和"限制、淘汰、改造、提高"的方针，"十二五"期间"转方式、调结构、拓功能、促和谐"，以及近年来在"淘汰落后、优化存量、产业结构重组"的产业政策指导下，大大提升了预热预分解窑生产线结构比例。据介绍，截至2015年我国预热预分解生产线比例达到97％和集中度（集中度是按前十大集团熟料产能占全国熟料总产能的比例计算的）达到54％。

　　新型干法水泥生产是以悬浮预热和预分解技术装备为核心，以先进的环保、热工、粉磨、均化、储运、在线检测、信息化、自动化等技术装备为基础；采用新技术和新材料；节约资源和能源，充分利用废料、废渣，促进循环经济，实现人与自然和谐相处的现代化水泥生产方法。协同处置社会废物、废渣时，水泥生产主体工艺流程差别不大，因需要增加预处理设置，故在细部的生产工艺流程上有差异。至于应用"第二代新型干法水泥"的科研技术成果和实现"水泥工业4.0智能工厂"后，随着工艺设备配置改变、过程控制技术和两化融合，水泥生产工艺流程有何变化，作为后话。

　　**(1) 常规式**　水泥生产主要工艺过程简要概括为"两磨一烧"或"三磨一烧"。按主要生产环节论述为：矿山采运（自备矿山时，包括矿石开采、破碎、运输、预均化等）、生料制备（包括物料破碎、原料预均化、原料的配合、生料的粉磨和均化等）；熟料煅烧（包括煤粉制备、熟料煅烧和冷却等）；水泥的粉磨（包括粉磨站）与水泥包装（包括散装）、余热发电等。如图0-1所示。

　　**(2) 协同处废时**　利用水泥窑协同处置固体废弃物时，因废弃物种类颇多，形态多样，来源复杂，其有害成分含量比传统原料高且类别多，影响烧成系统生产，故需增加"原燃料预处理"设施。其工艺路线是"预处理＋水泥窑、炉焚烧处置，或生料配伍、或水泥消纳"。工艺流程详见本书第八章第四节"三、水泥窑协同处置固体废弃物方式"中所述。

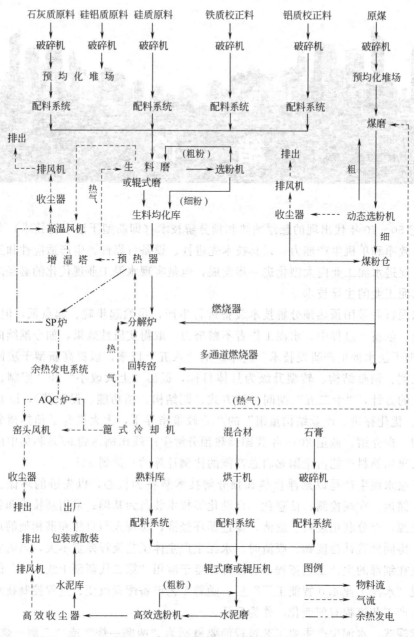

图 0-1　新型干法水泥生产工艺流程

# 第一章　原燃料

众所周知，水泥生产对原燃料依赖性很大，原料的优劣是决定产品质量好坏的重要因素。预分解窑系统对原燃料中的有害成分（碱、$Cl^-$、$SO_3^{2-}$ 等）很敏感，因此在新型干法水泥生产线筹建初期，除需获得原料矿山的地质勘探报告并要查明储量外，对其中有害成分的含量、放射性物质和微量元素情况应有所了解，作为资源可行性依据；在生产线的建设中，必须重视对原燃料性能的研究，根据其质量和物理性能，来选择或设计相应的预热预分解和粉磨生产系统；工厂投产后，除对进厂原料进行批次成分分析外，也要经常对其品质进行检验，掌握其质量和波动情况，为生产操作提供依据和制备出优质的水泥、熟料产品满足用户要求。

硅酸盐水泥熟料的基本化学成分是钙、硅、铁、铝的氧化物，主要原料是石灰质原料和硅铝质原料（或黏土质原料）。石灰质原料主要提供氧化钙成分，硅铝质原料主要提供氧化硅、氧化铝成分。当成分中氧化硅、氧化铁、氧化铝含量偏低时，需补充硅质原料、铁质原料和铝质原料参与配料。我国回转窑、分解炉普遍采用煤粉作为燃料，所以配料中还需考虑煤灰掺入量和成分。制备水泥时，除水泥熟料外，还需掺入缓凝剂，有的还掺加混合材料、外加剂等。从环保和利用资源角度出发，水泥生产用的原燃料结构，已从传统使用天然矿石资源，向低品位化、岩矿化、废渣化和当地化发展，尽最大可能降低对自然资源和能源的索取。

国家鼓励企业开展资源综合利用，推动循环经济发展，政府给予在税收增值税减免方面的优惠。2015 年 6 月 12 日中华人民共和国财政部和国家税务总局联合发布了《资源综合利用产品和劳务增值税优惠目录》的通知（财税［2015］78 号），明确了以 42.5 及以上水泥原料掺加 20% 以上来自所列资源，其他水泥的原料 40% 以上来自所列资源可享受 70% 的退税比例。实施该通知，采用了"扶持高等级水泥生产和环保达标企业"的政策，体现了"扶优扶强"和"强化环保"战略，鼓励提高熟料强度，使原先不能享受优惠政策的 42.5 及以上水泥，获得实质受益。同时也更严格地明确能获优惠的企业条件是：企业排放必须达标；必须有信用等级纳税、不得使用《产业结构调整指导目录》中的禁止类、限制类的项目，否则不能享受优惠政策，还要受到处罚。

各体系水泥熟料的主要原料及水泥组分简介见表 1-1。

**表 1-1　各体系水泥熟料的主要原料及水泥组分简介**

| 水泥熟料种类 | 主要原料或组分 |
|---|---|
| 硅酸盐水泥熟料 | 石灰质原料、硅铝质原料、校正原料 |
| 铝酸盐水泥熟料 | 石灰质原料、铝质原料(铝矾土) |
| 硫铝酸盐水泥熟料 | 石灰质原料、铝质原料(铝矾土)、硫质原料(石膏) |
| 铁铝酸盐水泥熟料 | 石灰质原料、铝质原料(铁矾土)、硫质原料(石膏) |
| 氟铝酸盐水泥熟料 | 石灰质原料、铝质原料(铝矾土)、萤石(有的还加石膏) |
| 抗硫酸盐水泥熟料 | 石灰质原料、铁质原料、高硅质原料 |
| 防辐射水泥熟料 | 钡或锶的碳酸盐(或硫酸盐)、硅铝质原料 |
| 道路水泥熟料 | 石灰质原料、硅铝质原料、铁质原料或少量矿化剂 |
| 白水泥熟料 | 石灰质原料、硅铝质原料(如高岭土)、少量矿化剂和增白剂 |
| 生态水泥熟料 | 固体废弃物(如城市垃圾焚烧灰或下水道污泥或工业废渣等)、石灰石、黏土 |
| 土聚水泥熟料 | 高岭土(活化后)、碱性激发剂、促硬剂 |
| 彩色水泥熟料 | 直接煅烧法:石灰质原料、硅铝质原料、金属氧化物着色原料、校正原料及矿化剂 |
| 彩色水泥 | 混合着色法:白水泥、白石膏、颜料及少量外加剂 |
| 无熟料水泥 | 工业废渣(矿渣、钢渣等)、激发剂、石膏 |
| 少熟料水泥 | 工业废渣(煤矸石、粉煤灰等)、少量水泥熟料、石膏、激发剂 |
| 通用水泥 | 水泥熟料、石膏、混合材(生产 P·I 型不加) |
| 膨胀水泥 | 硅酸盐水泥熟料或铝酸盐水泥熟料、石膏 |
| 低热微膨胀水泥 | 粒化高炉矿渣或沸腾炉渣、适量硅酸盐水泥熟料和石膏 |
| 砌筑水泥 | 活性混合材(如矿渣)加适量硅酸盐水泥熟料和石膏 |
| 碱-胶凝材料 | 工业废渣、尾矿、黏土类物质和碱激发剂 |
| 磷石膏制酸联产水泥 | 磷石膏(或硬石膏)、硅质原料、焦炭末(还原剂) |
| 海工硅酸盐水泥 | 由硅酸盐水泥熟料和天然石膏、矿渣粉、粉煤灰、硅灰粉磨制成 |

# 第一节　石灰质原料

凡是以氧化钙为主要成分的原料 [天然的或工业废渣中含 $CaO$、$Ca(OH)_2$ 或 $CaCO_3$ 成分] 都称为石灰质原料。水泥企业采用的石灰质原料主要是石灰石。因石灰石矿产资源不可再生(意味着需要亿年以上，短期内无法形成)，所以水泥生产企业在对待矿石原料上，一要搭配开采使用，适度贫化，以延长矿山服务年限;二要加强管理，避免乱开采所造成的浪费;三要采用先进开采技术，提高开采利用率、回采率;四要尽可能多利用工业废渣和低品位岩石、尾矿，以减轻对天然石灰石资源的压力。

## 一、天然石灰质原料

常用的天然石灰质原料有石灰岩、泥灰岩、白垩和贝壳等，我国大部分水泥厂使用石灰岩和泥灰岩，它们均属于不可再生资源，应珍惜。

### 1. 石灰岩

石灰岩是由碳酸钙所组成的化学与生物化学沉积岩，纯石灰石是白色的，性脆;按钙、镁、铝成分含量划分的石灰岩种类见表 1-2。石灰岩的化学成分主要为 $CaO$、$MgO$ 和 $CO_2$，主要矿物为方解石，并常含有白云石、硅质（石英或燧石）、黏土质及铁质等杂质，结构致密。用"盐酸法"可鉴别石灰石和白云石，即用 5% 的盐酸滴在岩石上，能迅速激烈发生气泡的是石灰石，无气泡的是白云石（用 10% 的盐酸时，白云石有少量气泡）。

表 1-2　按成分划分石灰岩种类　　　　　单位：%（质量分数）

| 成　分 | 石灰岩 | 含云石灰岩 | 白云石灰岩 | 含泥石灰岩 | 泥灰岩 | 含泥含云石灰岩 | 含云泥石灰岩 | 含泥云石灰岩 |
|---|---|---|---|---|---|---|---|---|
| $CaO$ | 53.4~56.0 | 49.6~53.4 | 43.2~49.6 | 49.6~53.4 | 43.2~49.6 | 43.2~49.6 | 43.2~49.6 | 43.2~49.6 |
| $MgO$ | 0~2.17 | 2.17~5.43 | 5.43~10.85 | — | — | 2.17~5.43 | 2.17~5.43 | 5.43~10.85 |
| $Al_2O_3$ | — | — | — | 3.95~9.88 | 9.88~19.75 | 3.95~9.88 | 9.88~19.75 | 3.95~9.88 |

### 2. 泥灰岩

泥灰岩是一种由石灰岩向黏土过渡的岩石，是由碳酸钙和黏土物质同时沉积的沉积岩，常以夹层或厚层出现，白色疏松土状，性软，易采掘和粉磨。矿物主要由方解石和黏土矿物组成，其氧化钙含量为 35%~44%。矿物粒径小，易烧性和易磨性较石灰石好，我国泥灰岩分布在河南新乡一带。

### 3. 其他

其他常用的天然石灰质原料还有以下几种。

① 大理石：由石灰石或白云石受高温变质而成，$CaCO_3$ 含量很高，但结构致密，不易磨细和煅烧，一般用作建材装饰品。

② 白垩：是一种白色疏松的土块方解石或石英石，由海生物外壳和贝壳沉积而成，富含生物遗体，主要成分是 $CaCO_3$，含量 80%~90%，质软，易开采、破碎和粉磨。

③ 贝壳珊瑚类：$CaCO_3$ 含量达 93% 左右，表面附有泥沙和盐类等杂质，贝壳韧性比较大，不易磨细，需经煅烧后再磨碎。钙质珊瑚石主要分布在海南和台湾，由于它们矿源分布窄和矿量小，不适合在规模大的新型干法生产线上采用。

## 二、工业废渣

主要成分为氧化钙、碳酸钙或氢氧化钙的工业废渣，均可作为石灰质原料来生产硅酸盐水泥熟料。如消解电石排出的电石渣（成分为氢氧化钙）、生产双氰胺后的过滤残渣即双氰胺渣（成分为氢氧化钙）、制糖厂用碳酸法制糖后的糖滤泥（成分为碳酸钙）、制碱厂的碱渣（成分为碳酸钙）及造纸厂的白泥（成分为氧化钙）等，它们质细、含水量高，用于干法生产时应注意烘干脱水、烟气中露点和可燃物对预热器运行的影响等问题。废渣中含有 $CaO$、$Ca(OH)_2$ 或低级硅酸盐矿物，其分解热低，熔点低，故用作水泥原料时还应注意减少用煤量和预热器运行控制温度，避免结皮等不利影响。

## 第二节　硅铝质原料

主要成分为 $SiO_2$，其次为 $Al_2O_3$ 的硅铝质原料（或黏土质原料），是生产硅酸盐水泥熟料的第二大原料，一般生产 1t 熟料需 0.3~0.4t 硅铝质原料。硅铝质可分为天然黏土质原料和工业废渣。衡量黏土的质量主要有黏土的化学成分 [硅酸率（SM）、铝氧率（IM）、氯离子]、含砂量、含碱量及热稳定性等工艺性能。近年来，为提高硅酸率值，多采用砂岩配料。

## 一、天然硅铝质原料

天然硅铝质（黏土质）原料是由沉积物经过压固、脱水、胶结及重结晶作用而成的岩石或风化物，如黄土、黏土、页岩、泥质岩、硅石、粉砂岩及河泥等，其中黏土（包括黄土等）、页岩、粉砂岩用得最多。其质量受母岩影响，矿物组成比较复杂，大致包括黏土矿物和碎屑及伴生矿物两部分。黏土矿物主要有三种类型：高岭石类、蒙脱石类、水云母类。黏土矿物的共同特点是它们的晶体一般都很细小，由于沉积环境和形成条件不同，其化学成分中 $SiO_2$、$Al_2O_3$、碱含量变化大。按硅酸率和铝氧率，硅铝质原料分类见表1-3。抗压强度，黏土最低，易开采；粉砂岩、页岩抗压强度中等，开采较困难；砂岩抗压强度最高，开采困难。硅酸率，黏土、页岩类较低；粉砂岩中等；砂岩最高。

表1-3　硅铝质原料分类

| 名　称 | 成因 | <5mm/% | SM | IM | $R_2O$/% | 主要的黏土矿物 |
|---|---|---|---|---|---|---|
| 黄土 | 风积 | 20～30 | 3.0～4.0 | 2.3～2.8 | 3.5～4.5 | 伊利石、水云母 |
| 黄土类亚黏土 | 冲积 | 30～40 | 3.5～4.0 | 2.3～2.8 | 3.5～4.5 | 伊利石、水云母 |
| 黏土 | 冲积 | 40～55 | 2.7～3.1 | 2.6～2.8 | 3.0～5.0 | 蒙脱石、水云母 |
| 红（黄）壤 | 冲积 | 40～60 | 2.5～3.3 | 2.0～3.0 | <3.5 | 高岭石 |
| 页岩 | 沉积 | | 2.1～3.1 | 2.4～3.0 | 2.0～4.0 | 蒙脱石、水云母 |
| 粉砂岩 | 沉积 | | 2.5～3.0 | 2.4～3.0 | 2.0～3.0 | |

### 1. 黄土类

黄土主要分布在华北和西北地区，由花岗岩、玄武岩等经风化分解后，再经搬运、沉积而成。"原生"以风积成因为主，"次生"以冲积成因为主，其黏土矿物以伊利石为主，其次为蒙脱石、石英、长石、方解石、石膏等。与黏土相比，黄土中含细砂较多，硅酸率高，但细小的微粒（又称黏粒）含量少，可塑性差。此外，由于常年干旱，风化淋溶作用较弱，含碱量高。

### 2. 黏土类

黏土类是由钾长石、钠长石或云母等矿物经风化及化学转化，再经搬运、沉积而成的。黏土具有可塑性，细粒状的岩石，主要矿物为石英和黏土矿物。因分布地区不同，矿物组成也有差异，如西北、华北地区的红土（主要矿物为伊利石与高岭石）、东北地区的黑土与棕壤（蒙脱石和水云母）和南方地区的红壤及黄壤（主要是高岭石，其次是伊利石）。使用黏土、黄土要占用大量农田，生产、设计中，要尽量考虑岩矿化和利用废渣；黏土质原料中一般均含有碱，它是由云母、长石等经风化、伴生、夹杂而带入的，若风化程度高、淋溶作用好，一般碱含量低。用窑外分解窑生产硅酸盐水泥时，要求黏土中碱含量小于4.0%。

### 3. 页岩类

页岩是黏土受地壳压力胶结而成的黏土岩，层理分明，颜色不定，其成分与黏土类相似，均以硅、铝为主，硅酸率较低。它的主导矿物是石英、长石类云母、方解石以及其他岩石碎屑，根据所含胶结物不同分硅质、铝质、碳质、砂质和钙质页岩等，结构致密结实，易磨性差。

新型干法水泥生产工艺读本（第三版）

#### 4. 砂岩类

砂岩（SM＞3.0，作为硅质原料）由海相或陆相沉积而成，是以 $SiO_2$ 为主要成分的矿石。

**(1) 硅质矿石种类和矿物**　硅质矿石按种类分为石英砂（又称硅砂）和石英石（硅石）；按砂石类别分为岩类（石英岩、硅质岩、脉英石、石英砂岩）和砂类（石英砂、泥质石英砂）。

① 石英砂，是指符合工业标准的天然生成的石英砂以及由石英石粉碎加工的各种粒度的矿砂（人造硅砂），其矿物含量变化大，主要矿物成分为粉砂状石英含量 50%～60%、黏土矿物占 35%～45% 和少量云母、铁质，易磨性较砂岩好。

② 石英石，是指符合工业标准的天然生成的石英砂岩、石英岩和脉石英、岩类、固结的碎屑岩和石英的碎屑，占 95% 以上。主要矿物为石英、长石、方解石、云母及碎屑。

硅质砂石都是以石英为主要矿物，其化学成分为 $SiO_2$，结晶型，莫氏硬度为 7，是一种坚硬、较难粉碎的硅酸盐矿物，化学性质稳定，耐高温，不溶于酸（除氢氟酸外），微溶于 KOH 溶液中。

**(2) 硅质矿石性能**　随着煅烧、粉磨的技术和设备优化，水泥厂采用砂岩类硅质原料替代或部分替代黏土质原料日益增多，为进一步了解砂岩结构对矿石工艺性能（破碎性、磨蚀性、易磨性）的影响，便于寻找和使用砂岩类矿石，笔者摘录了天津水泥工业设计研究院倪祥平等对石英砂岩试样的研究结论如下（详见《水泥技术》2004 年第 4 期）："决定砂岩工艺性能的内在因素是石英颗粒大小、含量（主要影响砂岩的磨蚀性和易磨性）和胶结状态（主要决定砂岩的破碎性和磨蚀性）；石英颗粒较大、含量较高的砂岩易磨性较差，磨蚀性较大；砂岩的破碎性与 $SiO_2$ 含量没有关系。砂粒细小的砂岩破碎性较差，磨蚀性大；煅烧可以使砂岩的易磨性得到不同程度的改善，而改善破碎性和磨蚀性程度则取决于其晶体结构。除石英晶体过小（隐晶）、结构疏松或泥质含量较高的砂岩，煅烧改善效果不明显外，其他砂岩通过煅烧其破碎性都能得到明显改善。"

## 二、工业废渣和尾矿

### 1. 工业废渣

用作硅铝质原料的工业废渣很多，如煤矿开采中的煤矸石、发电厂排出的工业废渣（粉煤灰、液态渣）及开采白土矿时的尾矿（白土贫矿）等。当用湿磨干烧工艺时，用湿排渣应注意它对生料浆的泌水性和流动性的影响以及杂质对煅烧的影响。因废渣中含有可燃质或水泥熟料初级矿物 $C_2S$ 而降低热耗，故利用废渣时应适当减少配煤量。赤泥是制铝工业排出的红色工业废渣，它含有害成分碱和钛的氧化物，会影响煅烧和熟料质量，使用时，要采取必要的措施。

### 2. 尾矿

尾矿是指由选矿厂排出的尾矿浆，经自然脱水后所形成的固体废料，也包括与矿石一道开采出的废石。对水泥行业，主要利用尾矿的硅、铝、铁、钙化学组分以及尾矿中含有金属元素和硫化物、氟化物等具有矿化剂作用的成分。

硅酸盐型尾矿，按尾矿中主要组成矿物的组合情况，用次要成分命名的有如下几种。

① 镁铁型：无石英、碱含量低，如橄榄石。

② 钙铝型：石英含量较少、碱含量较高，如辉石。

③ 长英岩型：含石英、碱含量较高，如石英。

④ 碱性型：无石英、碱含量高，如长石。

⑤ 高铝型：碱含量较高，如叶蜡石。

⑥ 高钙型：碱含量较高，如硅灰石。

⑦ 硅质岩：硅含量高、碱含量低，如石英岩、石英砂等。

化学成分以 $SiO_2$ 为主的金属尾矿，均可作为硅质替代原料。一般高钙硅酸盐型和钙铝硅酸盐型尾矿，适合用于制造硅酸盐水泥熟料的原料；高铝硅酸盐型，适合生产铝酸盐水泥熟料；硅质岩型尾矿和磷酸盐型尾矿，可作为配料组分和校正原料；镁铁型、长英岩型和碱性型尾矿，不适合用于生产水泥。

# 第三节　铝质及硫质原料

非硅酸盐类水泥熟料主要原料，除石灰质原料外，还有铝质原料（以铝矾土为代表）、硫质原料（以石膏为代表）、工业废渣等，详见表1-1。本节对铝质原料、硫质原料作简单介绍。

## 一、铝质原料

铝质原料为含 $Al_2O_3$ 高的矿石（主要是铝矾土，又称铝土矿）或工业废渣如粉煤灰、煤矸石等。按 $Fe_2O_3$ 含量又可分为铝矾土和铁矾土（$Fe_2O_3$ 含量小于5%的称为铝矾土，大于5%的称为铁矾土）。在水泥行业中铝矾土是生产铝酸盐、硫铝酸盐、氟铝酸盐水泥熟料的主要原料；铁矾土则是生产铁铝酸盐的原料。

铝矾土是主要化学成分为 $Al_2O_3$、$Fe_2O_3$、$SiO_2$、$TiO_2$ 及少量 CaO、MgO、硫化物、微量的镓、锗、磷、铬等元素的化合物。$SiO_2$ 在铝土矿中主要以高岭石、伊利石、叶蜡石等硅酸盐矿物形式存在，有的还含石英、蛋白石以及其他黏土矿物。铝土矿中的主要矿物为一水硬铝石（$Al_2O_3 \cdot H_2O$）、一水软铝石（$Al_2O_3 \cdot H_2O$）、三水硬铝石（$Al_2O_3 \cdot 3H_2O$），其中常混杂有高岭石、赤铁矿、水云母和石英等。

我国铝矾土资源丰富，主要特点是：矿石类型以一水硬水铝石为主，主要产地集中（河南、山东、山西、广西一带）；矿物种类多，组成复杂；与国外相比，具有高铝、高硅、低铁的特点。铝矾土主要用于冶炼金属铝，剩下的用于生产耐火材料、化学制品、研磨材料和铝酸盐水泥。

铝土矿质量好坏用铝硅比来衡量。铝土矿按铝硅比分七个等级，其中Ⅰ级、Ⅱ级可用于生产铝酸盐水泥熟料，其成分：Ⅰ级，A/S≥12，$Al_2O_3$≥73%；Ⅱ级，A/S≥9，$Al_2O_3$≥71%。也可按铝硅比划分矾土质量等级，见表1-4。

表1-4　矾土质量等级的划分

| 矾土等级 | 特等 | 一等 | 二等甲 | 二等乙 | 三等 |
|---|---|---|---|---|---|
| $Al_2O_3$/% | >76 | 68~76 | 60~68 | 52~60 | 42~52 |
| $Al_2O_3$/$SiO_2$ | >20 | 5.5~20 | 2.8~5.5 | 1.8~2.8 | 1.0~1.8 |

铝矾土矿的特点其一是硬度高，比石灰石难磨；其二是化学成分波动大，同一矿区、同一矿层，甚至同一开采面的成分各异。因此，利用铝矾土作为原料在生产上必须均化。作为铝质原料的铝矾土，生产不同品种的硫铝酸盐水泥和铝酸盐水泥对铝矾土的质量要求见表1-5。

表 1-5　不同水泥品种对铝矾土质量的要求　　　　单位：%（质量分数）

| 水泥类型 | 矾土品种 | 成　分 | 高　强 | 快　硬 525 | 快　硬 425 | 膨　胀 | 自应力 | 低碱度 |
|---|---|---|---|---|---|---|---|---|
| 硫铝酸盐水泥 | 铝矾土 | $Al_2O_3$ | ≥68 | ≥65 | ≥55 | ≥60 | ≥60 | ≥65 |
| | | $SiO_2$ | <10 | <15 | <20 | <20 | <20 | <15 |
| | 铁矾土 | $Al_2O_3$ | >65 | >60 | >55 | >55 | >55 | |
| | | $SiO_2$ | <8 | <15 | <20 | <20 | <20 | |
| | | $Al_2O_3+Fe_2O_3$ | >72 | >65 | >65 | >65 | >65 | |
| 铝酸盐水泥 | 铝矾土 | $Al_2O_3$ | >70 | | | >73 | | |
| | | $SiO_2$ | <9 | | | <5.0 | | |
| | | $Fe_2O_3$ | <3 | | | <2.5 | | |
| | | $R_2O$ | <1 | | | <1.0 | | |

## 二、硫质原料

硫质原料指的是以含硫酸盐为主的矿石（以石膏为代表）或含硫分高的工业废渣（如磷石膏），作为生产硫铝酸盐、铁铝酸盐和氟铝酸盐水泥熟料时的原料。硫质原料中 $SO_3$ 是产生无水硫铝酸钙矿物的主要成分，石膏还可作为膨胀水泥的膨胀剂。采用工业副产品时，应经过试验，证明对水泥性能无害时方可作为硫质原料。石膏作为原料或矿化剂或水泥调凝剂、激发剂，在化学品质要求和掺加量上是大不相同的。作为硫铝酸盐、氟铝酸盐的原料，生料配制时约掺加 20% 的石膏，其质量要求：二水石膏 $SO_3$ 含量>38%，硬石膏 $SO_3$>48%。粉磨该水泥时，再加适量（掺加量根据品种不同，为 15%～35%）石膏，使水泥水化时，硬化前生成钙矾石和硫铝酸钙，强度高；而作为调凝剂的石膏是生产水泥的重要辅助材料，水泥中 $SO_2$ 含量应按国家标准控制。

天然石膏是石膏矿和硬石膏矿的泛称，它们大都是古代盐湖的化学沉积物，其主要矿物为 $CaSO_4 \cdot 2H_2O$ 和 $CaSO_4$，两者具有共存又可互相转化的特点，杂质为碳酸盐和黏土矿物等。这两种石膏的溶解度存在较大差异，二水石膏在水中溶解快，硬石膏溶解慢。GB/T 5483—2008 国家标准中对石膏各类产品提出的技术要求见表 1-6。工业副产石膏品质要求见 GB/T 21371—2008《用于水泥中的工业副产石膏》。

表 1-6　天然石膏产品品位　　　　单位：%（质量分数）

| 品　名 | 成分 | 特级 | 一级 | 二级 | 三级 | 四级 | 品位计算 |
|---|---|---|---|---|---|---|---|
| 二水石膏 G | $CaSO_4 \cdot 2H_2O$ | ≥95 | | | | | G 类：$CaSO_4 \cdot 2H_2O=4.7785\times H_2O^+$ |
| 硬石膏 A | $CaSO_4+CaSO_4 \cdot 2H_2O$ $K \geq 0.8$ | — | ≥85 | ≥75 | ≥65 | ≥55 | A 类、M 类：$CaSO_4+CaSO_4 \cdot 2H_2O=1.7005\times SO_3$ $+H_2O^+$，$CaSO_4=1.7005SO_3-4.7785\times H_2O^+$ |
| 混合石膏 M | $CaSO_4+CaSO_4 \cdot 2H_2O$ $K<0.8$ | ≥95 | | | | | $H_2O^+$ 为结晶水含量，%；$SO_3$ 为三氧化硫含量，%；$K=CaSO_4/(CaSO_4+CaSO_4 \cdot 2H_2O)$ |

注：附着水含量不大于 4%（质量分数）；资料摘自 GB/T 5483—2008。

# 第四节　校正原料和水泥混合材料

## 一、校正原料

水泥生产外加剂分用于原料校正料、生料制备过程用的外加剂（主要是矿化剂和晶种）和水泥粉磨过程用的外加剂（如调凝剂和助磨剂），其主要品种和作用见附表1-3。原料校正料的外加剂（校正原料），即缺什么补什么，若石灰质和黏土质原料配合，不能得到符合要求的生料成分时，根据所缺少的组分而增加相应的原料，此原料统称为校正原料。

一般要求硅质校正原料的二氧化硅含量为70%～90%。若氧化铁含量不够时，需掺加三氧化二铁大于40%的铁质校正原料，常用的铁质校正原料有硫酸厂或化肥厂的硫铁矿矿渣、金属尾矿和废渣，如铜矿渣、锡矿渣等，它们还具有矿化剂的功能，可改善生料的易烧性、降低煤耗。铝质校正料常用铝矾土、粉煤灰、煤矸石等。生产铝酸盐、氟铝酸盐、硫铝酸盐类水泥时，铝矾土成为主要原料。

## 二、混合材料

水泥中掺加混合材料除了综合利用工业废渣，有利于改善环境，有益于降低水泥成本外，还能改善水泥某些性能，增强对混凝土使用性能的适应性。掺加混合材料可以调整水泥的颗粒级配，为水泥优化和拓展应用提供了条件，具有明显的经济效益、技术效益和社会效益，深受企业欢迎。通用硅酸盐水泥国家标准中除 P·Ⅰ 外，均允许掺加混合材料，不同水泥品种允许掺加混合材料的种类和掺量见表1-7～表1-9。

**表1-7　通用硅酸盐水泥中允许掺加混合材料种类和掺量**　　单位：%（质量分数）

| 水泥品种 | 代号 | 粒化高炉矿渣 | 火山灰质[3] | 粉煤灰[3] | 石灰石 | 说　　明 |
|---|---|---|---|---|---|---|
| 硅酸盐水泥 | P·Ⅰ | 0 | 0 | 0 | 0 | ① 允许用不超过水泥质量且符合标准5%的窑灰或不超过水泥质量且符合标准8%的非活性混合材料代替<br>② 允许用不超过水泥质量且符合标准8%的活性混合材料或非活性混合材料或窑灰中的任一种材料代替<br>③ 火山灰质、粉煤灰均为符合标准的活性混合材料<br>④ 复合水泥中混合材料由两种或两种以上的活性或非活性混合材料组成,其中允许用不超过水泥质量8%的窑灰代替。掺矿渣时,混合材料掺加量不得与矿渣水泥重复 |
| 硅酸盐水泥 | P·Ⅱ | ≤5 | | | 或≤5 | |
| 普通水泥 | P·O | 活性混合材 >5,≤20[①]<br>对非活性混合材替代见说明① | | | | |
| 矿渣水泥 | P·S·A | >20,≤50[②] | | | | |
| | P·S·B | >50,≤70 | | | | |
| 火山灰水泥 | P·P | | >20,≤40 | | | |
| 粉煤灰水泥 | P·F | | | ≥20,≤40 | | |
| 复合水泥 | P·C | >20,≤50[④] | | | | |

注：活性混合材料质量标准，粒化高炉矿渣 GB/T 203—2008、矿渣粉 GB/T 18046—2008、粉煤灰 GB/T 1596—2005、火山灰质混合材料 GB/T 2847—2005。非活性混合材料质量标准，活性指标分别低于标准要求的粒化高炉矿渣矿渣粉、粉煤灰、火山灰质混合材料；石灰石和砂岩，其中石灰石中的三氧化铝含量应不大于2.5%、窑灰符合 JC/T 742 规定。

新型干法水泥生产工艺读本（第三版）

表 1-8　部分其他水泥品种中允许掺加混合材料种类和掺量

| 水泥品种 | 代号 | 混合材料种类及掺量规定 |
|---|---|---|
| 石灰石水泥 | P·L | 10%～20%石灰石。石灰石中 $CaCO_3$ 含量≥75%、$Al_2O_3$ 含量≤2.0% |
| 海工硅酸盐水泥 | P·O·P | 粒化高炉矿渣粉＋粉煤灰＋硅灰，＞50%～70%，其中硅灰含量不超过5% |
| 磷渣水泥 | PPS | 电炉磷渣掺量20%～50%，允许用粒化高炉矿渣替代部分电炉磷渣，替代总量不得超过混合材料总量的50%，此外还可用火山灰质混合材料、粉煤灰、石灰石、窑灰中的任一种材料，或包括粒化高炉矿渣在内的任两种材料替代部分电炉磷渣，最大替代量不得超过混合材料总量的1/3，其中石灰石不得超过水泥总量10%，窑灰不得超过8%。代替后水泥中粒化电炉磷渣掺量不得少于20% |
| 镁渣水泥 | P·M | 掺12%～25%镁渣和矿渣（或矿渣粉）＋火山灰质混合材料＋粉煤灰≤8%，本组分为活性或非活性混合材料 |
| 钢渣水泥 | P·SS | 钢渣掺量≥30% |
| 砌筑水泥 | M | 混合材料掺加量＞50%，可用石灰石（石灰石中氧化铝应不多于2.5%）、窑灰、矿渣、粉煤灰、火山灰质混合材料、电炉磷渣、粒化铬铁渣、钛矿渣、粒化增钙液态渣、钢渣按要求所新开辟的活性混合材料 |
| 低热矿渣水泥 | P·SLH | 粒化高炉矿渣掺加量20%～60%，允许用不超过混合材料总量50%的粒化电炉磷渣或粉煤灰来代替部分高炉矿渣 |
| 道路水泥 | P·R | 活性混合材料掺0～10%。可用粉煤灰（F类）、粒化高炉矿渣、电炉磷渣、钢渣等材料 |

部分混合材料的标准号见表 1-9。因混合材料的品种和掺量数据来自标准，读者使用时，要以现行发布标准为准。

表 1-9　部分混合材料标准号

| 混合材料名称 | 粒化高炉矿渣 | 粒化高炉矿渣粉 | 火山灰质 | 粉煤灰 | 钢渣 | 钢渣粉 |
|---|---|---|---|---|---|---|
| 标准号 | GB/T 203—2008 | GB/T 18046—2008 | GB/T 2847—2005 | GB/T 1596—2005 | YB/T 022—2008 | GB/T 20491—2006 |
| 混合材料名称 | 粒化电炉磷渣 | 粒化电炉磷渣粉 | 钛矿渣 | 硅灰 | 增钙液态渣 | |
| 标准号 | GB/T 6645—2008 | GB/T 26751—2011 | JC/T 418—2009 | GB/T 18735—2014 | JC/T 454—1996 | |

注：镁渣应符合《镁渣硅酸盐水泥》（GB/T 23933—2009）附录 A 的规定，MgO 含量≤8%，28d 活性指数≥70%，放射性检验合格；窑灰应符合《掺入水泥中的回转窑窑灰》JC/T 742—2009。

## 1. 混合材料种类

混合材料按传统分为活性和非活性，工业废渣通过检测其"质量系数、强度指标，或火山灰性，或 28d 抗压强度比"性能指标，来掌握其活性属性和活性高低状况，从而判定其属性是活性混合材料，还是非活性混合材料。另外，按 $SiO_2$ 含量划分为酸性、中性和碱性；按来源分为天然和人工，如火山灰质混合材料中天然的（火山灰、凝灰岩、沸石岩等）、人工的（煤矸石、烧页岩、煤渣等）。生产上常用工业废渣或固体废物中无机物作为混合材料，水泥工业中使用的火山灰质混合材料是综合利用地方资源和各种工业废料的重要方面，可以因地制宜、就地取材。

## 2. 改善水泥性能简介

活性混合材料是指具有潜在水硬性和火山灰性或兼有水硬性和火山灰性的矿物质材料。在磨细并在碱、硫激发下，水化后产生胶凝性，对水泥性能起改善作用。除了能够降低早期水化热、提高水泥的耐蚀性、具有持续增长的后期强度外，对水泥浆体和水泥石还起到如下作用：①改善水泥浆体的流变性能；②降低浆体流动性经时损失率；③提高硬化浆体的韧性，改善水泥石的抗裂性；④工业废渣中若有害成分含量超过标准限值，不但不能改善水泥浆体性能，反而会影响强度和耐腐蚀性，必须加以控制。活性混合材料性能见附表5-5。

非活性混合材料是指在水泥中主要起填充作用，而不损害水泥性能的矿物质材料。具有微集料效应和稀释作用，可改善水泥的水化热和颗粒级配，提高其密实性。由于它无胶凝性，掺加后会降低水泥强度，而且对后期强度无所作为，故对其掺量需要加以控制。

石灰石列入非活性混合材料，具有颗粒形貌效应和填充效应。研究和实践表明，石灰石粉因其含有 $CaCO_3$ 成分，在水泥水化过程中，可与熟料矿物铝相和水泥水化产物 $Ca(OH)_2$ 反应，生成碳铝酸盐（$3CaO \cdot Al_2O_3 \cdot CaCO_3 \cdot nH_2O$），也可以与其他水化产物搭接。石灰石粉分散在水泥颗粒之间，促使水泥颗粒解絮，加速水化效应，使水泥石结构更密实，有利于提高水泥早期强度和耐久性。水泥中适当掺量的石灰石粉，通过改善水泥的颗粒级配，使水泥石结构致密，基本上不降低早期强度，对改善水泥性能有利，但后期强度有所下降，因此掺加石灰石粉量受限制。

### 3. 改善水泥性能的机理

**(1) 基本机理** 水泥加入活性混合材料，可利用其具有的活性效应、形态效应、填充效应、微集料效应和稀释效应，来改善水泥的一些性能。共同点：①混合材料的活性组分，需通过化学碱、硫、热激发和机械磨细等措施，提高其活性，以利于后期强度增长；②由于它们活性均较水泥熟料低，水化速率慢，因而早期强度低、水化热低；③混合材料的二次水化作用，消耗水泥的水化产物 $Ca(OH)_2$，故而能改善水泥的抗侵蚀性能。若 $Ca(OH)_2$ 流失过多，则降低水泥浆体碱度，进而引起其他水化产物分解溶蚀，影响强度；④有的混合材料中还含有水硬性矿物，如矿渣中硅酸二钙 $C_2S$、黄长石 $C_2AS$ 等，钢渣中 $C_3S$、$C_2S$ 等，本身具有潜在胶凝性，磨细后，在有水和碱性条件下，参与水化反应，促进后期强度增长。

**(2) 改善流动性机理** 游离于水泥浆体中的减水剂多，能改善浆体的流动性。水泥中掺加混合材料后，改善浆体流变性能。这是因为水泥中掺加混合材料后：①降低水泥中熟料用量，浆体流变性能好；②水泥早期水化慢，故水化产物少，也因具有吸附减水剂的水泥水化产物量减少，致使在同样的减水剂掺量下，游离于水泥浆体中的减水剂多，改善水泥浆体的流动性；③改善流动性程度与混合材料品种有关，因各种混合材料本身的需水性不同，影响程度有差别，如矿渣、石灰石属于结构致密的材料，本身需水量很小，粉磨后又起到微粉填充作用，能大幅度改善水泥浆体的流变性能；而火山灰质混合材料，结构疏松，内表面积很大，容易吸收水分，必然造成浆体黏度增大，对水泥浆体的流动性改善程度要比石灰石差。

**(3) 改善水泥后期强度增长速率** 水泥掺加混合材料后，早期强度下降，但后期强度的增长率高，长期强度甚至超过未掺混合材料的硅酸盐水泥。这是因为：①混合材料的活性远低于水泥熟料的活性，而且混合材料水化需要 $Ca(OH)_2$ 激发，因而混合材料对早期的胶凝性贡献不大，早期强度低。②由于 C—S—H 凝胶和 $Ca(OH)_2$ 晶体的黏结性差别所致。硅酸盐水泥水化产物主要是 C—S—H 凝胶和 $Ca(OH)_2$。而 C—S—H 凝胶比表面积大，与未水化的水泥颗粒及集料黏结性能好，$Ca(OH)_2$ 结晶易覆盖在骨料表面其黏结性差。当混合材料掺入后，二次水化的作用减少了 $Ca(OH)_2$ 含量，继而混合材料水化又生成 C—S—H 凝胶。一方面减少 $Ca(OH)_2$ 含量，另一方面却增加 C—S—H 凝胶，并胶连成网，形成结构强度，从而有利于提高水泥石后期强度。③有的混合材料具有潜在活性，随着龄期延长发挥其水化活性。

**（4）改善抗侵蚀性能的机理**　水泥石遭受腐蚀的原因，主要是侵蚀物质侵入水泥石中的 $Ca(OH)_2$ 和水化铝酸钙引起破坏。掺加混合材料，可以减少水泥浆体和水泥石中的 $Ca(OH)_2$ 含量，而且所形成的 C—S—H 凝胶，其 C/S 比下降，均有利于提高其抗侵蚀性能。尤其是在通用硅酸盐水泥中掺加火山灰质混合材料，它所含有的活性氧化硅，能与水泥水化时放出的 $Ca(OH)_2$ 结合生成低碱度水化硅酸钙，使溶液中 CaO 的浓度仅为 $0.05\sim0.09g/L$，CaO 在淡水中溶析速度显著降低。另外还能使高碱性水化铝酸钙 $C_4A \cdot aq$ 转变为低碱性水化铝酸钙 $C_2A \cdot aq$。而低碱性水化铝酸钙溶解速度较快，在 CaO 浓度较低的液相中结晶，不致因生成钙矾石，使固相体积膨胀产生局部内压力，使水泥石或水泥混凝土破坏，提高了抗硫酸盐侵蚀性能。

**（5）影响水泥颗粒级配机理**　水泥混合材料的掺加对水泥的颗粒组成有影响：共同粉磨时主要是熟料与混合材料的易磨性差别，分别粉磨时主要是矿物粉的颗粒分布，使组合水泥颗粒粒度分布变宽，影响水泥粉体和水泥浆体的紧密堆积状态。

① 利用混合材料与熟料的易磨性不同，在共同粉磨时，易磨性好的混合材料可以补充细水泥颗粒组分；易磨性差的补充粗颗粒组分，使之接近 Fuller 曲线。由于混合材料来源与形成条件不同，利用入磨物料其易磨性上的差别，调整粉磨操作来改善水泥颗粒分布，如一般冶炼工业废渣，易磨性比水泥熟料差，火山灰质混合材料易磨性好。用易磨性较好的混合材料（如石灰石等），有利于增加 $5\mu m$ 以下的细颗粒，此时，需要将水泥比表面积控制得稍高一些，否则熟料不易磨细，引起水泥强度下降；掺加易磨性较差的混合材料（如矿渣、钢渣等）共同粉磨时，有利于增加 $<32\mu m$ 熟料含量，对提高水泥胶砂强度有帮助。

② 在分别粉磨时，研究部门对掺加不同比例的水泥熟料磨细粉、混合材料粉（矿渣粉）的混合水泥的颗粒级配进行试验，认为掺含 $8\sim24\mu m$ 和 $32\sim48\mu m$ 的混合材料试样时，其水泥强度也高。依据"与水化程度相适应的最佳紧密堆积"理论，在相同的流动时间，需水量越少，说明其粒径分布比较好，浆体堆积密实度越高，试验结果见表 1-10。

表 1-10　基准水泥细粉与矿渣粉组合试验

| 编号 | 矿渣粉掺比/% | 流动时间/s | 水灰比 | 堆积密度/(t/m³) |
|------|------|------|------|------|
| A | 10 | 125.30 | 0.1780 | 0.6290 |
| B | 20 | 125.30 | 0.1718 | 0.6381 |
| C | 60 | 125.30 | 0.1725 | 0.6371 |
| D | 40 | 125.30 | 0.1680 | 0.6436 |
| E | 50 | 125.30 | 0.1620 | 0.6496 |

注：随着矿渣粉掺量的增加，在相同流动度下，浆体需水量呈逐渐减少趋势，浆体密实度增高，既说明矿粉的填充效应起作用，又表明混合体的粒径分布好。

# 第五节　燃　料　煤

我国水泥工业基本上使用煤作为燃料，我国煤的分类，根据煤的干燥无灰基挥发分含量，划分为褐煤（$V_{daf}>37\%$）、烟煤（$V_{daf}10\%\sim37\%$）、无烟煤（$V_{daf}<37\%$）三大煤种，见附表 1-2。我国新型干法水泥回转窑煅烧熟料早先大多采用烟煤作燃料，如今为配合节能

减排和缓解资源紧张，降低成本，因地制宜地利用当地无烟煤资源和协同处置固体废弃物，是企业生存发展的需要。为此，科研设计部门开发研究出与煤质相适应的煅烧工艺和设备，已取得成效并推广使用，详见第六章。

## 1. 品质要求

用于水泥生产燃煤的品质要求见表1-11。煤的工业分析、元素分析和发热量对回转窑、炉中煤粉燃烧过程有着重要影响，也涉及热耗和操作，故有限值要求。

**(1) 水分** 工业分析中原煤水分是游离水，分内在水和外在水。内在水在燃烧过程中析出，会增大煤的内比表面积，增加碳的活性，有利于煤的着火；外在水分高会降低煤的收到基发热量，增加原煤重量，降低实物干煤量，还会增加烘干时热耗。少量的煤粉水分在高温生成水煤气，有利于燃烧；若煤粉中水分过多，成为一种有害成分，则不仅不易燃烧，而且水分汽化时，还要吸收热量。在输送、储存过程中，还容易引起堵塞，影响煤粉均匀喂煤，故企业不仅需控制进厂原煤水分，还要控制生产中煤粉水分，力求降低煤粉水分。

**(2) 灰分** 煤灰可作为水泥生料的一部分，但煤的灰分过大，对燃烧和熟料质量不利。因为：①煤的灰分成分不均匀分布，将影响熟料质量均齐；②灰分高，发热量必然下降，对煅烧操作和熟料质量、产量有一定影响；③在煅烧过程中，灰分需要分解吸热，消耗热量。

**(3) 挥发分** 煤的挥发分对火焰的形成和熟料质量有直接影响。含量过高，将使黑火头缩短，热力分散，形成低温长带煅烧，导致熟料强度降低；反之，挥发分高的煤粉燃烧时，易造成热力集中，形成短焰急烧，导致熟料安定性不良，也影响耐火材料使用寿命。

**(4) 固定碳** 固定碳是煤粉发热量的主要来源。固定碳含量关系到煤燃烧后发出的热量，并对燃烧空气量的配置起着指导作用。

**(5) 发热量** 发热量是煤炭重要的使用性能。硅酸盐水泥熟料烧成温度为 1450℃，需要燃料煤具有高的发热量，燃烧后形成高温火焰。燃料的发热量过低，燃烧后火焰温度低，影响熟料形成，质量低，甚至不合格。

**(6) 硫含量** 含硫量高的煤燃烧后，会产生大量的 $SO_2$，腐蚀设备和污染环境，而且多余的硫分会在回转窑系统中富集，从而导致预分解系统黏结堵塞，影响操作。

**表 1-11 水泥厂使用的原煤品质要求**

| 项目 | 灰分 $A_{ad}/\%$ | 挥发分 $V_{ad}/\%$ | 全硫 $S_{t,ad}/\%$ | 发热量 $Q_{net,ad}/(kJ/kg)$ | 水分 $M_{ad}/\%$ |
|---|---|---|---|---|---|
| 烟煤 | <30 | 20~35 | <2 | >21000 | <15 |
| 无烟煤 | <30 | <10 | <5 | >21000 | — |
| 水泥工厂设计规范 | ≤28.0 | ≤35.0 | ≤2.0 | ≥23000 | ≤15.0 |

## 2. 替代燃料

在协同处置固体废渣中，如何利用水泥窑、分解炉的热工优势，来消解处置由可燃性废料所排出的危害成分，避免再次对环境污染，并如何综合利用其热能作为熟料煅烧替代部分燃料，是生产应用中需要弄清楚和解决的技术问题，也是持续发展和环境保护的需要，亦是20世纪90年代国内外研究探索的新课题。可用作水泥窑炉的"替代燃料"的工业废渣参见表1-12。

**表 1-12　可用作水泥厂替代燃料的废弃渣示例**

| 形态 | 废弃渣名称 |
|---|---|
| 气体 | 沼气、热解气体等 |
| 固体 | 废纸类、废纺织品、煤矸石、废塑料、废橡胶、废木屑、生活垃圾、污泥、农业废弃物等 |
| 液体 | 焦油、酸渣、废油、石化废料、化工废料、废溶剂、沥青渣、油泥、蜡悬胶液、墨油残渣等 |

# 第六节　原燃料的综合要求

原燃料是生产水泥熟料的物质基础，硅酸盐类水泥主要原料为石灰质和硅铝质原料。从来源来说，要求有近距离的、储量大的石灰岩资源（矿山）作保障；又有交通方便、运距短的硅质原料矿床；有就近可利用的工业废渣和尾矿，以减轻对天然矿石的需求。从质量管理来讲，一般质量要求见附表 1-1 和表 1-9 中所列标准的规定，由于水泥企业所生产的水泥熟料品种、等级和所用的当地资源情况不相同，各企业在生产实践的基础上，需提出"原燃材料内控质量指标"，作为采购选择时的技术依据。总体对原燃材料的选择要求是：其所用的原燃材料成分要尽量稳定，满足配料要求，物理性能要有利于生产操作（好煅烧、易粉磨）以及供应量足，保证生产正常，连续运转。企业在选择原燃材料时，从矿石到通用材料品质，提出以下参考意见。

## 一、对石灰质原料矿山的要求

可持续发展和环境保护是 21 世纪工业生产的主题，把矿山建设成资源节约型和环境友好型的矿山是开采者的使命。国土环境资源部提出"发展绿色矿山、建设绿色矿山"的战略目标。颁布了《国家级绿色矿山基本条件》，说明矿山开采要有利于绿色环保和综合利用。

### 1. 质量上，应具有经济开采使用价值

地质勘探时其Ⅰ级品（一般 $CaO \geq 48\%$），能单独与硅、铝、铁质原料配制出合格的水泥生料；Ⅱ级品 $45\% \leq CaO < 48\%$，单独配制比较困难，但还可以使用；Ⅲ级品 $CaO < 45\%$，不能单独配制，需要有高钙质矿石配制。外购石灰石时，要根据矿石质量情况（参考表 1-13 要求），确定该矿山的可选择使用性。水泥石灰石矿山通常是露天开采，在自备矿山时，除注意矿石成分外，还要关注剥采后的剥离物成分和杂质含量，做好综合利用。

**表 1-13　硅酸盐水泥熟料对矿山原料成分一般要求**　　单位：%（质量分数）

| 原料 | 成分 | | 类　别 | | 原料 | 成分 | | 类　别 | | 原料 | 成分 | 数量 |
|---|---|---|---|---|---|---|---|---|---|---|---|---|
| | | | Ⅰ级品 | Ⅱ级品 | | | | Ⅰ级品 | Ⅱ级品 | | | |
| 石灰石 | CaO | | ≥48 | ≥45,<48 | 黏土质 | MgO | | ≤3.0 | | 硅质 | $SiO_2$ | ≥80 |
| | MgO | | ≤3.0 | >3.0,≤3.5 | | $R_2O$ | | ≤4 | | | MgO | ≤3 |
| | $R_2O$ | | ≤0.6 | >0.6,≤0.8 | | $SO_3$ | | ≤2 | | | $R_2O$ | ≤2 |
| | $SO_3$ | | ≤1.0 | ≤1.0 | | SM | | ≥3,<4 | ≥2,<3 | | $SO_3$ | ≤2 |
| | f-$SiO_2$ | 石英质 | ≤6.0 | ≤6.0 | | IM | | 1.5,≤3.5 | 不限 | | | |
| | | 燧石质 | ≤4.0 | ≤4.0 | | | | | | | | |

### 2. 储量上，对持续生产要有保障

矿石是水泥企业生产立足的基本资源，储量是企业建设准入的必需条件。2015 年发布的《水泥行业规范条件（2015 年本）》中规定，"水泥厂建设必须有不低于 30 年石灰岩资源保障"，选择符合质量和储量要求的石灰石矿山，成为筹建和生产建设中首要的、必备的"粮草供应点"。

### 3. 综合利用上，实施资源搭配开采

矿山开采实施先剥后采，要充分利用覆盖的黏土、杂石和矿区中夹石、低品位矿石用于生产，提高矿山资源利用率。有的企业采矿时采富弃贫或不合理开采，导致矿山使用寿命缩短，造成资源严重浪费。对矿石资源综合利用，可以节约资源，延长矿山使用年限，同时不需要征购排废场地，具有环境效益。为综合利用，在采掘时，按水泥生产质量控制、物料平衡需要的 CaO、$SiO_2$，组织爆破，进行高、低品位搭配开采，适度贫化，实现采矿区资源全面利用。此外，在产业链延伸中发展砂石骨料，是综合利用的又一途径。

### 4. 环境保护上，应恢复矿区环境生态化

矿区大规模开采破坏植被，引起水土流失，破坏生态环境，故开采后要恢复矿区环境生态化，必须对矿区生物多样性进行保护，严禁人为狩猎等破坏性行为发生。对前期基建产生破坏生态的地段，采取人工再种植、养殖等恢复原生态环境系统；对矿石开采后的区域要及时复垦、复绿、保水固土，保持开采前后的生物多样性平衡和保障矿区安全，避免泥石流出现。

北京水泥厂的凤山矿是全国首批"绿色矿山"试点单位，开采有序，矿山复绿，并把环保理念贯彻到采、运、卸过程中，实现无尘化开采和采用喷淋方式，降低运输、卸料时扬尘。

## 二、原材料选择上的注意要点

原燃材料的品种、品质，与生产线设备配置和参数指标制定关系很大。筹建时企业向设计方提供的原材料来源要可靠、可行；生产期间所采用的原材料，除根据生产品种，选择其成分品质、储量外，还要考虑其对现有设备工艺配置的适应性和企业成本。

### 1. 常规原燃材料

预分解窑水泥生产线上的生料、水泥粉磨多采用辊式磨、辊压机等料床粉磨方式，且生料在悬浮态下进行分解，其原燃材料的分解性能、易磨性、磨蚀性、可燃性，对企业现有的生产工艺、设备的适应性和质量影响很大。原料生成的地质年代和环境条件，影响物料的物理特性和杂质含量情况。因此，企业在常规原燃材料选择时，不仅要考虑其化学成分、均质性、可供应量，而且需对原燃材料的性能进行测试，了解其物理性能，以便制定生产操作控制参数和指导操作调整方案。

**(1) 石灰质原料** 其成分要求见附表 1-1，在成分上，如石灰石中 MgO 含量过高，会影响窑系统操作和水泥安定性；碱和硫含量过高或硫碱比不合适，会引起系统循环堵塞；石灰石中夹杂的燧石（$f\text{-}SiO_2$），难磨、难烧，影响能耗和熟料质量；重结晶的大理石、方解石，虽然 $CaCO_3$ 含量高，但结构紧密、结晶粗大、完整，不易磨细与煅烧。因此，选择时不仅要考虑其氧化钙和次要成分含量能否满足配料要求，还要关注其分解性能和晶体结构状态。不是品位越高越好（详见笔者编写的《水泥生产工艺误区与解惑》中"第一章中二、原

料选择上误区"），也不是低品位原材料绝对不能用。在一定范围内，通过原料高低质量搭配、调整配料方案、改变操作参数，可以使用低品位石灰石原料（见下面所述）。

**(2) 硅铝质原料** 可作为硅铝质原料的种类很多，如黏土、黄土、页岩、粉砂岩等。新建的新型干法水泥厂，多采用砂页岩、煤矸石或采用硅质原料砂岩等岩矿类，不再采用侵占农田的黏土配料。选择硅质原料时，除关注二氧化硅含量外，更要注意其结晶形态、化学活性（含非晶质 $SiO_2$ 的活性高于晶质的 $SiO_2$）和含砂量。这是因为：在生料煅烧中，需要破坏 $SiO_2$ 原来的结构才能与原料中的 $CaO$、$Al_2O_3$、$Fe_2O_3$ 反应生成水泥熟料矿物。原料中含石英砂时，一是因结晶 $SiO_2$ 在加热过程中只发生晶型转变，晶体未受破坏，晶体内分子难离开晶体而参加反应；二是破坏含晶质 $SiO_2$ 所需能量较高，固相反应速率明显降低。而主导矿物为蒙脱石中，其 $SiO_2$ 呈层状结构，在加热时分解出 $f\text{-}SiO_2$ 和 $Al_2O_3$，其晶型被破坏，易与碳酸盐分解出的 $CaO$ 发生固相反应，形成熟料矿物。因此，要求原料中不含或少含燧石结构，同时也表明用 $SiO_2$ 含量太高的硅质原料并不经济。

**(3) 燃料** 即使煤的挥发分及工业分析彼此相近，但因煤的产地不同其燃烧特性和发热量存在极大差异，也会影响分解炉和窑的运行。因此，要尽可能减少采购的矿点数和注意其品质稳定性。同时也需考虑其中碱、硫、氯含量对熟料煅烧的影响。

**(4) 水泥混合材料** 因混合材料的种类及掺量关系到水泥质量和用户使用质量，因此水泥厂要做到以下两点。

① 必须严格保证混合材料的质量和水泥中的掺加量。凡有质量标准的，应当按标准严格执行；凡没有质量标准的，或水泥产品标准又未引用的一律不得乱掺或超掺，同时严禁用没有标准规范的材料或未经可行性试验合格的新材料作为水泥混合材料。

② 选择混合材料时，除要考虑"就地取材"外，还要着重考虑其他方面，如：a.重视其化学活性和其品质对水泥物理性能和混凝土性能影响；b.了解用户使用环境条件，提供水泥中掺加合适的混合材料品种，或合理选用混合材料品种，进行性能调节，满足用户对水泥性能的需求；c.复掺时，要利用"叠加效应"和"优势互补"原理，选择不同混合材料适宜组合；d.企业在选用新混合材料品种时，首先要进行试验，研究它对水泥性能和混凝土使用性能的影响，进一步确定其掺量。

## 2. 岩矿、低品位原燃料

随着生产发展，天然高品位原料的储量逐渐减少，为持续生产，对原料需另辟来源。天然原料的易烧性、磨蚀性等主要取决于其地质成因、母岩来源和变质程度，因此，用"地质成岩理论"选择水泥原燃料，从"绿色建材"的角度调整原料结构，采用岩矿化、低品位化的，或用废弃渣、尾矿代替传统原料结构的方式，达到优质、节能、合理循环利用资源的效果，是一条出路。原料结构调整模式见表1-14。

**表1-14 原料结构调整模式**

| 传统原料 | 石灰石(钙质原料) | 黏土(硅、铝质原料) | 铁粉(铁质原料) |
|---|---|---|---|
| 调整方向 | 低品位化和废渣化 | 岩矿化、废渣化和尾矿化 | 废渣化 |
| 分类 | 高品位 CaO>48%<br>中品位 CaO 45%~48%<br>低品位 CaO 30%~45% | 沉积岩：页岩、泥质岩<br>岩浆岩：酸性喷出岩、中性岩浆岩、基性岩浆岩<br>变质岩：夕卡岩、金属尾矿、片岩 | 铜渣、铅锌渣、硫铁矿、硫酸渣等 |

续表

| 备注 | CaO 含量/% | 碳酸钙分解温度/℃ | 熔点：高岭土一般为 1580～1700℃，蒙脱石一般为 1350～1450℃ | 铁粉熔点一般为 1350～1450℃ 金属尾矿约 1240℃ |
|---|---|---|---|---|
| | 54 | 约 940 | 熔点规律 | |
| | 48 | 约 860 | 黏土岩＞沉积岩＞岩浆岩＞变质岩 | |
| | 45 | 约 840 | 岩浆岩：由岩浆冷凝固结而成的岩石，由多种不稳定矿物组成，有很多玻璃体和活性成分 | |
| | 35 | 约 822 | 沉积岩：是母岩风化形成的稳定矿物，高熔点，结合键最强 | |
| | 20 | 约 750 | 变质岩：因外界变化，岩浆与围矿热液交代，生成变质矿物，结构变异 | |

**(1) 石灰质** 高品位石灰石、黏土和铁矿石，具有高分解点、高熔点、高黏度、低潜能等特点，属于高能耗料。低品位石灰石因中间矿物多，潜能高，分解温度低，所以钙质原料结构调整的方向是从高品位转向低品位，提高矿石利用率，或用不含 $CO_2$ 的钙质原料代替石灰质原料，缓解资源紧张，还可以节能。从环保角度考虑，用低品位的高镁原料、尾矿，因排放分解产生的 $CO_2$ 少，可减少对环境温室效应的影响，可以达到减排效果。

**(2) 硅质** 硅质原料中含 $SiO_2$ 高，是硅酸盐的主体化学成分之一，若采用活性低、熔点高、液相黏度大的 $SiO_2$，影响 CaO 的溶入，难以形成硅酸盐矿物。$SiO_2$ 的结构黏度见表 1-15。采用液相黏度低的基性岩浆岩、变质岩和部分沉积岩或尾矿来代替黏土，使生料易烧性得以改善。硅质原料岩矿化、尾矿化是未来的发展方向。

**表 1-15 $SiO_2$ 结构黏度分类**

| 黏度级 | 典型矿物 | 典型岩石 |
|---|---|---|
| 无黏度 | 铁铝榴石、绿帘石 | 热液交代变质砂卡岩 |
| 低黏度 | 包头石、绿柱石 | 热液交代变质岩、基性岩浆岩 |
| 中等黏度 | 普通辉石、透闪石 | 基性或超基性岩浆岩、变质岩 |
| 高黏度 | 白云母、高岭石、石英、长石、黏土 | 沉积岩、黏土岩、酸性岩浆岩 |

**(3) 低品位原料** 低品位原材料是指化学成分、杂质含量、物理性能等，不符合一般水泥生产要求的原料。使用低品位原料和工业废渣时，应注意这些原料成分波动大，使用前先要取样分析，使用时要附加其他工艺原料，进行组分搭配，适当调整配比和生产操作参数，以及辅以均化等适应性措施。低品位石灰石其主要成分 CaO 含量低于 45%、$SiO_2$ 含量高于 4%。低品位矿物具有晶格缺陷，使 $CaCO_3$ 分解温度下降，含有微量元素，其共熔温度降低，具有易烧易磨的特点。但其成分波动大、碱含量高等不利因素，给回转窑正常生产带来较大影响。企业通过调整操作参数，使之运转正常。如浙江诸暨八方水泥公司，为使用就近石灰石矿点的低品位石灰石（CaO 含量 40%～46%，$SiO_2$ 含量 10%～12%），先进行易磨性和易烧性试验，确定新的配料方案，并通过试烧、工业试生产，确定工艺操作参数和局部设备改造，成功地生产出 28d 抗压强度≥60MPa、抗折强度≥9.2MPa 的熟料，满足生产 P·O42.5R 和 P·O52.5 水泥对熟料质量的要求。

**(4) 劣质煤** 燃料品位与燃料本身的特性有关，还与燃料使用地点有关。如对回转窑而言，无烟煤是低品位燃料，而对机立窑却是高品位燃料。对预热预分解回转窑而言，劣质煤是指煤的灰分高（$A_{ad} \geqslant 30\%$）、挥发分低（$V_{ad} \leqslant 20\%$）、发热量低（$Q_{net,ad} \leqslant 20000kJ/kg$）的煤种。其可燃性差、燃烧速度慢，易造成燃烧不完全和未燃尽的煤粉跑到后工序继续燃烧，对生产产生不良影响。如窑内出现结圈、结大球等，影响窑内通风；分解炉炉内温度偏低，入窑物料分解率下降，既加重了窑的生产负荷，也易使系统形成结皮，影响通风和系统生产，但可以采取措施处置。广西华润红水河水泥公司，在使用劣质煤（$V_{ad}$ 为 21.81%、$A_{ad}$ 为 38.46%、$Q_{net,ad}$ 为 17274kJ/kg）时，采取应对措施，如适当降低熟料饱和比、将煤粉磨细、减少拉风、相对延长煤粉在炉内停留时间等措施，实现窑系统长期稳定运行，提高熟料产量至 2600t/d（原生产线 2500t/d）左右。

### 3. 工业废渣

利用工业废渣生产水泥、熟料是水泥行业对社会持续发展和环境保护的责任。

**(1) 替代原料** 废渣往往含有微量元素，当利用废渣作为原材料时，它对水泥、熟料质量、性能和煅烧均产生不同影响。对于不同的工业废渣和尾矿，其金属氧化物会在水泥熟料矿物中固溶，而允许的固溶量是不同的，有一定限度和最佳范围，见表1-16。掺量过大，不但不能促进烧成，反而会使熟料质量下降。作为原料时，生产企业通过试验，掌握该工业废渣性能，提出最佳掺量范围。此外，应用废渣时要注意其含铁率和含水率。

表1-16　生料微量氧化物固溶量的控制范围　单位：%（质量分数）

| 微量成分 | f-$SiO_2$ | MgO | $TiO_2$ | $Mn_2O_3$ | SrO | $Cr_2O_3$ | $R_2O$ | $S^{2-}$、$SO_3^{2-}$、$SO_4^{2-}$ |
|---|---|---|---|---|---|---|---|---|
| 极限范围 | 0～4 | 0～3 | 0～4 | 0～4 | 0～4 | 0～2 | 0～1 | 0～4 |
| 最佳范围 | 尽量低 | 0～2 | 1.5～2 | 1.5～2 | 0.5～1 | 0.3～0.5 | 0.5～2 | 0.5～2 |

| 微量成分 | $P_2O_5$ | $F^-$ | $Cl^-$ | ZnO | $CeO_2$ | $B_2O_3$ | | |
|---|---|---|---|---|---|---|---|---|
| 极限范围 | 0～1 | 0～0.6 | 0～0.6 | 1～2 | | | | |
| 最佳范围 | 0.3～0.5 | 0.3～0.5 | 0～0.015 | | 0.5 | <1.0 | | |

| 微量成分 | BaO | $MoO_3$ | $V_2O_3$ | $Co_2O_3$ | $NiO_3$ | CuO | 最佳范围所指 | |
|---|---|---|---|---|---|---|---|---|
| 最佳范围 | 0.3～0.5 | 0.25～0.5 | 0.5～1.5 | 0.25～1.0 | 0.25～1 | 1～3 | 熟料中 | |

**(2) 作为混合材料** 工业废渣作为混合材料，其种类和掺量范围有标准可依。但水泥企业选择混合材料品种、掺加数量时，除其水化活性外还要考虑：①混合材料掺加品种要与熟料矿物组成匹配，如熟料中 $C_3A$ 高时，多掺石灰石；碱高时，多掺火山灰质混合材料，改善水泥性能，有利于混凝土作业；②所掺加混合材料要与用户的使用环境相适应，如用于干燥环境中，不宜使用粉煤灰混合材料；③考虑混合材料来源与采购费用，降低水泥成本。混合材料对水泥颗粒级配、水泥物理性能和对混凝土性能的影响，见本章第四节所述。

对双掺混合材料，要利用"优势互补"原理，有意识地选择不同的、并确定适宜掺量的混合材料组合，使之产生掺单一混合材料不能有的优良效果。如矿渣与粉煤灰复掺，使硬化浆体结构更结实；需水性大的火山灰质混合材料与需水性小的混合材料复掺，使水泥的需水性大幅度下降，而和易性仍很好等。但要注意同质的混合材料双掺时，不如单掺效果好，这是因为没有利用"优势互补"原则选择混合材料。

### 4. 尾矿

矿产尾矿含有水泥生产需要的成分，可作为水泥生产的原料，符合混合材料质量要求的尾矿可作为水泥混合材料。

**(1) 替代原料** 尾矿综合利用时，要执行资源化、减量化和生态化原则。对金属尾矿首先实施资源化原则，先将有用的金属矿物再次回收，然后要尽可能将附加值高的非金属矿物回收，作为水泥生产替代原料。此时，要关注尾矿的化学成分、粒度、硬度和波动情况，以便确定替代哪一类别的原料。

**(2) 作为混合材料** 尾矿用作水泥混合材料的研究工作，2014 年由福建省新创化建科技公司、三明市产品质量检验所等单位联合运作，并起草福建省地方标准《用于水泥和混凝土中的尾矿微粉》，已通过审定。研究表明，无论是哪种尾矿（硅质尾矿、高钙尾矿、黏土类尾矿、复成分尾矿）作为水泥混合材料，在品质上都有如下要求：①成分，除主要成分外，要求烧失量不大于 10％、$SO_3$ 含量不大于 3.5％、矿石放射性合格；②活性，尾矿应具有一定活性，体现出微集料效应和颗粒效应，当尾矿检验能同时满足活性指数和火山灰性时，可作为活性混合材料，只满足活性指数试验要求时，只能作为非活性混合材料使用；③深度处理，采取机械粉磨、热激发以及化学激发相结合的方法，提高尾矿活性，从而增加尾矿掺量和进一步改善尾矿在水泥混凝土中的使用性能。

### 5. 石膏

水泥厂常用天然二水石膏、无水石膏、硬石膏或化学石膏，作为水泥缓凝剂。在常温下，这几种石膏的溶解度和溶解速度不同，导致水泥浆体液相中 $SO_4^{2-}$ 数量不同，影响水泥凝结时间、强度和与混凝土减水剂的相容性等性能。故企业水泥中所掺加的石膏种类、掺量应通过试验确定。

**(1) 石膏种类** 在几种石膏（二水石膏、硬石膏、半水石膏）中，使用硬石膏其溶解速率最低，$SO_4^{2-}$ 浓度不足以控制 $C_3A$ 的水化速率，会引起水泥快凝；半水石膏溶解速率最快，易引起假凝；二水石膏的溶解速率合适，缓凝效果好。

**(2) 石膏品种** 石膏品种和掺量对水泥凝结时间和力学性能有影响。蔡丰礼对不同品种石膏进行试验，研究它们的掺量对水泥性能的影响，得出的结论是：①盐石膏和磷石膏是一种优质的水泥促凝增强材料。②评价顺序，在原材料性能、水泥组分及颗粒细度基本相同的情况下，当石膏掺量相同而品种不同时，对水泥促凝增强效果为盐石膏≥磷石膏≥二水石膏≥硬石膏；当石膏品种相同而掺量不同时，对水泥促凝增强效果，随掺量的增大而提高，但掺量增至一定值后，使用盐石膏、磷石膏、二水石膏的增强效果幅度呈下降趋势，而使用硬石膏仍呈上升势头。

**(3) 工业副石膏** 将化学工业石膏（如磷石膏——制造正磷酸的副产品、氟石膏——从萤石及浓硫酸制备氢氟酸的副产品、柠檬石膏——生产柠檬酸的副产品、硼石膏——制造硼酸的副产品、脱硫石膏——用氧化钙处理烟气中二氧化硫进行脱硫后产生的副产品、钛石膏——生产钛白的副产品等）和其他工业废渣（如磷渣、锰渣等）等作为替代天然石膏的缓凝剂。使用时要注意：①其品质要符合进 GB/T 21371—2008《用于水泥中的工业副产石膏》要求。②使用前必须了解副石膏中 $SO_3$ 含量、属于哪一类石膏和有害成分、是否需预处理。若含有磷、氟等有害成分，要进行改性活化处理；如脱硫石膏水分含量高，则影响下料，要严格控制进厂石膏的水分；或脱硫石膏中若亚硫酸钙含量较高，则会延长水泥凝结时间，为此，宜控制 $SO_3$ 含量比一般略低。③进行强度和调凝作用的试验确定掺量。④掺加副石膏后，水泥中 $SO_3$ 含量要符合标准要求。

# 附表1-1　不同水泥熟料品种对水泥原料质量的一般要求

附表1-1-1　硅酸盐水泥熟料　　　　单位：%（质量分数）

| 原料名称 | | 成　　分 | | | | | | | SM | IM |
|---|---|---|---|---|---|---|---|---|---|---|
| | | CaO | $SiO_2$ | MgO | $R_2O$ | $SO_3$ | $f\text{-}SiO_2$ | $Cl^-$ | | |
| 石灰石 | 一级品 | >48 | | <2.5 | <1.0 | <1.0 | <6(石英) | <0.015 | | |
| | 二级品 | 45~48 | | <3.0 | <1.0 | <1.0 | <6(石英) | <0.015 | | |
| 石灰质 | | >48 | | <3.0 | <0.6 | <1.0 | <4(燧石) | <0.015 | | |
| 泥灰岩 | | 35~45 | | <3.0 | <1.2 | | | <0.015 | | |
| 黏土质 | 一级品 | | | <3.0 | <4.0 | <2.0 | | <0.015 | 2.7~3.5 | 1.5~3.5 |
| | 二级品 | | | <3.0 | <4.0 | <2.0 | | <0.015 | 2.0~2.7<br>3.5~4.0 | 不限 |
| 硅铝质 | | | | <3.0 | <4.0 | <2.0 | | <0.015 | | |
| 硅质校正原料 | | | >80 | <3.0 | <2.0 | 2.0 | | <0.015 | >4.0 | |
| 铁质校正原料 | | $Fe_2O_3$>40,MgO<3,$R_2O$,$SO_3$<2.0 | | | | | | <0.015 | | |
| 铝质校正原料 | | $Al_2O_3$>30,MgO<3,$R_2O$<2.0,$SO_3$<1 | | | | | | | | |
| 矿化剂类 | | 萤石($CaF_2$)>60,$SO_3$>30 | | | | | | | | |

附表1-1-2　特种水泥对铝矾土原料的成分要求　　　单位：%（质量分数）

| 水泥品种 | $Al_2O_3$ | $SiO_2$ | $Fe_2O_3$ | $R_2O$ | 水泥品种 | $Al_2O_3$ | $SiO_2$ | $Fe_2O_3$ | $R_2O$ |
|---|---|---|---|---|---|---|---|---|---|
| AC铝酸盐水泥 | >70.0 | <10 | <3.0 | <1.0 | 双快型砂水泥 | ≥40 | | <5 | |
| 耐火铝酸盐水泥 | >75.0 | <4.5 | <2.0 | <1.0 | 双快硅酸盐水泥 | ≥45 | <30 | <5 | |
| 快硬高强铝酸盐水泥 | >73.0 | <5.0 | <2.5 | <1.0 | 双快氟铝酸盐水泥 | >60 | <13 | <3 | |
| SAC硫铝酸盐水泥 | ≥60.0 | <20 | <5.0 | <1.0 | 白色、彩色水泥 | | | | <0.5 |
| FAC铁铝酸盐水泥 | >55.0 | <20 | >5.0 | <1.0 | 烧铝矾土混合材 | <45 | >20 | | |

注：快硬、低碱度硫铝酸盐水泥要求$Al_2O_3$≥65%，$SiO_2$<15%；铁铝酸盐水泥要求（$Al_2O_3$+$Fe_2O_3$）>65%。

附表1-1-3　生产特种水泥对成分的要求　　　单位：%（质量分数）

| 水泥品种 | 成分 | 石灰质 | 黏土质 | 硅质 | 铁质 |
|---|---|---|---|---|---|
| 白水泥 | CaO | >54 | （白泥） | （硅石） | |
| | $SiO_2$ | | 65~75 | >90 | |
| | $Al_2O_3$ | | | | |
| | $Fe_2O_3$ | <0.1 | <1.0 | <0.5 | |
| | MgO | ≤3.0 | | | |
| | $R_2O$ | <0.5 | <3.0 | | |
| 道路水泥 | CaO | ≥45 | | | |
| | $SiO_2$ | ≤4.0(燧石) | >65 | | |
| | $Al_2O_3$ | <1.5 | >17 | | |
| | $Fe_2O_3$ | | SM=2.3~3.2 | | >40 |
| | MgO | ≤3.0 | IM=1.2~2.8 | | |

| 水泥品种 | 成分 | 石灰质 | 铝质 | 石膏 |
|---|---|---|---|---|
| 铝酸盐水泥（烧结法） | CaO | >54 | 铝矾土 | |
| | $SiO_2$ | <1 | | |
| | $Al_2O_3$ | | >70 | |
| | $Fe_2O_3$ | <0.4 | <2.5 | |
| | $TiO_2$ | | <3.5 | |
| | MgO | <2.0 | <1.0 | |
| | $R_2O$ | <0.2 | <1.0 | |
| 低钙铝酸盐耐火水泥 | CaO | >55 | 矾土 | |
| | $SiO_2$ | | <4.0 | |
| | $Al_2O_3$ | | >75 | |
| | $Fe_2O_3$ | | <2 | |

| 水泥品种 | 成分 | 石灰质 | 黏土质 | 硅质 | 铁质 | 水泥品种 | 成分 | 石灰质 | 铝质 | 石膏 |
|---|---|---|---|---|---|---|---|---|---|---|
| 道路水泥 | $R_2O$ | <1.0 | <4.0 |  |  | 耐火集料(铝矾土) | $SiO_2$ |  | <8 |  |
| 油井水泥 | CaO | ≥52 |  |  |  |  | $Al_2O_3$ |  | >70 |  |
|  | $SiO_2$ |  | ≥65 | ≥75 |  |  | $Fe_2O_3$ |  | <3 |  |
|  | $Al_2O_3$ |  | ≤16 | ≤10 |  |  | $TiO_2$ |  | <5 |  |
|  | $Fe_2O_3$ |  |  |  | ≥65 | 硫、铁铝酸盐水泥 | CaO | >53 | 铝矾土 | 铁矾土 |
|  | MgO | ≤2 |  |  |  |  | $SiO_2$ |  | <25 | 15~20 |
|  | $R_2O$ |  |  |  |  |  | $Al_2O_3$ |  | 55~65 | 45~55 |
| 抗硫酸盐及中、低热水泥 | CaO | ≥50 |  |  |  |  | MgO |  | <1.5 |  |
|  | $Al_2O_3$ |  |  |  |  |  | $SO_3$ |  |  |  |
|  | $R_2O$ | <0.25 | <2.0 | <2.0 |  | 明矾石膨胀水泥 |  | 明矾石 | 用矿渣或粉煤灰时见国标 | 无水石膏 |
|  | SM |  | 较高 |  |  |  | $Al_2O_3$ |  | ≥18 |  |
|  | IM |  | 较低 |  |  |  | $SO_3$ |  | ≥16 | ≥48 |

## 附表 1-2　中国煤炭分类简表

| 项目 |  |  | 分类指标 |  |  |  |  |  |
|---|---|---|---|---|---|---|---|---|
| 类别 | 代号 | 编码 | $V_{daf}/\%$ | $G$ | $Y/mm$ | $B/\%$ | $P_m/\%$ | $Q_{gr,maf}/(MJ/kg)$ |
| 无烟煤 | WY | 01、02、03 | ≤10.0 |  |  |  |  |  |
| 贫煤 | PM | 11 | >10.0~20.0 | ≤5 |  |  |  |  |
| 贫瘦煤 | PS | 12 | >10.0~20.0 | >5~20 |  |  |  |  |
| 瘦煤 | SM | 13、14 | >10.0~20.0 | >20~65 |  |  |  |  |
| 焦煤 | JM | 24 | >20.0~28.0 | >50~65 |  |  |  |  |
| 焦煤 | JM | 15、25 | >10.0~28.0 | >65 | ≤25.0 | ≤150 |  |  |
| 肥煤 | FM | 16、26、36 | >10.0~37.0 | >85 | >25.0 |  |  |  |
| 1/3焦煤 | 1/3JM | 35 | >28.0~37.0 | >65 | ≤25.0 | ≤220 |  |  |
| 气肥煤 | QF | 46 | >37.0 | >85 | >25.0 | >220 |  |  |
| 气煤 | QM | 34 | >28.0~37.0 | >50~65 | ≤25.0 | ≤220 |  |  |
| 气煤 | QM | 43、44、45 | >37.0 | >35 | ≤25.0 | ≤220 |  |  |
| 1/2中黏煤 | 1/2ZN | 23、33 | >20.0~37.0 | >30~50 |  |  |  |  |
| 弱黏煤 | RN | 22、32 | >20.0~37.0 | >5~30 |  |  |  |  |
| 不黏煤 | BN | 21、31 | >20.0~37.0 | ≤5 |  |  |  |  |
| 长焰煤 | CY | 41、42 | >37.0 | ≤35 |  |  | >50 |  |
| 褐煤 | HM | 51 | >37.0 |  |  |  | ≤30 |  |
| 褐煤 | HM | 52 | >37.0 |  |  |  | >30~35 | ≤24 |

注：1. 资料摘自 GB 5751—2009《中国煤炭分类》。

2. $V_{daf}$ 为干燥无灰基挥发分，%；$G$ 为干燥无灰基氢含量，%；$Y$ 为胶质层最大厚度，mm；$B$ 为奥尔膨胀度，%；$P_m$ 为煤透光率，%；$Q_{gr,maf}$ 为恒湿无灰基高位发热量，MJ/kg。

新型干法水泥生产工艺读本（第三版）

3.无烟煤亚类划分：

| 亚类 | 编码 | $V_{daf}/\%$ | $H_{daf}/\%$ |
|---|---|---|---|
| 无烟煤一号 | 01 | ≤3.5 | ≤2.0 |
| 无烟煤二号 | 02 | >3.5～6.5 | >2～3.0 |
| 无烟煤三号 | 03 | >6.5～10.0 | >3.0 |

## 附表1-3 水泥生产常用原料（或外加剂）种类简表

| 种 类 | | 生产水泥熟料用的原料 |
|---|---|---|
| 硅酸盐水泥熟料主要原料 | 碳酸盐 | 石灰石、白垩、大理石、海生壳类、泥灰岩等<br>工业石灰、石灰渣、制糖和化工产品的碳酸盐废渣或氢氧化钙(电石渣)等 |
| | 硅铝质 | 黏土、黄土、页岩、千枚岩、板岩、火山岩、泥岩等<br>粉煤灰、矿渣、造纸工业废料、矿石开采尾矿、煤矸石、炉渣等 |
| 校正料 | 硅质 | 铸造砂、硅灰、红土、轧屑、风积砂、垃圾焚烧灰等 |
| | 铁质 | 黄铁矿渣、赤泥砂和砂岩、铁矿石、金属冶炼矿渣等 |
| | 铝质 | 铝矾土、铁矾土、化学工业废渣、粉煤灰、煤矸石等 |
| 特种外加剂 | 助磨剂 | 表面活性剂(如三乙醇胺)、硫酸盐碱液、聚磷酸钠等，非离子型如煤、焦炭 |
| | 料浆稀释剂 | 表面活性剂 |
| | 粉碎活化剂 | 化学试剂，如碳酸钠等 |
| | 矿化剂 | 氟化物类($CaF_2$)、氟硅酸盐类($Na_2SiF_6$)、硫酸盐类($CaSO_4 \cdot 2H_2O$)、磷酸盐类$[Ca_5(PO_4)_2]$、金属尾矿类(硫铁矿)等 |
| 种 类 | | 用熟料制成水泥的原料(除熟料外) |
| 辅助原料 | 缓凝剂 | 石膏类(天然石膏、化学石膏、氟石膏等)、糖类(蜜糖)、酸类(柠檬酸)、磷酸盐类等 |
| 辅助原料 | 水硬性混合材料 | 具有石灰活性的材料如火山灰、煤矸石、沸石、矿渣、炉渣、粉煤灰等 |
| 特种外加剂 | 助磨剂 | 化工产品：如BD9911、TDA、CBA1110、CGA、CD-88、木质纤维素等 |
| | 激发剂 | 碱性激发剂(如石灰、水玻璃等)、硫酸盐激发剂(半水石膏、硬石膏、硫酸钠等) |
| | 颜料 | 化工产品：颜料如氧化铁(红、黄、绿、黑)，着色剂如$Cr_2O_3$(黄绿色)、$Ni_2O_3$(浅黄色) |

## 附表1-4 水泥生产常用的硅酸盐、碳酸盐、铝酸盐、硫酸盐矿物

| 矿物名称 | 矿物化学组成 | 莫氏硬度 | 矿物名称 | 矿物化学组成 | 莫氏硬度 |
|---|---|---|---|---|---|
| 硅酸盐矿物 | | | 硅酸盐矿物 | | |
| 石英石、石英砂 | $SiO_2$ | 7 | 钾长石 | $K_2O \cdot Al_2O_3 \cdot 6SiO_2$ | 6 |
| 燧石 | $SiO_2$ | 7 | 钠长石 | $Na_2O \cdot Al_2O_3 \cdot 6SiO_2$ | 6 |
| 硅藻土 | $SiO_2$ | 1～1.5 | 钙长石 | $CaO \cdot Al_2O_3 \cdot 2SiO_2$ | 6 |
| 蒙脱石 | $Al_2O_3 \cdot 4SiO_4 \cdot 3H_2O$ | 2～2.5 | 钡长石 | $BaO \cdot Al_2O_3 \cdot 2SiO_2$ | 6 |
| 高岭石 | $Al_2O_3 \cdot 2SiO_2 \cdot 2H_2O$ | 2～2.5 | 霞石正长石 | $Na_3KAl_4 \cdot SiO_4 \cdot O_{16}$ | 5.5～6 |
| 多水高岭石 | $Al_4(Si_4O_{10})(OH)_8 \cdot 4H_2O$ | | 石榴石 | $A_3B_2 \cdot (SiO_4)_3$<br>A指2价金属，B指3价金属 | 7～7.5 |
| 水云母(伊利石) | $KAl_2[(Al,Si)Si_3O_{10}(OH)_2 \cdot nH_2O]$ | 1.5～2 | 硅灰石 | $CaSiO_3$ | 4.5～5 |

| 矿物名称 | 矿物化学组成 | 莫氏硬度 | 矿物名称 | 矿物化学组成 | 莫氏硬度 |
|---|---|---|---|---|---|
| 硅酸盐矿物 | | | 铝酸盐矿物 | | |
| 蛋白石 | $SiO_2 \cdot nH_2O$ | 6～6.5 | 一水软铝石 | $AlO(OH)$ | 3.5 |
| 沸石 | $Na_2O \cdot Al_2O_3 \cdot nSiO_2 \cdot pH_2O$ | 5～5.5 | 一水硬铝石 | $HAlO_2$ | 6～7 |
| 锆英石 | $ZrO_2 \cdot SiO_2$ | 7～8 | 三水铝石 | $Al(OH)_3$ | 2.5～3 |
| 碳酸盐矿物 | | | 刚玉 | $Al_2O_3$ | 9 |
| 方解石、白垩 | $CaCO_3$ | 3 | 水铝英石 | $mAl \cdot nSi \cdot pH_2O$ | 2.5～3.5 |
| 霰石 | $CaCO_3$ | 3.5～4 | 硫酸盐矿物 | | |
| 白云石 | $CaMg(CO_3)_2$ | 3.5～4 | 硬石膏 | $CaSO_4$ | 3～3.5 |
| 菱镁矿 | $MgCO_3$ | 3～5 | 二水石膏 | $CaSO_4 \cdot 2H_2O$ | 1.5～2.0 |
| 菱铁矿 | $FeCO_3$ | 3.5～4.5 | 天青石 | $SrSO_4$ | 3～3.5 |
| 碳酸钡矿石 | $BaCO_3$ | | 重晶石 | $BaSO_4$ | 2.5～3.5 |
| 碳酸锶矿石 | $SrCO_3$ | | 明矾石 | $KAl_3(SO_4)_2(OH)_6$ | 2～2.5 |

## 参考文献

[1] 胡宏泰等.水泥的制造和应用 [M].济南：山东科学技术出版社，1994.

[2] 刘志江等.新型干法水泥技术 [M].北京：中国建材工业出版社，2005.

[3] 马保国等.新型干法水泥生产工艺 [M].北京：化学工业出版社，2007.

[4] 肖忠明.当代高品质水泥的特征和生产途径 [J].水泥，2015，(12)：7-11.

[5] 王燕谋等.硫铝酸盐水泥 [M].北京：北京工业大学出版社，1999.

[6] 张保生等.低品位燃料燃烧特性及其在水泥窑内应用 [M].北京：化学工业出版社，2003.

[7] 黄志安等.胶凝材料标准速查与选用指南 [M].北京：中国建材工业出版社，2011.

[8] 陈鹏.中国煤炭性质、分类和利用 [M].北京：化学工业出版社，2010.

[9] 赵晓东等.水泥中控操作员 [M].北京：中国建材工业出版社，2014.

[10] 蔡丰礼.石膏品种和掺量对水泥促凝增强作用的影响 [J].水泥，2000，(12)：10-13.

# 第二章 原料的配合

水泥工业原料无论是天然原料还是工业废渣或工业副产品，均含有有用的主要成分：$SiO_2$、$Al_2O_3$、$Fe_2O_3$、$CaO$。按照"物质仅以明确固定的比率相互反应"的化学定律，要使各成分、率值在设定范围内，非常重要的一环是原料配比。

为获得优质熟料，通过控制生料化学成分或熟料的率值及矿物组成用优化的配料方案，再经配料组合和煅烧工艺过程，完成制备目的。生产中若某一种原料成分变化，超出控制范围，必须调整相互配比，特别是 $SiO_2$ 的波动对率值影响大。燃料煤灰中富含铝、硅，因此配料时要考虑煤灰掺入对熟料成分的影响。

## 第一节 硅酸盐水泥熟料矿物组成计算

优质水泥的基础是优质熟料，而熟料质量取决于熟料的矿物组成和岩相结构。硅酸盐水泥熟料矿物组成主要是 $C_3S$、$C_2S$、$C_3A$、$C_4AF$。根据矿物组成要求，4 个主要氧化物中 $CaO$ 是极为重要的熟料成分，氧化钙不足导致水泥强度低，氧化钙过量导致安定性不良，同样，氧化硅不足导致水泥早期强度低，而氧化硅过量会引起生料易烧性差等问题。值得注意的是 $SiO_2$ 的波动对率值影响最大。

熟料的矿物组成，可通过岩相、X 射线、红外光谱等分析法测定，也可根据各氧化物成分计算。目前企业广泛采用化学成分计算法。不同熟料品种的熟料矿物组成的计算式见表 2-1~表 2-3。

**表 2-1　硅酸盐水泥熟料矿物组成及其他类别水泥熟料的计算**

单位：%（质量分数）

| 矿物组成 | 硅酸盐、普通硅酸盐水泥熟料、道路水泥熟料、油井水泥熟料 | 中热、低热水泥熟料 | 抗硫酸盐水泥熟料 |
|---|---|---|---|
| $C_3S$ | $4.07(C-f\text{-}CaO)-7.62A-1.43F-2.85SO_3$ 或 $3.8S(3KH-2)$ | $4.07C-7.60S-6.72A-143F-2.85SO_3$ | $4.07(C-f\text{-}CaO)-7.60S-6.7A-1.42F$ |
| $C_2S$ | $8.60S+5.07A+1.07F+2.15SO_3-3.07C$，或 $8.61S(1-KH)$，或 $2.87S-0.754C_3S$ | | |
| $C_3A$ | $2.65A-1.69F=2.65F(IM-0.64)$ | $2.65A-1.69F$ 或 $2.65(A-0.64F)$ | |
| $C_4AF$ | $3.04F$ | | $3.04F$ |
| $CaSO_4$ | $1.70SO_3$ | | |

注：C、S、A、F 分别表示 $CaO$、$SiO_2$、$Al_2O_3$、$Fe_2O_3$。

表 2-2  铝酸盐水泥熟料等的矿物组成计算          单位：％（质量分数）

| | 铝酸盐水泥熟料 | | 硫铝酸盐快硬水泥熟料 | | 膨胀水泥熟料 | |
|---|---|---|---|---|---|---|
| CA | $1.55(2A_m-1)$ $(A-1.70S-2.53M)$ | | $C_4A_3S\bar{O}_3$ | 1.99A | $C_3S$ | $4.07C-7.6S-2.24A-4.29F-2.85SO_3$ |
| $CA_2$ | $2.55(1-A_m)$ $(A-1.70S-2.53M)$ | | $C_2S$ | 2.87S | $C_2S$ | $8.6S+1.69A+3.24F+2.15SO_3-3.07C$ |
| $C_2AS$ | 4.57S | | $C_2F$ | 1.70F | $C_4A_3S\bar{O}_3$ | $1.995A-1.273F$ |
| CT | 1.70T | | CT | 1.70T | $CaSO_4$ | $1.70SO_3+0.284F-0.445A$ |
| $C_2F$ | 1.70F | | | | $C_4AF$ | 3.04F |
| MA | 3.53M | | | | | |

注：C、S、A、F、M、T 分别表示 $CaO$、$SiO_2$、$Al_2O_3$、$Fe_2O_3$、$MgO$、$TiO_2$。

表 2-3  氟铝酸盐水泥熟料等的矿物组成计算          单位：％（质量分数）

| 矿物组成 | $C_3S$-$C_2S$-$C_{11}A_7\cdot CaF_2$-$C_4AF$ 型 | $C_2S$-$C_{11}A_7\cdot CaF_2$-$C_2F$ 型 | 含锰原料 | |
|---|---|---|---|---|
| $C_4AF$ | 3.04F | | $C_3S$ | $3.8(3KH-2)S$ |
| $C_{11}A_7\cdot CaF_2$ | $1.97\alpha(A-0.64)$ | $1.97\alpha(A-2.53F)$ | $C_2S$ | $8.6(1-KH)S$ |
| $C_3S$ | $4.07C-3.47F-3.52A-7.60S-2.85SO_3+3.68N+2.42K$ | | $C_3A$ | $2.65(A-0.64F-0.65MnO_3)$ 或 $2.65(A-0.64F-0.65MnO_2)$ |
| $C_2S$ | $2.87(S-0.261C_3S)$ | 2.87S | $C_4AF$ | 3.04F |
| $C_2F$ | | 1.70F | $C_4AMn$ | $3.06Mn_2O_3=2.78MnO_2$ |
| MA | | 3.53M | | |
| CF | | 1.70T | | |

注：1. 氟硫摩尔比 $\alpha=7CaF_2/(3SO_3+7CaF_2)$。

2. C、S、A、F、M、T、N、K 分别表示 $CaO$、$SiO_2$、$Al_2O_3$、$Fe_2O_3$、$MgO$、$TiO_2$、$Na_2O$、$K_2O$。

控制熟料质量指标，除矿物组成外，还有率值。熟料率值表示熟料中各种氧化物含量的相互比例。我国用饱和比 KH、硅酸率 SM($n$) 和铝氧率 IM($p$) 表示率值。国际上常用的率值还有石灰饱和率 LSF 等。其他体系水泥熟料还有如铝酸盐水泥熟料的碱度系数 $A_m$、铝硅比 $A_s$、硫铝酸盐系列的碱度系数 $C_m$ 等。用率值作为水泥熟料的配料控制指标，计算式见表 2-4。

表 2-4  熟料率值计算表

| 熟料率值 | 计算公式 | 碱度系数 | 计算公式 |
|---|---|---|---|
| 石灰饱和比 | $KH=\dfrac{C-(1.65A+0.35F+0.7\bar{S})}{2.8S}$ | 铝酸盐碱度系数 | $A_m=\dfrac{C-1.87S-0.7(F+T)}{0.55(A-1.70S-2.53M)}$ |
| 硅酸率 | $SM=\dfrac{S}{A+F}$ | 硫铝酸盐碱度系数 | $C_m=\dfrac{C-0.70(F+T+\bar{S})}{1.87S+0.55A}$ |
| 铝氧率 | $IM=\dfrac{A}{F}$ | 铝硅比系数 | $A_s=\dfrac{A}{S}$ |
| 石灰饱和率 | $LSF=\dfrac{C}{2.8S+1.18A+0.65F}$ | 碱的硫酸盐饱和度 | $SG=\dfrac{SO_3}{1.292Na_2O+0.85K_2O}$ |

需要注意的是，使用低质原燃料和工业废渣时，必然带入更多的 $Mn_2O_3$、$TiO_2$、$P_2O_5$ 等少量元素，此时 KH、SM、IM 需要校正：

$$KH=\frac{C-1.65(A+T+P)-0.35(F+Mn)-0.7SO_3}{2.8S}$$

$$SM=\frac{S}{A+T+P+F+Mn}$$

$$IM=\frac{A+T+P}{F+Mn}$$

# 第二节 预分解窑烧制的熟料率值范围

我国目前硅酸盐水泥熟料采用饱和比（KH）、硅酸率（SM）、铝氧率（IM）三率值控制熟料质量。KH 表示熟料中 $SiO_2$ 被 CaO 饱和成 $C_3S$ 的程度，KH 值高，硅酸盐矿物多，溶剂矿物少，熟料中 $C_3S$ 含量越高，强度越高；SM 表示熟料中硅酸盐矿物与溶剂矿物的比例，SM 高，煅烧时液相量减少，出现飞砂料的可能性增大，增加煅烧难度；IM 表示熟料中溶剂矿物 $C_3A$ 与 $C_4AF$ 的比例，IM 高，液相黏度大，难烧，但明显提高了熟料的 3d 强度和扩大了烧成范围，IM 低时黏度较小，对形成 $C_3S$ 有利，但烧成范围窄，不利于窑的操作。

预分解窑的热工特点：一是回转窑转速高，物料翻滚次数多，具有传热传质速率快的特点；二是采用预热预分解系统，物料预烧好，固相反应集中；三是采用高效冷却机，使熟料冷却速率快，熟料质量高。在高的煅烧温度下，可煅烧低液相和高液相黏度的生料，故预分解窑生产硅酸盐水泥熟料时，多数选择了"两高一中"的率值方案，有的企业采用"三高"方案，见表 2-5。这种配料方案，用较高的铝氧率，虽然液相黏度高，但由于窑内火焰温度高，即使高黏度，也能很好地完成 $C_2S$ 吸收游离石灰的过程。高硅酸率有利于增加硅酸盐矿物总量，为提高熟料各龄期强度创造条件，相应溶剂矿物总量减少，熟料易烧性低，但由于窑内火焰温度高，且窑内物料需热量少，高硅酸率的生料是可以烧成的。在高硅酸率下，饱和比无须太高就能达到高的 $C_3S$ 值。

**表 2-5　国内外预分解窑熟料率值和矿物组成范围**

| 生 产 统 计 | | | | | 率 值 范 围 | |
| 矿物组成 | 国内 | 国外 | 率值 | 国内 | 据 GB 50295—2008《水泥工厂设计规范》 | 据刘志江主编的《新型干法水泥技术》 |
|---|---|---|---|---|---|---|
| $C_3S$/% | 54～61 | 65 | KH | 0.87～0.91 | 0.88～0.93 | 0.88～0.91 |
| $C_2S$/% | 17～23 | 13 | SM | 2.5～2.7 | 2.40～2.80 | 2.40～2.70 |
| $C_3A$/% | 7～9 | 8 | IM | 1.4～1.8 | 1.40～1.90 | 1.40～1.80 |
| $C_4AF$/% | 9～11 | 10 | 我国硅酸盐水泥熟料一般采用"两高一中"配料方案 | | | |

注：习惯提法，高饱和比（KH=0.94±0.02）、中饱和比（KH=0.90±0.02）；高硅酸率（SM=2.4～2.8）、中硅酸率（SM=2.0～2.3）、低硅酸率（SM=1.6～1.9）；高铝氧率（IM=1.0～1.3）、低铝氧率（IM=1.4～1.6）。根据现代化水泥质量观念，硅酸盐熟料质量 $C_3S$+$C_2S$ 达到 75% 以上，其中 $C_3S$ 超过 55%，最好达到 60% 以上。

根据统计资料，为保证熟料正常煅烧（易烧结而不结块）和水泥良好的物理性能（凝结正常、快硬高强和安定性良好），硅酸盐水泥熟料的主要氧化物控制范围应是：CaO 62%～67%，$SiO_2$ 20%～27%，$Al_2O_3$ 4%～7%，$Fe_2O_3$ 2.5%～6%。

从预拌混凝土和高性能混凝土要求水泥早期强度高、和易性好、均质性好的角度看，无论是"两高一中"或其他方案，只要能生产出优质的熟料，均是可行的，但要求 $C_3A$ 含量不能太高，有的建议 $C_3A$<8%，否则标准稠度用水量大，不利于生产高性能的混凝土。硅酸盐水泥熟料矿物主要性能见表 2-6。

表 2-6　硅酸盐水泥熟料矿物主要性能

| 项目 | 抗压强度 | 水化热、标准稠度用水量 | 矿物 | 其 他 性 能 |
|---|---|---|---|---|
| 3d | $C_3S > C_4AF > C_3A > C_2S$ | | $C_3S$ | 耐水性差,抗硫酸盐能力差,干缩变形较小 |
| 7d | $C_3A > C_4AF > C_3A > C_2S$ | | $C_2S$ | 抗水性较好,干缩变形小 |
| 28d | $C_3S > C_4AF > C_2S > C_3A$ | $C_3A > C_3S > C_4AF > C_2S$ | $C_3A$ | 水化迅速,干缩变形大,抗硫酸盐能力差,高脆性 |
| 90d | $C_3S > C_2S > C_4AF > C_3A$ | | $C_4AF$ | 抗冲击能力较强,耐磨性好,抗硫酸盐性能好,低脆性 |

# 第三节　生料配料计算

水泥熟料是一种多矿物集合体,确定熟料矿物组成后,按所选用的率值,根据"反应物与生成物等量"的物料平衡原理,对原料进行配料计算。

## 一、配料工作主要任务

① 原材料在既定条件下,从本厂实际出发,选择合理的矿物组成或率值,使水泥熟料强度高、f-CaO 低、煤耗低、窑好操作;

② 根据选定的率值以及原料、燃料成分计算出原料配比;

③ 利用生产控制装置,调整各原料喂入量比率,保证配料的率值稳定;

④ 通过质量检验、生产操作反馈,确认所配出的生料是否好烧,以及煅烧出的熟料质量是否符合要求,否则要调整设计的矿物组成或率值方案。

## 二、水泥熟料率值的选择

率值与熟料质量及生料易烧性有较好的相关性,通常使用 KH、SM、IM 作为控制指标。企业合理的配料方案必须根据企业实际情况,在多次实践总结的基础上进行确定。其选择的主要依据如下。

① 按企业生产水泥品种、等级要求进行选择。硅酸盐水泥熟料的率值范围一般可参考表 2-5 和表 2-7,当用户要求或品种变化时,要调整配料方案,如北京琉璃河水泥厂 PC 窑应用户要求生产重交通等级路面水泥,配料方案定为 KH=0.92±0.02、SM=2.25±0.10、IM=0.90±0.10,来提高 $C_3S$ 和 $C_4AF$ 含量,满足高强、耐磨、干缩性小的性能要求。又如广州珠江水泥厂,为提供机场建设需要的耐磨性好、抗冲击力性能好、水化热低的水泥,采取降低 $C_3A$、提高 $C_4AF$、适当提高 $C_2S$ 的配料方案,确定熟料率值为 KH=0.90～0.91、SM=1.95～2.00、IM=0.95～1.0,生产出的水泥可用于机场建设、大体积混凝土工程等。

② 配料方案要适应预分解窑的热工特点和工厂工艺条件。预分解窑由于设置分解炉,入窑物料分解率高;采用多通道燃烧器,窑内温度高;使用高效冷却机,出窑熟料冷却快;自动化控制程度高,热工制度稳定;因均化条件好,入窑生料、燃料成分均匀,有利于烧高 KH、高 SM 生料。用晶体态硅质原料,难磨易烧性差,如工厂原料磨系统能力有富余时,适当提高 SM 采用硅质配料是可行的。

表 2-7 其他硅酸盐水泥体系熟料的矿物组成和率值合理范围

| 水泥品种 | C₃S/% | C₂S/% | C₃A/% | C₄AF/% | KH | SM | IM |
|---|---|---|---|---|---|---|---|
| 道路水泥 | 50～57 | 15～20 | 2～5 | 16～22 | 0.94～0.98 | 1.6～1.8 | 0.8～0.9 |
| 快硬水泥 | 55～60 | 15～20 | 5～9 | 12～15 | 0.93～0.97 | 1.9～2.1 | 1.2～1.4 |
| 抗硫酸盐水泥 | 40～46 | 24～30 | 2～4 | 15～18 | 0.84～0.88 | 1.9～2.1 | 0.9～1.0 |
| 低热微膨胀水泥 | 约 50 | 20～25 | 5～7 | 15～17 | 0.92～0.96 | 1.8～2.0 | 1.0～1.4 |
| 明矾石膨胀水泥 | >55 | 15～20 | 7～9 | <14 | 0.93～0.97 | 1.9～2.1 | 1.2～1.4 |
| 中热和低热水泥 | 50～55 | 20～30 | 1～5 | 15～19 | 0.85～0.91 | 2.0～2.2 | 0.7～1.0 |
| 白水泥 | 55～60 | 25～30 | 12～13 | <13 | 0.87～0.95 | 3.5～5.0 | >12 |

③ 结合本厂原材料性能和资源供应可能性进行选择。如有硅质原料来源时，可采用高 SM 方案，以提高硅酸盐矿物含量。此外要与所使用的耐火材料性能相适应，因熟料饱和比越高，碱性越强，因此要求耐火材料具有更高的抗碱性，如果衬料抗碱性能达不到要求，则窑衬使用寿命短，得不偿失。

④ 进行易烧性试验，取得符合本厂原燃料的配料方案依据。对新建企业在设计阶段，需要进行生料易烧性试验，以设定合适的配料方案，供设计物料平衡、设备、选型和投产需要。

⑤ 通过生产统计，确定本厂优化的配料方案。对已生产企业，生产实际可积累大量熟料化学成分、率值与物理强度检验数据。选择窑情正常时的相关数据，用回归法求率值或矿物组成与 28d 抗压强度（以本企业影响熟料强度的期龄强度类别为准）的关系，建立数学模型或绘出散布（相关）图，结合操作条件，选择熟料率值或矿物组成控制范围。

值得提出的是用生产统计方法，所确定的工厂率值或矿物组成控制范围，是有条件性和阶段性的，当生产条件和原燃料发生变化时，应重新统计、反求。

## 三、生料配料计算

配料计算的方法很多，有代数法（矿物组成法、率值公式法）、尝试法（尝试误差法、递减试凑法）、优化法（线性规划法、最小二乘法）等，对上述计算方法多有资料介绍，故在此不再重述。计算方式有人工、图表和计算机法，用人工计算时，通常选择简易的尝试法。当今计算机应用十分普及，尤其是设计、研究部门和多数企业用计算机配料，使计算变得很简便、正确。用计算机配料计算程序很多，本书只介绍其中一例作为参考。

### 1. 基本步骤

① 列出各种原料及煤灰的化学组成和煤的工业分析，对预分解窑，物料的化学成分还需列出有害成分，如碱、硫、氯等。

② 将原料干燥基成分换算成灼烧基成分。

③ 确定熟料热耗及列出煤收到基的低热值。

④ 选择熟料率值或矿物组成。

⑤ 进行配料计算，列出经配料后的生料及熟料的化学成分并进行率值和有害成分复核。

⑥ 将计算得出的符合要求的灼烧基配比换算成干燥基配比计算干料消耗定额。再换算成湿基原料配比，作为生产控制配比用量。

## 2. 计算机配料操作步骤（EXCEL）

新型干法水泥企业多采用计算机配料（率值控制），有关配料计算软件的版本很多，并已十分成熟、实用。本书以刘志江主编的《新型干法水泥技术》为版本，编制四组分配料方法，现介绍其制作程序。

**(1) 运作步骤**

① 先检查微软的 EXCEL 是否安装了"规划求解"宏，若没有时应加装该选项，即单击菜单"工具"，选择"加载宏"，在弹出窗口中选择"规划求解"，单击"确定"。

② 准备好各种原料、煤灰的化学成分数据、原煤热值和灰分，以及所确定的熟料率值、窑系统热耗。

③ 在 EXCEL 表中输入上述数据。生产线为三组分配料时，只要控制两个率值，如 KH 和 SM；四组分配料时则控制三个率值，KH、SM 和 IM。

④ 先假设原料配比，利用各自的计算公式，在 EXCEL 表格上所对应的单元格中用计算机语言输入，依次计算以下几项内容。

a. 生料成分。计算公式：生料化学成分＝各原料化学成分与其配比的乘积之和。

b. 灼烧基生料成分。计算公式：灼烧基生料化学成分＝生料化学成分÷（1－烧失量÷100）。

c. 煤灰掺入量。计算公式：煤灰掺入量（煤灰占熟料的百分比）＝烧成热耗÷煤热值×煤灰分。

d. 熟料成分。计算公式：熟料化学成分＝灼烧基生料成分＋煤灰成分×煤灰掺入量。

e. 计算熟料各率值。计算公式见表2-4。

⑤ 求解原料配比。单击菜单"工具"，选择"规划求解"，在"可变单元格"及"添加（A）"栏目中输入约定条件（熟料率值目标值），单击"求解"，计算机按约定条件进行求解，最后显示出原料配比、生料成分、熟料成分和熟料率值等数据，计算结束。

**(2) 操作步骤** 操作计算格式见表2-8。

**表 2-8 用 EXCEL 配料计算表格式**

| 序号 | A | B | C | D | E | F | G | H | I | J | K | L | M |
|---|---|---|---|---|---|---|---|---|---|---|---|---|---|
| 1 | | 烧失量 | $SiO_2$ | $Al_2O_3$ | $Fe_2O_3$ | CaO | MgO | $K_2O$ | $Na_2O$ | $SO_3$ | $Cl^-$ | 合计 | 比例 |
| 2 | 石灰石 | 填入 | 填入 | 填入 | 填入 | 填入 | 填入 | 填入 | 填入 | 填入 | 填入 | 填入 | M2 |
| 3 | 黏土 | 填入 | 填入 | 填入 | 填入 | 填入 | 填入 | 填入 | 填入 | 填入 | 填入 | 填入 | M3 |
| 4 | 砂岩 | 填入 | 填入 | 填入 | 填入 | 填入 | 填入 | 填入 | 填入 | 填入 | 填入 | 填入 | M4 |
| 5 | 铁粉 | 填入 | 填入 | 填入 | 填入 | 填入 | 填入 | 填入 | 填入 | 填入 | 填入 | 填入 | M5 |
| 6 | 生料 | B6 | C6 | D6 | E6 | F6 | G6 | H6 | I6 | J6 | K6 | | |
| 7 | 灼烧生料 | B7 | C7 | D7 | E7 | F7 | G7 | H7 | I7 | J7 | K7 | | M7 |
| 8 | 煤灰分 | 填入 | 填入 | 填入 | 填入 | 填入 | 填入 | 填入 | 填入 | 填入 | 填入 | 填入 | M8 |
| 9 | 熟料 | | C9 | D9 | E9 | F9 | G9 | H9 | I9 | J9 | K9 | | |
| 10 | | | | | | | | | | | | | |
| 11 | | | | | | | | | | | | | |
| 12 | 熟料热耗/(kJ/kg) | 填入 | | | | | | | | | | | |

| 序号 | A | B | C | D | E | F | G | H | I | J | K | L | M |
|------|---|---|---|---|---|---|---|---|---|---|---|---|---|
| 13 | 煤热值/(kJ/kg) | 填入 | | | | | | | | | | | |
| 14 | 煤灰分/% | 填入 | | | | | | | | | | | |
| 15 | 熟料率值 | 目标 | 计算 | | | | | | | | | | |
| 16 | 熟料 KH | 填入 | C16 | | | | | | | | | | |
| 17 | 熟料 SM | 填入 | C17 | | | | | | | | | | |
| 18 | 熟料 IM | 填入 | C18 | | | | | | | | | | |

① 计算生料成分。在生料化学成分对应的烧失量单元格中（本例为 B6）输入"＝sumproduct（B2：B5，＄M2：＄M5)/100"。其中，M5＝100－M2－M3－M4，M2、M3、M4均为假设的初始比例。此时 EXCEL 中的 sumproduct 函数可以将对应的数组相乘后求和，输入回车键后可得到生料的烧失量值。生料的其他成分可以通过对生料烧失量单元格进行拖拉获得，即单击生料烧失量单元格并将鼠标移到该生料烧失量单元格的右下角，当光标变为黑十字时，按下鼠标左键向右拖拉至生料对应的 C1 单元格（本例为 K6），然后松开鼠标左键即完成。

② 计算灼烧基生料成分。在灼烧生料 $SiO_2$ 的单元格中（本例为 B7）输入"＝C6/(1－B6/100)"。按回车键得到灼烧生料的 $SiO_2$ 值。灼烧基其他成分也是通过对 $SiO_2$ 单元格的拖拉获得的。

③ 计算煤灰掺入量（煤灰占熟料的百分比）及灼烧生料的比例。在对应的煤灰比例单元格中（本例为 M8）输入"＝C12/C13 * C14"，再按回车键就得到煤灰在熟料中的比例。灼烧生料的比例（本例为 M7）输入"＝100－M8"。

④ 计算熟料成分和率值。在对应熟料 $SiO_2$ 单元格中（本例为 C9）输入"＝sumproduct（C7：C8，M7：M8)/100"，按回车键得到熟料的 $SiO_2$ 值，其他熟料成分也是通过对 $SiO_2$ 单元格的拖拉获得的。

熟料率值的计算：KH 在单元格（自选格，本例为 C16）输入"＝(F9－1.65 * D9－0.35 * E9－0.7 * J9)/2.8/C9"，计算 SM 时输入"＝C9/(D9＋E9)"，计算 IM 时输入"＝D9/E9"。

⑤ 求解原料配比。单击菜单"工具"，选择"规划求解"，弹出窗口——"规划求解参数"，清空"设置单元格（E）"，在"可变单元格（B）"中选择原料比例单元格（注意不能选中最后的比例单元格，本为 M5），本例为 ＄M＄2：＄M＄3：＄M＄4。单击"添加（A）"，弹出窗口——"添加约束"，在该窗口的"单元格引用位置"选择熟料实际 KH 单元格，本例为 ＄C＄16，中间约束符选"＝"，"约束值"选择熟料 KH 目标值的单元格，本例为 ＄B＄16，再单击一次"添加（A）"，加入另一个约束条件 SM，四种配料时再单击一次"添加（A）"加入约束条件 IM，下面步骤同上，最后单击"确定"。在"规划求解参数"中单击"求解"，即可在 EXCEL 表上显示最后求解结果——原料配比、生料成分、灼烧生料成分、熟料成分、熟料实际各率值等。保存时，在"规划求解结果"中单击"确定"。

**3. 有害成分的影响和配料控制值**

不同水泥品种及生产方法，都有不同的特定要求，因此，除"率值"外，还要引入必要的工艺特定"约束条件"，如预分解窑的碱、硫、氯。附表 2-1 列出了不同水泥品种国家标

第二章 原料的配合

准要求熟料中的矿物组成、成分限量。预分解窑生产对原燃料中的有害成分敏感，配料计算后还要对有害成分进行复核，以保证生产和水泥质量。

**（1）氧化镁（MgO）**  原料中 MgO 经高温煅烧，部分与熟料矿物结合成为固溶体，超过极限含量时，以游离态方镁石形式出现，在水泥水化时生成 $Mg(OH)_2$ 体积增大，导致硬化水泥石膨胀开裂。因此国家标准对生料中 MgO 含量限制在 3% 以内，高炉矿渣往往含有较多的 MgO，它代替黏土质原料时，应注意水泥熟料中的 MgO 含量。

**（2）碱（$K_2O$、$Na_2O$）**  预热器窑生产对碱敏感，故碱的含量受限：以钠当量 $Na_2O$（eq）计时，熟料中 $Na_2O$（eq）$<0.6\%$，生料中 $Na_2O$（eq）$<0.4\%$；以总碱量（$K_2O+Na_2O$）计时，熟料中 $R_2O<1.5\%$，生料中 $R_2O<1.0\%$。生料中碱含量过高，煅烧时易引起结皮堵塞；熟料中碱含量过高，使水泥凝结时间缩短，水泥标准稠度需水量增加，影响水泥性能。水泥中碱含量高时，要考虑预防混凝土中与碱骨料的反应。

**（3）硫和氯**  生料和燃料中硫燃烧生成 $SO_2$，当 $SO_2$ 和 $R_2O$ 含量比例不平衡时，形成氯碱循环，影响预热器正常运行。常用硫碱比作为控制指标，一般取硫碱比为 0.6～1.0。

氯在烧成系统中主要生成 $CaCl_2$ 和 RCl，它们的挥发性很高，循环、富集引起结皮堵塞，因此生料中氯化物含量应限制在 0.015%～0.020%。

### 4. 基准换算

由于原料基准有湿基、干基和灼烧基之分，所以计算时必须分别对待，统一配比基准。原料配料计算得出各灼烧基或干基物料配比，生产上还需换算成含天然水分的湿物料配比，便于生产运作。配料计算中不考虑生产损失，得出灼烧基配比，然后求出各原料之间干基和湿基的用量及配比。基本换算式如下。

**（1）物料（原料、煤灰或生料）化学成分的基准换算**  由干基换算成灼烧基：

$$灼烧基=\frac{100\times干基氧化物成分}{100-L}（\%）\tag{2-1}$$

式中  $L$——该物料的烧失量，%。

**（2）原料量的基准换算**  由干基换算成湿基：

$$湿基物料量=\frac{干基物料量\times100}{100-W}（kg）\tag{2-2}$$

式中  $W$——该物料水分，%。

**（3）物料配比基准换算**  先计算用量 [按式(2-3)、式(2-4) 或式(2-5) 计算]，后计算物料配比 [按式(2-6) 和式(2-7) 计算]。由灼烧基配比 $P$ 换算成干基配比 $Y$ 和湿基配比 $K$，计算步骤、方式，见附表 2-2。

① 用量。由灼烧基配比换算：

$$干料量=\frac{100\times灼烧基配比}{100-烧失量}（kg）\tag{2-3}$$

$$湿料量=\frac{100\times干料量}{100-水分}（kg）\tag{2-4}$$

$$用干基配比换算成湿料量=\frac{100\times干基配比}{100-水分}（kg）\tag{2-5}$$

② 配比。

$$干基配比=\frac{该物料干基用量\times100}{物料干基用量总和}（\%）\tag{2-6}$$

$$湿基配比 = \frac{该物料湿基用量 \times 100}{物料湿基用量总和} \quad (\%) \qquad (2\text{-}7)$$

**(4) 煤质基准换算** 见附表 2-3。

**(5) 说明** 在实际生产中，由于总有生产、运输损失，且飞灰的化学成分不等于生料的成分，煤灰量掺量亦有不同，因此，生产计划统计或物质管理部门提出的配料比例或采购计划与化验质量控制部门配料方案中的配比有所不同。

# 第四节  配料的自动控制及岩相观察

## 一、配料的生产自动控制

现代大型干法水泥生产要求入窑生料成分具有很高的均质性、稳定性。而连续式均化库只是将出磨或入库生料成分波动范围缩小，而不能起再校正、调配作用，所以要使出库成分符合入窑生料控制指标，首先要重视磨前配料环节，控制好磨前配料系统。生产采用自动控制的配料系统，使磨机生产出的生料质量均齐，保证配出的生料成分、率值符合配料指标，波动小、合格率高。配料装置是经连续自动取样装置，将一定间隔时间内的混合样，通过气通管送到中央控制室，加以缩分、制样，送入 X 射线荧光分析仪，由微机将分析结果输入电子计算机，由计算机进行处理，求出原料配比，再根据生料磨的运转状态，决定总喂料量，再由总喂料量算出各原料的喂入量。自动改变或调整原料各自电子喂料秤的喂料量达到自动控制磨头原料配比的目的。

### 1. 配料控制方法

目前，水泥生产配料控制方法主要有两种：钙铁控制和率值控制。钙铁控制是我国水泥厂普遍采用的生料控制方法（用稳定一两种组分来控制生料质量，以求达到稳定熟料率值的目的，这种方法简单但并不科学，因为熟料生产控制的指标是率值，要求入窑生料率值稳定）。新型干法生产线上使用控制率值法，能全面反映生料成分，入窑生料三个率值稳定，熟料三个率值也基本稳定。率值控制系通过测定出磨的生料成分，并得到出磨生料的率值，与下达的率值控制指标对比，由计算机自动进行原料调整。用"生料率值控制的专家系统"，入磨物料自动调整简便，使生料成分符合要求，显著提高率值合格率。

### 2. 控制系统

目前水泥厂采用的技术成熟的生料控制系统有 3 种，我国新型干法水泥生产厂多采用后置式控制系统，前置式控制系统在为数不多的生产线上使用。

**(1) 通用型生料质量控制系统** 采用 X 射线分析仪，它存在着信息传递"长滞后性"：从给料机接到调整命令到执行新配比，加上取样分析时间，造成每次调整指令都是根据 30min（或更长时间）以前出磨生料成分波动情况而下达的。配料调整周期一般 30min/次，对于块粒状物料，还需经过对试样破碎、粉磨、制作料饼等工序后，进行分析测试，滞后时间将更长。

**(2) 后置式生料质量控制系统** 这种控制方式是在出磨生料后设置自动取样，采用在线控制、X 射线分析仪或多元素分析仪校正模式，进行成分分析配比调整，使配料调整时间缩短到 3～5min/次。这种方式也是知道结果后再去调整，仍存在滞后问题，还不能真正做到"在线"和"实时"。

**（3）前置式在线生料质量控制系统**　这种生料质量控制系统是将物料在线检测装置安装在入磨原料的混合皮带上和（或）安装到石灰石进料皮带上，以解决进磨前物料的"实时、在线、连续检测"的一种质量控制方式。这种控制方式是在物料未入磨前就知道物料的化学成分和率值，根据检测结果并传递给 DCS 系统，使之按照生料三个率值对入磨物料进行配料调整。以"实时、在线"解决"长滞后"问题，调整周期为 1～2min/次。此系统要求检测仪器的射线能穿透块状、粒状物料和实现连续、实时、快速、自动控制调节配比。

## 二、岩相观察

实际生产中有的熟料 f-CaO 合格，$C_3S$ 含量并不低，但强度却不高，除了 $C_2S$ 含量少外，强度主要还受晶体结构、煅烧温度和高温下停留时间的影响。一般煅烧温度高，时间足够长，则晶体发育良好，强度高。通过对熟料晶体岩相的观察，可以了解窑内煅烧情况，操作员有的放矢地调整操作参数，使岩相工作实现为生产高强水泥熟料服务的目的。

水泥生产中心环节之一是控制熟料各氧化物的成分和率值，通过煅烧操作，使熟料质量符合指标要求。熟料质量除用"质量指标合格率"和"物理性能检测"考核外，现场还可通过取熟料样，用显微镜法（偏光油浸粉末法、反光法、偏光切片法）来判断煅烧情况。

在硅酸盐熟料中，$C_3S$ 并不以纯的形式存在，它与少量的其他氧化物形成固溶体，称为阿利特（Alite），简称 A 矿。同样，固溶有少量氧化物的 $C_2S$ 称为贝利特（Betite），简称 B 矿。填充在阿利特、贝利特之间的铝酸盐（偏光镜下呈黑色）、铁相固溶体（偏光镜下呈白色）、玻璃体和含碱化合物等统称为中间相，还有 f-CaO、方镁石等分布在中间相里。正常煅烧的熟料中 A 矿呈完整的柱状或板状，边缘整齐，无圆形颗粒或不完整形状，晶体大小均齐。B 矿呈圆形颗粒，多数有交叉条纹，晶体大小均齐。中间相亮度比较大，分布均匀，黑色中间相分明或者只有点滴状和树枝状黑色中间相，f-CaO 较少，空洞少且分布均匀，强度高。

从岩相可观察到矿物尺寸分布、晶体形状（反映窑内煅烧情况）、A 矿双折射现象（反映烧成温度高低）和 B 矿颜色（反映冷却速率）。通过对晶体结构的观察，判断煅烧情况（见表 2-9），为水泥熟料煅烧操作提供科学依据，并反馈到质检部门和中控操作人员，以便进行相应调整。

**表 2-9　从岩相观察分析煅烧生产中的问题**

| 状况 | 产生原因 | 状况 | 产生原因 |
|---|---|---|---|
| A 矿尺寸过小(10μm) | 欠烧 | A 矿晶体大，B 矿晶体小 | 升温慢、燃烧时间短 |
| A 矿尺寸大 | 升温慢、火焰长、粗粒混合 | A 矿呈花环或熔蚀状 | 窑内还原气氛 |
| 大 A 矿巢 | 粗石英 | B 矿不规则 | 冷却带长 |
| A 矿分解 | 温度过高 | B 矿大多呈不定形叶片状 | 窑内还原气氛 |
| B 矿嵌在 A 矿内 | 慢冷 | $C_3A$ 晶体大 | 慢冷 |
| A 矿包裹 B 矿 | 粗石英燃烧时间短 | 暗淡铁酸盐 | 粗大 B 矿晶体、高液相 |
| A 矿少 B 矿多 | KH 低 | 方镁石晶体大 | 慢冷 |
| A 矿多 B 矿少 | KH 高 | f-CaO 和方镁石 | 来自矿石或白云石砖 |
| A 矿为板状 | 过烧 | f-CaO 过低 | 高 KH、低烧成温度、粗生料 |

新型干法水泥生产工艺读本（第三版）

| 窑内主要煅烧情况 | 熟料的显微结构 |
|---|---|
| 煅烧正常 | A 矿呈多边板状，B 矿呈圆形，表面有交叉双晶，A、B 矿结晶清晰、完整，分布均匀。A 矿占 50%～60%，晶体尺寸在 30μm 左右，B 矿占 10%～20%，中间体占 20%～30%，呈点滴状或树枝状；f-CaO 少；孔洞少且小 |
| KH 高 | A 矿多，但残留有未化合的 f-CaO，它以圆粒状散布在液相中 |
| 还原气氛 | 出现 A 矿的形状，B 矿的光性。A 矿熔蚀分解为点滴状的二次 B 矿和 f-CaO，B 矿局部集中成矿巢，呈圆形、叶片状和不定形状。严重时观察到金属铁析晶。熟料呈现黄心 |
| 低温煅烧 | 晶体发育不良，尺寸小。A 矿含量少，B 矿多，f-CaO 含量多，中间少，空洞大而多。外观色泽呈棕黄或棕红，疏松多孔易碎 |
| 急烧 | A 矿、B 矿大小不均，特别是 A 矿的尺寸大小相差悬殊，A 矿、B 矿晶体和中间相都分布不均 |
| 过烧 | A 矿晶体粗大，常呈板状或长柱状，有熔蚀和分解现象；f-CaO 较少；孔隙率低，外观熟料结粒尺寸大，结构致密难磨 |

## 附表 2-1　水泥熟料中矿物组成与成分的技术要求

单位：%（质量分数）

| 水泥熟料品种 | $C_3S$ | $C_2S$ | $C_3A$ | $C_4AF$ | f-CaO | MgO | $Na_2O_{eq}$ | 烧失量 | $C_3A+C_4AF$ |
|---|---|---|---|---|---|---|---|---|---|
| P·S、P·P、P·F、P·C | | | | | | ≤5.0 | | | |
| 中热硅酸盐水泥 | ≤55 | | ≤6.0 | | ≤1.0 | | | | |
| 低热硅酸盐水泥 | | ≥40 | ≤6.0 | | ≤1.0 | ≤5.0 | | | |
| 低热矿渣、粉煤灰水泥 | | | ≤8.0 | | ≤1.2 | ≤5.0 | ≤1.0 | | |
| 低热微膨胀水泥 | | | | | ≤3.0 | ≤5.0 | | | |
| 道路水泥 | | | ≤5.0 | ≥16.0 | | | | | |
| 快硬水泥 | | | | | | ≤5.0 | | | |
| 白水泥 | | | | | | ≤4.5 | | | |
| 高抗硫酸盐水泥 | <50 | | <3.0 | | | ≤5.0 | | ≤1.5 | ≤22 |
| 中抗硫酸盐水泥 | <55 | | <5.0 | | | ≤5.0 | | | |

注：上述技术要求，与修改后的标准有出入时，应以新标准为准。

## 附表 2-2　物料成分、用量、配比基准换算表

| 组　分 | | 1 | 2 | … | $n$ | 换算系数说明 | 成分基准换算系数 | |
|---|---|---|---|---|---|---|---|---|
| 灼烧基配比/% | | $P_1$ | $P_2$ | … | $P_n$ | 由配料计算得出 | 干燥基 | 灼烧基 |
| 干基准 | 烧失量/% | $L_1$ | $L_2$ | … | $L_n$ | 物料化学成分分析数据 | 1 | $1/(1-L)$ |
| | 用量/kg | $X_1$ | $X_2$ | … | $X_n$ | $X_n=100P_n/(100-L_n)$ | $1-L$ | 1 |
| | 配比/% | $Y_1$ | $Y_2$ | … | $Y_n$ | $Y_n=X_n/(X_1+X_2+\cdots+X_n)$ | 符　号　说　明 | |
| 湿基准 | 水分/% | $W_1$ | $W_2$ | … | $W_n$ | 由生产提供数据 | $L$——物料烧失量，%；<br>$W$——物料水分，%；<br>$P,Y,K$——灼烧基、干燥基、湿料基物料配比，% | |
| | 用量/kg | $G_1$ | $G_2$ | … | $G_n$ | $G_n=100X_n/(100-W_n)$ | | |
| | 配比/% | $K_1$ | $K_2$ | … | $K_n$ | $K_n=G_n/(K_1+K_2+\cdots+K_n)$ | | |

## 附表 2-3　煤基准换算表

| 基　准 | 收到基(ar) | 空气干燥基(ad) | 干燥基(d) | 干燥无灰基(daf) |
|---|---|---|---|---|
| 收到基(ar) | 1 | $\dfrac{100-M_{ad}}{100-M_{ar}}$ | $\dfrac{100}{100-M_{ar}}$ | $\dfrac{100}{100-M_{ar}-A_{ar}}$ |
| 空气干燥基(ad) | $\dfrac{100-M_{ar}}{100-M_{ad}}$ | 1 | $\dfrac{100}{100-M_{ad}}$ | $\dfrac{100}{100-M_{ad}-A_{ad}}$ |
| 干燥基(d) | $\dfrac{100-M_{ar}}{100}$ | $\dfrac{100-M_{ad}}{100}$ | 1 | $\dfrac{100}{100-A_d}$ |
| 干燥无灰基(daf) | $\dfrac{100-M_{ad}-A_{ad}}{100}$ | $\dfrac{100-M_{ad}-A_{ad}}{100}$ | $\dfrac{100-A_d}{100}$ | 1 |

注：$M_{ad}$、$M_{ar}$ 分别表示煤的空气干燥基和收到基的水分；$A_{ad}$、$A_{ar}$、$A_d$ 分别表示煤的空气干燥基、收到基和干燥基的灰分。

## 参 考 文 献

[1]　乔龄山.硅酸盐水泥的现代水平和发展趋势 [J].水泥，2002 (6)：1-6.

[2]　张成祥，刘洪超.熟料化学和显微学及其应用（一）[J].水泥工程，2001，(3)：16-17.

[3]　刘志江.新型干法水泥技术 [M].北京：中国建材工业出版社，2005.

[4]　邵国有等.硅酸盐岩相学 [M].武汉：武汉理工大学出版社，2008.

# 第三章　石灰石破碎

水泥厂大部分物料，如石灰石、砂岩、煤、熟料、混合材和石膏等，都需要破碎，将进厂大块物料破碎成小块后，便于粉磨、烘干、输送、均化和储存。由于破碎机的能量利用率高，降低物料粒度，可提高后续磨机和烘干机的效率，降低系统生产能耗。"多碎少磨"的观点在实践中已被广泛认可。常用的破碎机有颚式破碎机、锤式破碎机、反击式破碎机等。本章重点介绍入料粒径较大、硬度较高且用量最多的石灰石破碎。

## 第一节　破碎的基本概念

破碎，就是依靠机械力将大块料分裂成小块的工艺过程，它是在粉磨或烘干前进行的。破碎方法有压碎、冲击、磨碎、劈碎和折断。

### 一、破碎机分类

破碎机按破碎后物料粒度大小，划分为：①粗碎机（将大块物料破碎到粒度100mm左右），如颚式破碎机、旋回式破碎机、锤式破碎机、反击式破碎机等；②中碎机（从喂料粒度100～300mm破碎到30mm左右），如圆锥式破碎机、锤式破碎机、反击式破碎机等；③细碎机（从喂料粒度50～100mm破碎到3mm左右），如反击式破碎机、细颚式破碎机、辊式破碎机等。

### 二、粒度及破碎比

#### 1. 粒度

粒度表示出、入破碎设备的物料尺寸大小，用"给料粒度"和"产品粒度"表示：给料粒度$F_{80}$或$F_{90}$，表示进料通过量为80%或90%时物料的尺寸；产品粒度$P_{80}$或$P_{90}$，表示产品排料量中80%或90%通过时的粒度。破碎机要根据破碎物料的最大粒度来选择其形式和规格尺寸。

#### 2. 破碎比

破碎比是对破碎机技术评价的指标之一。平均破碎比指的是破碎前、后物料的平均粒度的比值。公称破碎比是破碎机的最大进料口宽度与最大出料口宽度之比。当多级破碎时，总破碎比等于各级破碎比的乘积。

因固体物料形状大多不规则，进料粒度是以进机最大块的长边尺寸，出料粒度以出料中90％通过的筛孔尺寸，或用筛析法求其平均粒径（$d_{cp}$）表示的。后续粉磨设备要求：球磨机<25mm，辊式磨<80mm；碎煤粒度根据不同用途，入煤磨时粒度要求为20～30mm、燃烧室用煤粒度要求为20～40mm、沸腾炉用煤粒度为8mm以下。

## 三、矿石的破碎性能

矿石的破碎性能包括硬度、易碎性、磨蚀性等。

### 1. 硬度

硬度是指矿石抵抗另一物体外力的能力。矿物硬度常用莫氏分类法表示，分为十级，见表3-1；矿石硬度用普氏硬度系数（按矿石的极限抗压强度除以100所得数值划分）表示，分为十级，它与莫氏硬度的关系见表3-2。矿石硬度有的资料分为五类，见表3-2；有的分为四类，见表3-3；有的分为三类，见表3-4。

表3-1 莫氏硬度分类

| 莫氏硬度 | 1 | 2 | 3 | 4 | 5 | 6 | 7 | 8 | 9 | 10 |
|---|---|---|---|---|---|---|---|---|---|---|
| 矿物名称 | 滑石 | 石膏 | 方解石 | 萤石 | 磷灰石 | 长石 | 石英 | 黄晶 | 刚玉 | 金刚石 |

表3-2 水泥原料矿石按普氏硬度和莫氏硬度系数划分的硬度等级

| 类别 | 物料名称 | 普氏硬度系数 | 莫氏硬度系数 |
|---|---|---|---|
| 很软 | 石膏、烟煤、褐煤、火山灰、黏土等 | <2 | 1.5～2 |
| 软 | 泥灰岩、页岩、黏土质砂岩、软质石灰岩 | 2～4 | 2.5～3 |
| 中硬 | 石灰岩、白云石、石英质砂岩、石膏 | 4～8 | 3.5～4 |
| 硬 | 坚硬石灰石、硬砂岩、石英岩 | 8～10 | 6～7 |
| 很硬 | 花岗岩、玄武岩、硬质石灰岩 | >10 | >7 |

表3-3 矿石按抗压强度划分的硬度等级

| 矿石硬度 | 抗压强度/MPa | 矿石示例 |
|---|---|---|
| 最坚硬 | >200 | 花岗岩、刚玉、石英岩、硬质熟料等 |
| 坚硬 | 150～200 | 石英岩、铁矿石、砾石、玄武岩、矿渣、金属矿石等 |
| 中硬 | 50～150 | 石灰石、白云石、泥灰岩、含石块的黏土等 |
| 低硬（软） | <50 | 石膏矿、烟煤、褐煤、黏土等 |

表3-4 矿物类别的易碎性系数及 KHD 岩石分类

| 物料类别 | 抗压强度/MPa | 易碎性系数 | 可破性分类 | 容易破碎 | 一般 | 难破碎 | 很难破碎 | 极难破碎 |
|---|---|---|---|---|---|---|---|---|
| 硬质 | 160～200 | 0.90～0.95 | $R_{1.0}$[①]/% | <80 | 80～86 | 86～90 | 90～94 | >94 |
| 中硬 | 80～160 | 1 | 磨蚀性分类 | 低 | 一般 | 高 | | |
| 软质 | <80 | 1.10～1.20 | 磨蚀率/(g/t) | <2 | 2～6 | >6 | | |

① 破碎性指数：破碎性指数是用在小型反击式试验机上，以破碎产物中大于1mm粒径所占的质量分数。

### 2. 易碎性

易碎性表示物料破碎的难易程度，决定因素是物料的强度（强度分抗压、抗折、抗剪和抗冲击）。物料的易碎性一般用冲击功和相对易碎性系数表示。冲击功越大，物料越难磨；物料的易碎性系数越大，越容易粉碎。

Bond 冲击功指数采用锤式试验机测定，根据所测结果，配备破碎机需要的电机功率。冲击功指数小于 8kW·h/t 的属于易碎矿石，8～12kW·h/t 的属于中等易碎矿石，大于 12kW·h/t 的属于难碎矿石。

易碎性系数在具体破碎机中得到，测定方法采用同一粉碎机械，在物料尺寸变化相同的条件下，粉碎标准物料的单位冲击功 $E_{标}$（kW·h/t）与粉碎风干状态下物料的单位冲击功 $E_{料}$（kW·h/t）的比值，即 $K_m = E_{标}/E_{料}$。水泥工业中，一般选用中等易碎性的回转窑水泥熟料作为标准物料，取其易碎性系数为 1。

### 3. 磨蚀性

磨蚀性指破碎矿石时工作介质受磨损的程度，它以单位产物的金属磨失量（g/t）表示。磨蚀性分类见表 3-5。金属磨蚀性指数 $A_i$ 用粉碎机测定，有的用邦德叶片测试机，测试其叶片损耗质量（g）；我国通常用宾州粉碎机公司生产的设备测定矿石金属磨蚀性指数。KHD 公司的小型冲击式粉碎机可测定岩石的可破碎性和磨蚀率，并按磨蚀率的大小分成三类，或以破碎产物中大于 1mm 粒径所占比例进行可破碎性分类，见表 3-4。岩石的磨蚀性与它的硬度有关，破碎功指数高，意味着磨蚀性增大。依据石灰石金属磨蚀性数据，可以确定该石灰石是否适用于单段破碎。

**表 3-5 物料磨蚀性分类及部分物料磨蚀性指数 $A_i$**

| 磨蚀性 | 矿石名称及磨蚀性测试数据 |
| --- | --- |
| 强 | 砂岩（1.3121g）、燧石（0.9829g） |
| 中 | 长石（0.2871g）、铁矿石（0.1755g）、白云石（0.0417g）、水泥熟料（0.0695g） |
| 弱 | 页岩（0.0345g）、石灰石（0.0241g）、粉砂岩（0.0038g） |

# 第二节　单段锤式破碎机

## 一、概述

物料的物理力学性质（如强度、硬度、密度、脆韧性、块片状、含泥量、含水量、磨蚀性等）是选择破碎机重要的依据因素。大型水泥企业，只要石灰石不属于很难破碎和高磨蚀性的类别，都可以采用单段破碎以简化生产环节。实现石灰石单段破碎的破碎机有锤式破碎机和反击式破碎机，其规格用转子直径×宽度（长度）表示。反击式破碎机对磨蚀性矿石的适应能力优于锤式破碎机，而对含土量和水分的适应能力则不如锤式破碎机。

反击式破碎机适合于破碎石灰石等脆性物料。它分单转子、双转子和组合式（锤式-反击）。反击式破碎机对含土量高的矿石不适应，因这类矿石往往容易造成机腔的堵塞，需要在黏结部位用高温油加热，方可使其脱落。单转子反击式破碎机的排料粒度有限，对立磨机勉强可行，当产品用于管磨机时，因要求入磨粒度小，选用双转子反击式破碎机较为适宜。

锤式破碎机（单段）是 20 世纪 50 年代才出现的新机型，破碎比大，能将大块矿石一次破碎成磨机需要的粒度，使过去需要多段破碎的生产系统，简化为一段破碎。锤式破碎机（单段）的工作原理是物料进入破碎机后受到锤头的高速打击，大块物料被锤头多次打击成小块，小块物料飞向反击板受到反击破碎，落到篦条上，又受到反复打击，直到符合产品要求的粒度最后排出。该破碎机除具有一般锤式破碎机的基本结构外，为能破碎大块矿石，其结构上还具有如下特点：一是能承受大块矿石进机冲击力的转子；二是能全回转的锤头；三是适中的回转速率和全封闭、可调节的排料篦子；四是机腔后壁有保险门，进入的铁件可从此门排出。

目前国产单段锤式破碎机专业生产厂家，如北京重型机械厂生产 MB 型锤式破碎机（单段），天津水泥工业设计研究院开发研制的新型单段锤破分单转子型（又有带与不带料辊之分）和双转子型，结构简图如图 3-1 所示，$T_K PC$ 和 $T_K LPC$（带有料辊机型）锤式破碎机（单段），具有入料粒度大（最大 1100mm）、破碎比高、排料块度小（排料中＜25mm 的占 90％以上）、易损件（锤头、篦条等）使用寿命长、机内设有排铁装置、两个转子均可从外端取出的特点。对大转子直径锤式破碎机设计了带一对料辊的机型，以承受大块料的冲击负荷。当石灰石不含土或含量＜6％时，可采用单转子型；当含土量较高，水分为 5％～8％时，采用双转子型，因双转子破碎机的进料口居中，进机物料两面受击，可以破碎更大的料块，且不致棚料堵塞，对破碎湿料和含泥料的适应能力优于单转子型。单段破碎机可以破碎抗压强度＜200MPa 的石灰石及其他脆性物料，如泥灰岩、粉砂岩、页岩、石膏、煤等。对于硬质、磨蚀性大的石灰岩或其他物料，宜采用两级破碎，一级选用颚式破碎机等，二级选用锤式破碎机或反击式破碎机。

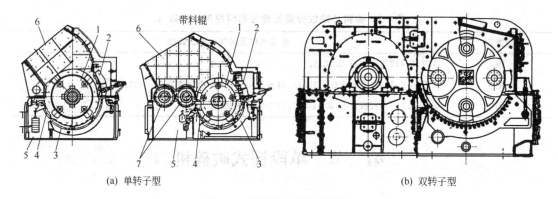

图 3-1　单段锤式破碎机结构

1—转子；2—破碎板；3—排料篦子；4—排铁门；5—壳体；6—进料口；7—给料辊

## 二、锤式破碎机使用时的注意事项

锤式破碎机（单段）与常规锤式破碎机使用的工艺要求一样，要点如下：

① 要先测试原料可破性和对金属的磨蚀性以及原料的含土量，便于选型和确定；

② 停车前应停止投料，待破碎室内物料完全被破碎后，方可停机；

③ 物料要均匀加入，并分布于转子工作部分的全长上；

④ 破碎机工作时，若突然发生强烈震动，应立即停车，检查机体内是否有金属或其他不易破碎的杂物，查明原因并清除后再开机；

⑤ 在装配或检修更换锤头时，必须保持转子重心与旋转中心重合，否则会引起很大震动，损坏零部件，静平衡找好后，安装锤头时，需将锤头的质量搭配好，注意质量对称和每个锤头的质量偏差，达到动平衡，避免震动；

⑥ 生产中发现产量下降很大时，应检查是否要更换锤头。

# 第三节　其他物料的破碎机

破碎机主要是利用机械力（挤压、剪切、碾磨、冲击）来完成对物料的破碎，针对不同物料抗压、抗剪、抗碾磨、抗冲击能力的差异，选择不同类型的破碎机。就物料性质而言，硬而脆的矿石最好用压碎的方法进行粗碎和细碎；对硬而坚韧的矿石则应采用压碎附带磨削；软而脆的矿石的粗碎宜采用劈碎，细碎以采用击碎为宜。破碎机是利用一种或多种破碎方法组合而工作的，诸多原理中以挤压原理工作的破碎机能耗最低、磨耗最小。现将常用破碎机和专用破碎机的工作特点介绍如下。

## 一、常用破碎机

### 1. 颚式破碎机

颚式破碎机是依靠活动颚板作周期往复运动的，用挤压、碾磨，把进入两颚板的料块压碎。其规格按进料口尺寸（长×宽）表示。允许最大进料粒度为（0.75～0.90）×进料口尺寸；适用于粗碎、中碎硬质或中硬质矿石。

### 2. 圆锥式破碎机

圆锥式破碎机是靠内锥体的偏心回转，使处在两锥体之间的物料受到挤压和弯曲而破碎的。其规格用上锥直径/下锥直径表示。适用于粗碎、中碎硬质或中硬质矿石。

### 3. 反击式破碎机

反击式破碎机破碎物料，一靠高速运动的打击板的冲击；二靠高速运动的物料向反击板的撞击；三靠物料之间的相撞。它适用于中碎、细碎硬质或中硬质矿石，其规格用转子直径×宽度表示，最大进料粒度 $d_{max}$ 与转子直径 $D_r$ 的关系如下。

粗碎：单转子 $D_r \geqslant (1.5 \sim 3) d_{max}$，mm；双转子 $D_r \geqslant (1.5 \sim 3) d_{max}$，mm。

中碎：$D_r \geqslant (3 \sim 10) d_{max}$，mm。

细碎：$D_r \geqslant 3 d_{max} + 550$，mm。

### 4. 锤式破碎机

锤式破碎机是利用锤头的冲击能和物料向衬板撞击，同时利用锤头与箅条之间的研磨作用而破碎的。其规格用转子直径×宽度表示。最大进料粒度 $d_{max}$ 与转子直径 $D_r$ 的关系：单转子 $(0.4 \sim 0.55) D_r$，带料辊单转子和双转子 $(0.55 \sim 0.65) D_r$；适用于中碎、细碎中硬质矿石，对物料水分宜控制在 8%～10%。

### 5. 辊式破碎机

辊式破碎机是利用两料辊相向旋转对物料产生挤压和撕裂进行破碎作业的。由于辊筒间距不可能很大，故辊式破碎机允许的入料粒度较小，破碎比也小。根据物料的种类，破碎辊表面可以是光面的、带棱的和带齿的。其规格用转子直径×宽度表示。最大进料粒度 $d_{max} < 0.2 D_r$，双齿辊式 $d_{max} = 0.35 D_r$；适用于中硬质或软质矿石的中碎或细碎。

除石灰石外其他需要破碎的物料，因其物理、力学特性不同及进厂粒度和要求产品粒度不同，需要选择不同类型的破碎机和级数。水泥厂原料破碎根据其形态分三种类型：

① 硬质矿石（石灰石、泥灰岩、页岩、砂岩、煤、熟料和石膏，石膏虽量少，但粒度大且受潮后具有黏滑性）；

② 松软矿石（软的白垩、黏土和生料料饼）；

③ 钙质矿石与泥质矿石的混合破碎。

不同物料选用的破碎机形式见表3-6。

表 3-6　新型干法生产线常用的几种破碎机

| 破碎机形式 | 颚式、锤式 | 环锤式 | 双齿辊式 | 单段锤式、反击式 | 辊式 |
|---|---|---|---|---|---|
| 破碎比范围 | 3～10 | 4～7 | 4～12 | 50～100 | |
| 应用范围 | 煤、石膏、页岩等 | 煤 | 黏土 | 石灰石、泥灰岩、煤、熟料 | 熟料 |

## 二、专用破碎机

### 1. 双齿辊式黏土破碎机

对矿石的破碎，主要考虑水分和塑性。黏土质原料是水泥厂的主要原料，黏土松软，存在水分多，塑性指数高，北方黄土块度大，胶结力强，冬季出现冻土，常常因此造成破碎设备及系统堵塞等问题，用适合破碎有湿黏性和冻土问题物料的双齿辊式黏土破碎机。双齿辊式黏土破碎机（见图3-2）是利用齿辊上表面装有棘齿的轮箍，一个固定，一个可移动，两个辊子做相向旋转。物料从顶部落入转辊上，在辊子表面的摩擦力作用下，受到辊子的挤压而破碎。利用刮板和棘齿，破碎湿黏物料时，可将粘在齿辊上的黏性物料破碎后甩下，不致堵塞。

### 2. 环锤式破碎机

环锤式破碎机是利用高速旋转的转子带动环锤对物料进行冲击破碎的，被冲击物料在环锤、破碎板和筛板之间再受到压缩、剪切、碾磨作用，进一步降低粒度。其规格用转子直径×宽度表示。最大进料粒度 $d_{max}$ 均<250mm；环锤式破碎机适用于莫氏硬度二级、脆性物料如煤、煤矸石的破碎，其结构如图3-3所示。

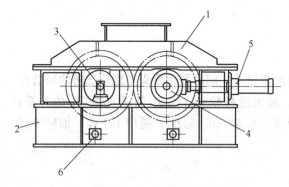

图 3-2　双齿辊式黏土破碎机

1—机壳；2—机架；3—固定齿辊；4—可移动齿辊；
5—液压装置；6—清齿装置

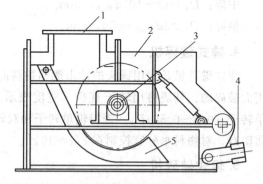

图 3-3　环锤式破碎机

1—进料口；2—机盖；3—转子；
4—筛板调节器；5—筛板架

### 3. 无箅条可逆锤式破碎机

鉴于有的石灰石矿石磨蚀性较高，难以采用一级破碎，对矿石需进行粗破，然后用锤式破碎机进行二级破碎，或采用将物料入磨粒度从 25mm 降低到 10mm 左右的预破碎方案，1998 年原上海建材学院和上海建设路桥机械设备公司共同开发了新型无箅条可逆锤式破碎机。该设备采用料层粉碎机理，利用进入破碎机的物料既受到高速旋转锤头冲击，使其获得能量，撞向腔内反击板，并与腔内高速运动的其他物料块相互撞击而破碎，依次反复，物料变小后逐步下降，最终从腔内排出。其规格用转子直径×长度表示，最大给料粒度为100mm，结构如图 3-4 所示。其特点：一是上腔破碎带长；二是不设排料箅条，可消除箅子易堵塞的毛病；三是设两套反击板，并采用可逆转结构，延长破碎板更换周期。

### 4. 烘干破碎机

水泥厂若使用高水分的白垩、泥灰岩或湿磨干烧的生料饼时要采用带有烘干功能的烘干破碎机，结构如图 3-5 所示。其工作原理：湿物料喂入烘干破碎机的进料箱内，与预热器引入的热风接触，进行热交换，湿料饼被进料箱内的分料装置进一步打散，水分被蒸发。预烘干的料饼和热气流一起进入破碎腔，在转子和弧形板间被锤头进一步打散，并与热风进行热交换，被烘干的细粉随着热风入上升管道。粗粉回破碎机的破碎腔继续被打散，直到能够被热气流带走为止。

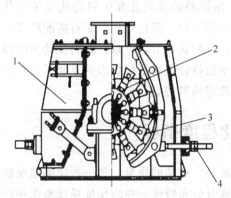

图 3-4　无箅条可逆锤式破碎机

1—机架部；2—转子；3—反击板；4—调整部分

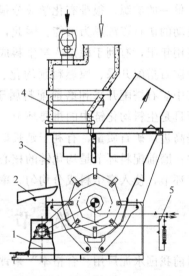

图 3-5　烘干破碎机

1—传动装置；2—皮带轮罩；3—破碎机本体；
4—进出料箱；5—冷却装置

### 参 考 文 献

[1] 胡宏泰等. 水泥的制造和应用 [M]. 济南：山东科学技术出版社，1994.
[2] 张浩南等. 中国现代水泥技术及装备 [M]. 天津：天津科学技术出版社，1991.
[3] 郑禄庆等. 生料入磨粒度的研究 [J]. 新世纪水泥导报，2003（3）.
[4] 刘建寿等. 水泥生产粉碎过程设备 [M]. 武汉：武汉理工大学出版社，2005.
[5] 唐敬麟. 破碎与筛分机械设计选用手册 [M]. 北京：化学工业出版社，2001.

# 第四章　原燃料预均化堆场和生料均化库

　　原燃料预均化于 1905 年首先用于美国钢铁工业，1959 年用于水泥行业，1965 年法国拉法基水泥集团又将该技术用于石灰石及黏土预配料中。水泥生产除对原料、生料品位有一定要求外，更重要的是要求原料化学成分有均匀性。随着水泥工业的大型化发展，很难找到储量大、单一的矿源，很难有化学成分很均齐的矿山，而利用预均化技术，使采用低品位和成分有波动的矿石资源成为可能。因此，对原料进行预均化和生料均化有利于扩大资源利用范围和使用年限，有利于稳定入窑生料成分和率值，也是干法预分解窑生产技术保证的前提。

　　由矿石搭配开采、原燃料预均化、生料磨前配料和生料均化库四个环节组成原料均化链，其中矿石搭配开采和磨前配料属于配料范畴，原燃料的预均化和生料均化属于均化范畴，而且是生料均化链中的重要环节。目前观点是加强配料，简化均化。矿石搭配环节，有利于提高进厂矿石质量，有利于延长矿山使用寿命；预均化环节，以减轻原料波动为配料创造条件；磨前配料环节是均化链的核心，是使生料率值符合配料指标要求的重要手段；生料均化库环节，使入窑生料成分均匀，率值波动小，稳定熟料煅烧。

## 第一节　衡量均化程度指标

　　目前我国水泥厂用"合格率"来评价原料、半成品、成品的质量，是一种简单地反映物料的均匀性的方法。要反映全部样品的波动情况及成分分布特性，在均化堆场或储库和产品质量控制上，采用标准偏差和均化效果来表示均化程度，物料成分波动范围用变异系数表示。标准偏差（$S$）表示物料成分的均匀性，$S$ 值越小，成分越均匀。为使计算数值准确度高，要求原始数据为 20～30 个。均化效果（$H$）又称为均化倍数，$H$ 值越大，均化效果越好。预均化堆场均化效果取决于所采用的均化设备，其值在 7～10；生料均化库的均化效果与均化库形式有关。其计算公式分别见式(4-1)～式(4-3)。

　　标准偏差：

$$S = \sqrt{\frac{1}{n-1} \sum_{i=1}^{n} (x_i - \bar{x})^2} \tag{4-1}$$

　　均化效果 $H$：

$$H = \frac{S_入}{S_出} \tag{4-2}$$

新型干法水泥生产工艺读本（第三版）

变异系数（又称为波动范围）$C_v$：

$$C_v = \frac{S}{\bar{x}} \times 100\% \qquad\qquad (4\text{-}3)$$

式中　$S$——某成分的标准偏差，与原统计数据所用单位相同；

　　　$n$——检测次数；

　　$x_i$——每个试样的成分检测值，$x_1 \sim x_n$；

　　$\bar{x}$——物料某成分的算术平均值；

$S_入$，$S_出$——均化前后某成分的标准值；

　　$H$——均化效果，按倍数计；

　　$C_v$——变异系数，%。

# 第二节　预均化堆场

　　预均化堆场主要用于石灰质原料和燃料煤。预均化堆场均化作业是在原料储存过程和正式配料之前完成的，通过将多个不同质量的矿石流混合成一个矿石流的过程来实现。国内建设的预分解窑生产线几乎都采用预均化堆场，实践证明它能提高质量，保证生料成分的合格和稳定，并能起到综合利用资源、延长矿山服务年限的作用。工厂采用预均化堆场后，最大的缺点是占地面积大，投资费用高。因此，是否要设置预均化堆场，主要从原燃料质量波动情况、工厂规模及投资因素等方面考虑。当石灰石矿山成分波动较大、地质构造复杂时，通常考虑采用石灰石预均化堆场，如石灰石中碳酸钙含量的标准偏差 $S$ 大于 $\pm 3\%$、变异系数 $C_v \geqslant 10\%$ 时，必须均化，$C_v < 5\%$ 时，可不预均化，$C_v = 5\% \sim 10\%$ 时，简易均化。设置煤的预均化堆场的条件是：煤的灰分、挥发分的 $S \geqslant 2\%$，全硫的标准偏差 $S \geqslant 3\%$，热值的变异系数 $C_v \geqslant 5\%$。不能定点供应且煤质成分有波动时，进厂煤堆存后搭配使用预均化堆场，尽量使入窑煤粉稳定。

## 一、预均化堆场的形式

　　预均化堆场的工作原理是：堆料机连续地把进来的物料按一定方式堆成许多相互平行、上下重叠的料层，每一层物料的质量都基本相等。料堆堆成后，取料机按垂直于料层方向，对所有的料层均取一定厚度的物料，通过出料皮带运出。一般堆料层数为 $400 \sim 500$ 层就可以满足工业生产中对均化效果的要求。

　　预均化堆场分长形堆场和圆形堆场两种，分述如下。

### 1. 长形预均化堆场

　　长形预均化堆场（见图 4-1）设两个料堆，可平行或直线布置。堆料机和取料机交替地在两个区进行堆料和取料，输送流程简单，堆场狭长，房盖易处理，扩建简单，但存在端部效应，换堆时会出现短暂成分波动。

### 2. 圆形预均化堆场

　　圆形预均化堆场（见图 4-2）的进料由天桥皮带送来，由堆场中心卸到一台径向的回转式并可升降的堆料皮带上，以形成圆环形料堆，一端堆料，另一端卸料，不存在换堆问题。较长形堆场易密闭，投资少，但不能扩建。

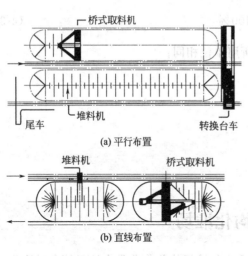

(a) 平行布置

(b) 直线布置

图 4-1　长形预均化堆场

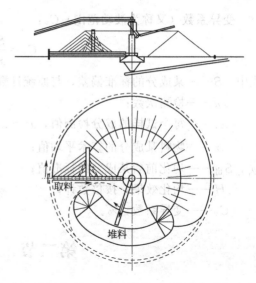

图 4-2　圆形预均化堆场

### 3. 堆场形式选择一般原则

原料预均化堆场形式选择的一般原则：一是要求均化效果高或双组分预混合时，选长形堆场；二是要求均化效果不高或石灰石中含湿黏物料不多时，选圆形堆场；三是从地形特征看，带长条的选长形堆场，坡度小的方宽地形选圆形堆场。此外，还要进行技术经济比较。

### 4. 原煤储存注意点

原煤不论是在均化堆场、露天堆场或联合储库内的储存过程中，都易发生自燃现象，既对安全生产有威胁，又降低了燃料热值，增加了生产煤耗。因此在煤的储存中要采用一些措施：一是煤堆不宜过高，一般 1～2m；二是存放时间不宜超过 2 个月，夏季更要减少库存时间和储量；三是要经常测量煤堆温度，如超过 60～65℃时，要采取降温措施或倒堆；四是煤堆不要靠近热源和电源，也不要使热熟料撒落到煤堆上。

## 二、堆场的堆料和取料方式

预均化堆场中采用的堆料方式主要有五种，取料方式有三种，具体如下。

### 1. 堆料方式

堆料方式如图 4-3(a) 所示。其中，波浪形堆料和水平层堆料方式，可减少颗粒离析现象，堆料机复杂，主要适用于对混合均匀性要求很高的多种物料进行混合作业。生产上大多采用人字形或圆锥形堆料。人字形堆料法是将物料一层一层地沿着混合料堆全长堆起来，这种堆料方式的设备和动作简单，但物料离析现象明显；圆锥形堆料法，其堆料皮带机沿料堆中心线依次定点卸料，形成圆锥形料堆。

物料离析会引起料堆断面成分波动，防止块状物料离析的措施如下：一是减少物料粒差；二是堆料时减少落差；三是取料时力求取料机能切取所有层面的物料。

### 2. 取料方式

取料方式如图 4-3(b) 所示，端面取料适用于人字形、波浪形和水平层堆料方式；侧面取料适用于倾斜层堆料方式；底部取料适用于带有缝形仓的长形预均化堆场。侧面取料较端

新型干法水泥生产工艺读本（第三版）

面取料的均化效果差，适用于要求不高的预均化作业。

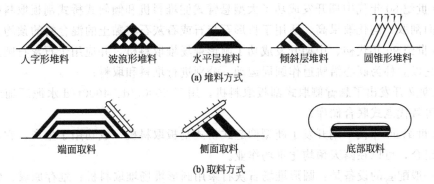

图 4-3　主要堆料及取料方式

## 第三节　堆料机和取料机

### 一、堆料机

堆料机的作用在于与预均化堆场的进料皮带机相连接，然后按一定方式进行连续堆料。为完成各种堆料方式，出现了各种堆料机，具体介绍如下。

① 悬臂皮带堆料机，这是一种常用的堆料机。

② 天桥皮带堆料机，它利用厂房的屋架顶部堆料，能进行人字形或圆锥形堆料，缺点是物料落差大。

③ 桥式皮带堆料机，它是将堆料皮带机装设在一个可以移动的桥架上，而这个桥架是横跨料堆来进行波浪形或水平层堆料的。

④ 圆形堆场用皮带堆料机，它一般采用沿中间立柱回转的皮带堆料机。

悬臂皮带堆料机用于人字形堆料，桥式皮带堆料机一般只用于露天圆形堆场。

⑤ 耙式堆料机，它是一种既能堆料也能取料的设备，堆料作业是依靠在链式刮板中安装的堆料皮带和刮板相结合进行的。

### 二、取料机

取料机是预均化堆场中的主要设备，它的选型是否正确直接影响着料堆的均化效果。用于长形预均化堆场的取料机有以下几种。

① 端面取料的桥式取料机。与人字形堆料相适应，这种取料机是预均化堆场中应用最广的。

② 端面取料的刮板或圆盘取料机。

③ 侧面取料的耙式取料机。

④ 底部取料的叶轮取料机，仅适用于下部带有缝形仓的长形预均化库。

⑤ 端面取料和侧面取料的链斗取料机。

用于圆形堆场的取料机为圆形堆场堆取料机，料堆一端堆料，另一端取料。

我国在不同时期研发的堆料和取料设备有以下几种：

① 20 世纪 70 年代中期成功研制出的桥式斗轮取料机，它与卸料车式堆料机组合，应用

于 2000t/d 原煤预均化堆场生产线上；

② 20 世纪 80 年代中期开发成功了大型悬臂式侧堆料机和倾斜式桥式刮板取料机，人字形堆料端面刮取，均化效果高，适用于长形石灰石或石灰石与黏土的混合料的预均化堆场；

③ 20 世纪 90 年代初、中期开发成功了圆形堆场堆取料机，并应用于石灰石圆形预均化堆场中，它以立柱为圆心沿轨道作圆周运动，分别进行堆料和取料；

④ 同期又开发出了悬臂侧取式刮板取料机，用于 2000t/d、4000t/d 水泥厂辅助物料混合堆场，可替代老式联合储库；

⑤ 20 世纪 90 年代中期开发了新型仰起式桥式刮板取料机，成功用于生产，它与悬臂式侧堆料机组合，可以在露天预均化堆场作业。

目前一般配套的设备是：圆形堆场石灰石采用圆形堆场堆取料机；堆存原煤、砂岩、铁粉等物料的无轨圆形预均化堆场，采用顶堆侧取式混均堆取料机；长形堆场石灰石等采用悬臂式侧堆料机和倾斜式桥式刮板取料机；原煤预均化堆场一般采用卸料车式堆料机和桥式斗轮取料机。

# 第四节　生料均化库

入窑生料成分均匀稳定，对窑的产量、热耗、运转周期、耐火材料寿命都有较大影响。当出磨生料 CaO 标准偏差大于 0.3％时要均化。生料均化库是靠具有一定压力的空气对生料进行吹松、流态化搅拌以及重力卸料过程中使生料成分均匀。由于空气装置和排料方式以及库内结构不同，而形成各种形式的生料均化库。

## 一、生料均化库的作用

生料均化库是干法水泥生产工艺的重要环节之一，它既是生料均化设施，又是一个储存库，在生料库和窑之间起着缓冲作用。入磨物料组分含量波动，使出磨生料成分亦有所波动，给烧成带来困难，而且烧出熟料的显微结构不理想，如出现 $C_3S$ 中含有大量 $C_2S$ 的包裹体，或 $C_3S$ 呈矿巢状集中分布，或观察到成堆的方镁石晶体。因此生产优质熟料，除具有合理的配料和烧成制度外，还应提高入窑生料的成分均匀性程度。

生料均化库分间歇式和连续式。连续式生料均化库的工艺特点是生料均化作业连续化，其具有工艺简单、占地少、操作方便、电耗低的优点，它能满足出库生料 CaO 标准偏差<±0.3％，被新型干法生产所采用。采用连续式生料均化库，要重视原料的预均化环节和磨前配料环节。

## 二、连续式生料均化库形式

### 1. 混合室库

如图 4-4 所示，混合室库在库底中心设一个锥形混合室。在库内混合室和周围环形区都装有充气箱。卸料时轮流向环形区一个小范围充气，使部分生料流向混合室，经连续充气、搅拌、均化而流出。其均化电耗为 0.15～0.3kW·h/t$_{物料}$，单库均化效果为 5；我国早期的水泥厂如秦岭 5 号窑 2000t/d、冀东 4000t/d 等，采用此形式库。

### 2. 均化室库

如图 4-5 所示，均化室库在库底有一个较大的圆柱形均化室，主库内漏斗形料流先重力均化，后在均化室内搅拌均化。其均化电耗为 $0.5 \sim 0.6 kW \cdot h/t_{物料}$，单库均化效果为 $11 \sim 15$。

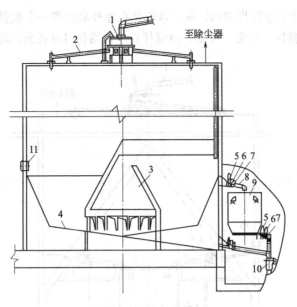

图 4-4　混合室库

1—生料分配器；2—进料斜槽；3—中心室；4—环形区充气箱；5—闸板阀；6—气动开关阀；
7—电动流量阀；8—斜槽；9—喂料仓；10—冲板流量计；11—库侧检修门

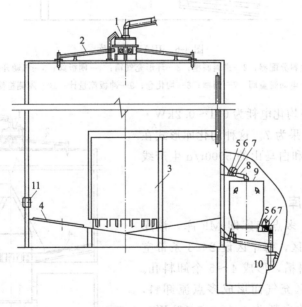

图 4-5　均化室库

1—生料分配器；2—进料斜槽；3—中心室；4—环形区充气箱；5—闸板阀；6—气动开关阀；
7—电动流量阀；8—斜槽；9—喂料仓；10—冲板流量计；11—库侧检修门

上述两种形式的均化库都在大库内设小库，存在当大库内生料装满，而小库内卸料设施出现故障时，影响检修使用的弊端。为解决该问题将库内小搅拌均化室改到在均化库外设置，其形式如下所述。

### 3. 中心室均化库

如图 4-6 所示，中心室库即 IBAU 库，该库是在库外底部带一个搅拌仓。当生料进入搅拌仓后，依靠连续空气搅拌、均化、卸出。因搅拌仓小，均化时电耗低，均化能力约为 8∶1。

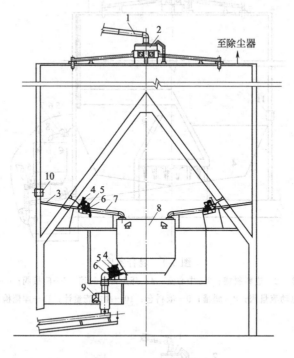

图 4-6　IBAU 均化库

1—生料分配器；2—进料斜槽；3—环形充气箱；4—闸板阀；5—气动开关阀；
6—电动流量阀；7—斜槽；8—均化仓；9—冲板流量计；10—库侧检修门

中心室均化库的均化电耗为 $0.1\sim0.2$kW·h/t$_{物料}$，单库均化效果为 7。这种均化库形式在金顶 2500t/d、烟台和白马山的 5000t/d 生产线等采用。

### 4. 多点流均化库

如图 4-7 所示，多点流库即 MF 库，该库的库底分 $10\sim16$ 个区，每个区设 $2\sim3$ 条带空气箱上加盖板的卸料槽，形成 $4\sim5$ 个卸料孔。卸料时向两个相对区充气而形成多点流卸料，卸空率较低。其均化电耗为 $0.12\sim0.16$kW·h/t$_{物料}$，单库均化效果为 $6\sim8$。我国都江堰拉法基、宁国等水泥厂采用 MF 库。

### 5. 控制流均化库

如图 4-8 所示，控制流库即 CF 库，这种库的库底设有 7 个卸料锥，每个卸料锥都形成自己的卸料区。每个卸料区由 6 个三角形充气

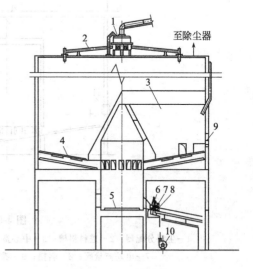

图 4-7　MF 均化库

1—生料分配器；2—进料斜槽；3—隧道区；
4—环形区充气箱；5—中心室充气箱；6—闸板阀；7—气动开关阀；8—电动流量阀；
9—库侧检修门；10—斜槽风机

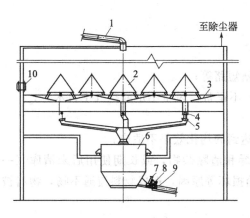

图 4-8 CF 均化库

1—进料斜槽；2—库底减压锥；3—库底充气箱；
4—闸板阀；5,8—气动开关阀；6—喂料仓；
7—闸板阀；9—电动流量阀；10—库侧检修门

区和一个卸料口所组成。7个卸料区由微机程序控制开启时间，使库内各部生料以不同速率卸出，并在卸料过程中产生倾斜，致使不同成分的生料在同一时间卸出。物料到达库底外设的中央混合室再实现气力搅拌，卸空率较高。其均化电耗为 $0.2\sim0.3kW\cdot h/t_{物料}$，单库均化效果为 $10\sim16$；我国上海、重庆、柳州等水泥厂使用 CF 库。

上述均化库的总均化作用，由一次重力混合和二次气力搅拌所组成，它们的充气系统采用程序控制。影响均化效果的主要因素有：入库生料水分要求 $<0.5\%$，最大不超过 $0.8\%$；其次是供风的压力和风量。连续式均化库一般要求供风压力为 $60\sim90kPa$，风量为 $1.0\sim1.8m^3/(m^2\cdot min)$，还要采用自动控制以提高系统稳定性。MF 库库内环形区充气系统采用压力控制方式，即每个充气单元依次轮流充气，用中心室的充气压力大小来控制。CF 库则由三台罗茨风机分别轮换对三个卸料区的三角形充气区充气，将三个卸料口的生料以不同速率卸出并混合，通过调整卸料时间和各区卸料的比例，达到良好的均化效果。

### 6. 我国开发的几种生料均化库简介

**(1) TP 型库** 如图 4-9 所示，天津水泥工业设计研究院借鉴 IBAU 库和 Polysius 切向库的优点，开发出 TP 型库。库底中心有一个集混合、称量、喂料功能于一体的环形大圆锥空间，中心锥内分 6 个卸料区，12 个充气小区，对顶两个小区轮流充气、卸料，入生料计量仓，再次搅拌卸出，库底由程序控制达到有序卸料。按均化功能设计了三种形式：TP-1 型均化能力一般，适合于成分波动较小的原料；TP-2 型均化能力较强，对原料质量稳定性要求可稍放宽；TP-3 型均化能力最大，可满足原料波动较大、预均化条件不好、控制水平较差的水泥生产线。白马山水泥厂用 TP-1 库。

**(2) NC 型库** NC 型库是由南京水泥工业设计研究院开发的，类似 MF 均化库，采用在库顶多点下料、中心室料层对称的两区充气和在中心仓内轮流气搅拌的三部位进行均化。此库型已在铜陵海螺10000t/d 生产线上应用，其技术参数：均化电耗 $\leqslant 0.25kW\cdot h/t_{物料}$，单库均化效果 $\geqslant 8$，入窑生料 CaO 标准偏差 $\leqslant 0.2\%$。

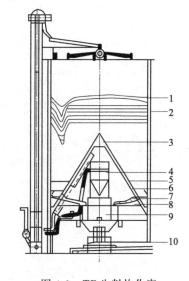

图 4-9 TP 生料均化库

1—物料层；2—漏斗；3—库底中心锥；
4—除尘部；5—钢制减压锥；6—充气管道；
7—气动流量控制阀；8—电动流量控制阀；
9—套筒式生料计量器；10—固体流量计

## 三、影响均化效果的主要因素

出现均化效果不好的原因有：

① 充气装置本身状况不佳，如出现泄漏、堵塞短路等；

② 充气压力（一般供气压力要求 $60\sim90$ kPa）不正常、风量不足或空气中含水分；

③ 生料粉含水分大于 $0.5\%$；

④ 入库生料粉成分波动大，与该均化库可能达到的均化效果不适应；

⑤ 使用不当，如首次使用时，未保持库内干燥和清除杂物，或长期使用后未清库（一般 $1\sim2$ 年需清库一次），存在死料区或库内充气箱损坏等原因，造成物料流通不畅，物料被压实或结团，使均化库失去均化作用。

### 参 考 文 献

[1] 戴忠鑫. 堆取料机在水泥工业中的应用 [J]. 水泥技术，2001（6）.

[2] 刘志江. 新型干法水泥技术 [M]. 北京：中国建材工业出版社，2005.

# 第五章 物料粉磨

粉磨是水泥生产过程中一个非常重要的环节，每生产 1t 水泥约需粉磨 3～3.5t 物料，如生料、煤、水泥和矿渣、钢渣等工业废渣或工业副产品都需要粉磨，其粉磨产品的质量影响下一工序的生产和消耗。粉磨过程是通过外力产生挤压、冲击、研磨等作用力，克服其内部质点及晶体间的内聚力使物料由块状变成粉粒状的过程，是耗电能最高的生产工序（用于粉磨上的电耗大致占水泥生产总电耗的 70%～75%）。因此，遵循"磨前处理是关键、磨内磨细是根本、磨后选粉是保证"的技术原则，在节能粉磨设备配套下，企业做好"配料计量精确、粉磨细度合理、操作参数优化、易损部件耐磨、单位电耗达标"的粉磨技术要求。对那些未能达到《水泥企业的分步能耗指标》的粉磨系统，必须进行节能技术改造，包括工艺操作参数调整，使之达到能耗限额指标，也使新型干法水泥生产的"可比水泥综合"电耗 $\leqslant$ 90kW·h/t$_{水泥}$。

## 第一节 生产工艺控制参数和物料的粉磨性能指标

### 一、物料粉磨性能测试指标及粉体物理性能

生产过程的最佳化是工业生产的发展趋势，实现粉磨最佳化首先需掌握物料性能和物料加工性能的测试数据，如易磨性、磨蚀性等。《水泥工厂设计规范》中规定，在工程项目的可行性研究阶段应进行原燃料工艺性能试验，它给设计和生产者提供科学管理的重要参数及依据。根据粉磨设备生产工艺的需要来选择试验项目。

#### 1. 易磨性

易磨性是指一种或多种（混合）物料，在相应条件下磨到一定细度的难易程度，是表示粉磨难易程度的物性参数，也是标定磨机生产能力、设备选型和指导生产的重要依据，可作为评价物料粉磨性能优劣的重要工艺指标。常用粉磨功指数（kW·h/t$_{物料}$）和相对易磨性系数（由试验测定）表示。

**（1）粉磨功指数** 不同国家对不同物料和粉磨设备，所采用的试验方法标准各不相同，表述方式各异。

① 水泥原材料（石灰石、砂岩、矿渣等）和半成品（如熟料）。采用球磨机时的粉磨功指数是将物料从入磨时粒度粉磨到产品细度时，用所需单位产品电耗（kW·h/t$_{物料}$）或邦

德粉磨功指数 $W_i$ 表示（将单位质量的物料从理论上无限大的粒度粉碎到 80% 的物料可以通过 $100\mu m$ 筛孔时所消耗的功，$kW\cdot h/t_{物料}$）。我国则按 JC/T 734—2005《水泥原料易磨性试验方法》，将原料或生料用试验小型间歇磨测定，测出该物料的单位产品功耗 $B_i$（$kW\cdot h/t_{物料}$），其值大表示难磨；反之易磨。测出物料的易磨性值，虽然与工业连续生产和闭路系统有差别，但可参考使用。

当采用辊式磨时，入辊磨机的物料易磨性的试验方法，各公司均采用本系列中最小规格的辊式磨进行测定。易磨性指数是确定辊式磨规格及其配套的重要依据参数。当中等易磨性物料（设该物料易磨性指数 MF 为 1）在试验磨上的产量为 $G_0$，被测试物料产量为 $G_1$ 时，则该物料的相对易磨性指数 MF 为 $G_1/G_0$，MF 大于 1 表示物料易磨；反之难磨。

② 原煤。按 GB/T 2565—2014《煤的可磨性指数测定方法　哈德格罗夫法》测定煤的易磨性指数 HGI（哈氏指数）。我国煤的 HGI 指数：无烟煤为 30～53，烟煤一般在 44～85。$W_i$ 一般在 50～130$kW\cdot h/t_{煤}$，大多数为 60$kW\cdot h/t_{煤}$。

**(2) 相对易磨性系数**　相对易磨性系数 $K_m$，系以某参照物为基准的物料之间易磨性比值。参照物不同，物料的相对易磨性系数也不同。用相同粉磨细度下两者时间比，或用相同时间下两者粉磨细度比，作为该物料的相对易磨性系数。比值大表示物料的易磨性好；反之易磨性差。若人为设干法生产中等易磨性熟料的 $K_m=1$，其部分相对易磨性系数 $K_m$ 见表 5-1。

表 5-1　部分物料相对易磨性系数 $K_m$

| 物料名称 | 干法回转窑熟料 | 石灰石 | | | 矿渣 | | 白垩 | 黏土 | 硅砂 | 煤 |
|---|---|---|---|---|---|---|---|---|---|---|
| | | 软质 | 中硬 | 硬质 | 水淬 | 粒状 | | | | |
| 矿石类 | 1 | 1.8 | 1.6 | 1.35 | 1.15～1.25 | 0.55～1.10 | 3.7 | 3.0～3.5 | 0.6～0.7 | 0.8～1.6 |
| 金属元素 | Zn | Ti | Mo | V | Co | Cu | Zr | Ni | Cr | Mn |
| | 0.86 | 0.90 | 0.92 | 0.95 | 0.98 | 0.98 | 0.99 | 0.99 | 1.09 | 1.11 |

**(3) 物料易磨性评价**　对不同粉磨设备、不同部门其易磨性评价标准见表 5-2。

表 5-2　物料易磨性评价标准

| 程度评价 | | 极难磨 | 难磨 | 中等 | 易磨 | |
|---|---|---|---|---|---|---|
| 球磨功耗 $W_i$/($kW\cdot h/t$) | | >15 | 13～15 | 10～13 | <10 | |
| | | >14 | 12～14 | 10～12 | <10 | |
| 无烟煤 | 相对易磨性系数 | 0.9 | 1.1 | 1.3 | 1.5 | |
| | 哈氏指数 HGI | 35.1 | 53.3 | 70.13 | 86 | |
| 原料易磨性系数 $B_i$/($kW\cdot h/t$) | | 硬（难磨） | 较硬（较难磨） | 中硬（中等） | 软（耐磨） | |
| | | >14 | 10～13 | 8～10 | <8 | |
| 物料易磨性分类标准/($kW\cdot h/t$) | | A 易磨 | B 比较易磨 | C 中等易磨 | D 比较难磨 | E 难磨 |
| | | ≤8 | 8～10 | 10～13 | 13～15 | >15 |
| 辊磨易磨性指数 | | <1 难磨 | | | >1 易磨 | |

注：$W_i=435/HGI^{0.91}$。

**(4) 影响物料易磨性大小的因素分析**

① 原燃料的生成环境。当水泥生产使用天然原燃料时，其生成环境是影响易磨性值的

主要因素；对人工合成的生料，一般可通过合理配料、调配和选择适当工艺，以改善其易磨性来降低粉磨电耗；矿渣等工业废渣或副产品的粉磨特性与其生产工艺、原料和产品类型等生成条件有关，其形成过程决定了它们的结晶形态和结晶程度，高温下形成的冶金渣因而具有难磨性能。

② 熟料成分。水泥熟料的易磨性与熟料的矿物组成、冷却速率等因素有关。KH 值越高，熟料的易磨性越好；SM 值越高，易磨性越差；$C_2S$ 增加，熟料易磨性降低；熟料液相量高，易磨性差。所以要改善熟料的易磨性，可从矿物组成上考虑。

③ 微量元素。工业废弃物和低品位原料含有微量元素，其易磨性见表 5-1。由于工业废弃物微量金属元素与熟料矿物固溶，改变熟料的物理结构和熟料形成温度，使水泥熟料的易磨性下降，但 Cr、Mn 却能改善水泥熟料的易磨性。

④ 生产因素。物料经过预粉碎、增加裂纹，可提高其易磨性或采用急冷方式也能改善熟料易磨性，慢冷熟料要比急冷熟料难磨，见表 5-3。产品越细，其表面能越高，物料易磨性越差。

表 5-3　影响物料易磨性的生产因素

| 影响因素 | 原料 | 试验条件 | $W_i$ 标准值 /(kW·h/t) | 对比试验条件 | $W_i$ 对比值 /(kW·h/t) | 差值/% |
|---|---|---|---|---|---|---|
| 粉磨工艺与设备 | 熟料 | 由细颚破碎机粉碎，入球磨机粉磨 | 18.6 | 由挤压机粉碎，入球磨机粉磨 | 16.03 | −14.1 |
| | 矾土矿 | | 20.68 | | 18.14 | −14 |
| | 生料 | | 11.8 | | 8.54 | −38.2 |
| | 熟料 | | 21.95 | 振动粉碎，由挤压机粉碎，入球磨机粉磨 | 19.62 | −11.9 |
| 冷却与储存 | 熟料 | 自然冷却 | 15.61 | 急冷 | 13.06 | −19.5 |
| | | 出窑 7d 测试 | 20.07 | 储存 40d 测试 | 18.12 | −10.8 |
| 原料与配比 | 水泥 | 熟料 95% | 17.67 | 熟料 80%，矿渣 15% | 19.08 | 7.4 |
| | | 熟料 90%，沸石 6% | 20.77 | 熟料 84%，沸石、矿渣各 6% | 21.95 | 5.7 |
| | | 熟料 96% | 15.35 | 熟料、矿渣、钢渣各 6% | 22.15 | 44.3 |
| 粉磨细度 | 水泥 | 80μm 筛筛余 4% | 19.7 | 60μm 筛筛余 3.8% | 23.67 | 20.7 |
| | | | | 100μm 筛筛余 5.2% | 19.32 | −2 |

## 2. 磨蚀性

磨蚀性是一种表示物料对粉碎部件耐磨表面产生磨损程度的特性，磨蚀性对辊式磨选型特别重要。磨蚀性指数用单位产品所消耗的磨辊、磨套金属量表示（试验磨辊、磨套采用普通材料，在工业磨机中应根据所用耐磨材质进行换算）。磨蚀性指数对辊磨是一个重要参数，它是确定辊磨规格和设计的重要依据，用来判断辊磨对此原料的适应情况和磨损件的维护周期。辊磨衬料的使用寿命与所处理物料的磨蚀性、原料中结晶 $SiO_2$ 含量和磨辊的材质有关。因此在选用磨辊之前应了解被处理物料的磨蚀性，各制造公司要求生产企业送原料样进行原料加工试验，按所得辊磨易磨性指数 MF、磨耗值（g）、需用功率（kW）和要求的粉磨能力 G 来选定规格、材质和配套电机功率。

辊式磨对原料性能敏感，因而物料的磨蚀性大小，直接影响辊式磨设备选型、使用寿命和能否在水泥行业推广的问题。近年来，随着新型耐磨材料的应用，放宽了有害杂质限量，使得辊式磨在水泥厂粉磨系统（生料、煤粉和矿渣粉磨）上得以大力推广应用。

### 3. 物料脆性值

脆性值 $B_r$ 为物料的抗压强度与抗拉强度之比。脆性值越大，物料就越易被压碎。水泥工业中几种常用物料的脆性值见表5-4。

表5-4　水泥厂常用物料的脆性值

| 物料名称 | 石灰石、砂岩 | 高炉矿渣 | 页岩 | 熟 料 | | | | | 混凝土 |
| --- | --- | --- | --- | --- | --- | --- | --- | --- | --- |
| | | | | 一般 | $C_3S$ | $C_2S$ | $C_3A$ | $C_4AF$ | |
| 脆性值 $B_r$ | 12～18 | 14～18 | 6～12 | 10～14 | 4.7 | 2.0 | 2.9 | 2.0 | 6～10 |

### 4. 粉粒体物料的流动性

粉粒体的流动性是粉粒体在料仓（库）储存和卸料中一种十分重要的性能，影响料仓卸料是否顺当。评价粉体流动性指标用卡尔流动性指数 Carr 指数（或詹尼克流动性函数 FF 函数），它是对粉体的休止角、压缩率、平板角、凝集率及均匀性指数的综合评估。从粉体属性看，附着性粉体流动性不好，水泥厂生料、水泥粉料属于附着性物料（见表5-5），湿态铁粉流动性差，若卸料角度不够易出现下料不畅，影响生料质量。熟料、铁粉、粉煤灰、煤粉、水泥、生料和黏土的 Carr 指数分别为 77、72、52、52、27、25.5 和 36。

表5-5　流动性指数与流动性的关系

| Carr 指数 | 100～90 | 89～80 | 79～70 | 69～60 | 59～40 | 39～20 | 19～0 | 备注 |
| --- | --- | --- | --- | --- | --- | --- | --- | --- |
| 流动性 | 特别好 | 很好 | 好 | 普通 | 不太好 | 不良 | 非常不好 | 当 Carr 指数＞80 时，粉体为自由流体性粉体 |
| 助流措施 | 不必要 | 不必要 | 适当考虑 | 要考虑 | 要有 | 有力措施 | 特别措施 | 当 Carr 指数为 40～80 时，粉体为流体性粉体 |
| FF 函数 | ＜2 | 2～4 | 4～10 | ＞10 | | | | 当 Carr 指数＜40 时，粉体为附着性粉体 |
| 流动性 | 不流动 | 不易流动 | 易流动 | 自由流动 | | | | |

### 5. 粉体物料在粉磨中的团聚现象

**(1) 团聚**　物料粉碎使颗粒内部价键被切断，在断裂面上出现不饱和价键，这种不平衡价键使粉料有重新聚合的可能性。另一种观点认为物料断裂后，产生的新表面也增加了表面自由能，使颗粒之间团聚力明显增强，当团聚力大于分散力时，出现团聚现象。特别是物料被磨细到微米级时，团聚现象更为严重，此时要采取使用助磨剂、闭路系统等措施，减轻团聚现象。

**(2) 助磨剂**　物料在粉磨过程中可加入少量化学添加剂，能够提高粉磨效率、改善成品质量或降低电耗等的物质通常称为助磨剂（用于湿法生料磨上习惯叫作料浆稀释剂）。目前磨机向大型化发展，粉磨细度要更细，特别是超细粉磨，掺加助磨剂能更好地发挥粉磨效果。企业生产高细粉磨产品时，用掺加助磨剂的措施比用系统改造方案更为方便。

① 助磨剂的主要作用原理。助磨剂的作用原理很多，主要有两种观点，一是吸附降低硬度学说，使用助磨剂能降低颗粒的强度和硬度，同时阻止新生裂纹的闭合，促进裂纹的扩展；二是粉体流变学说，用助磨剂可提高粉体的流动性。从粉磨阶段分析：在粗磨阶段，助磨剂的作用主要是促进裂纹形成、扩展直至断裂；在细磨阶段，助磨剂主要起分散作用，延

缓或减轻细粉料的聚结，从而提高粉磨效率。

② 助磨剂的种类。助磨剂的种类很多，助磨效果差别很大。从理论上分析，各种助磨剂对物料颗粒表面具有不同的吸附机理：有机物类的极性助磨剂，它以离子交换吸附或离子对吸附为主，吸附在物料颗粒或裂缝表面使物料表面张力减小，有效地减弱或消除糊球、结团现象；无机物类非极性助磨剂，它以氢键形式吸附和憎水吸附为主，因而能在颗粒表面形成薄膜，改善粉体的流动性。鉴于粉磨时的颗粒变化，单纯用一种性能的助磨剂是很难适应粉磨环境变化要求的，因此，应使用具有多种表面活性的复合助磨剂，产生复合叠加效应，以增强助磨剂对物料在粉磨中的适应性。

按成分组成划分的助磨剂种类见表 5-6。按使用效果，助磨剂种类分为提高产量型、节约能耗型、抑制结块型（适合潮湿多雨地区）、提高强度型和改善性能型（多掺混合材）。工厂可按使用目的选择助磨剂种类。

表 5-6　按成分组成划分的助磨剂种类

| 类　　别 | 种　　类 | 助磨剂的组成和名称 |
|---|---|---|
| 纯化合物 | 极性助磨剂 | 指离子型的有机助磨剂，如三乙醇胺、乙二醇、醋酸铵等 |
| | 非极性助磨剂 | 指非离子型的无机助磨剂，如煤、石墨、焦炭、石膏等 |
| 混合物 | 复合助磨剂 | 有机物的混合物（天津 9911）<br>有机物与无机物的混合物（北京 N、S）<br>无机物的混合物 |

③ 生产上使用助磨剂时应注意的问题。工厂使用助磨剂后的效果不一样，与助磨剂的性能、用量、被粉磨物料性能和粉磨工艺条件等因素有关，也与是否合理使用有关。为发挥助磨剂的效果，使用时要注意以下几点。

a. 助磨剂要符合 GB/T 26748—2011《水泥助磨剂》。为发挥良好的助磨效果，助磨剂必须是偶极矩大的极性物质或强力的表面活性剂。助磨剂不允许对所粉磨物料的性能及其制品性能有不良影响，如对水泥的凝结时间、强度及其他性能有不良效果；对钢筋和水泥设备产生腐蚀作用；同时不能带有强烈的刺激气味，而影响工人健康。

b. 粉磨时添加助磨剂后，物料流动性好，流速加快，因而需要适当调整研磨体级配和球料比。原则上是限制磨内流速过快，如采用小研磨体或降低平均球径，闭路系统还要合理调整磨机通风和选粉机的运行参数。

c. 注意工作温度。当温度超过一定值时，对有机类和易挥发助磨剂，若直接加到高温物料上会降低甚至没有助磨效果。

d. 严格控制干法粉磨的入磨物料水分。防止湿物料黏糊研磨体和衬板、隔仓板等。水分过大时，助磨剂也很难改善因黏糊而降低粉磨效率的状况。

e. 必须准确计量和均匀喂料。助磨剂掺加量少（国家标准中规定，水泥助磨剂掺量不超过水泥质量的 0.5%），若计量不准或不均，造成局部过多过少，都会影响助磨效果。

f. 助磨剂的品种要与物料性质、水泥品种相匹配。如三乙醇胺，对有强烈附聚倾向的水泥熟料的助磨剂效果良好；对附聚性能差的难磨料，如对矿渣细磨作用不大，仅能促进其粗磨；胺类对水泥熟料矿物的助磨效果为 $C_3S>C_3A>C_4AF>C_2S$；一些醇类对 $C_3A$、$C_3S$ 吸附强，而对 $C_4AF$、$C_2S$ 吸附弱。所以企业在使用前，一方面参考研究部门所做助磨剂种类对水泥的助磨效果试验，另一方面要用本厂水泥进行试验。

## 二、细度

细度是粉磨系统设计和操作中最主要的控制参数。粉磨细度的大小影响磨机的产品质量和产品电耗，也关系到后续工序的生产。细度通常用筛余值、比表面积或颗粒级配来表示。细度用筛网上的筛余量占试样原始质量的百分数表示（生料细度通常用 $80\mu m$ 筛或 $90\mu m$ 筛和 $200\mu m$ 筛的筛余值，煤粉细度用 $80\mu m$ 筛或 $90\mu m$ 筛的筛余值，水泥用 $80\mu m$ 筛和 $45\mu m$ 筛的筛余值表示），筛余值越小，粉料越细（俗称提高细度，意指降低筛余值）。比表面积含义是每千克粉料所具有的表面积，一般粉料越细，比表面积越大（但细到一定程度后，此关系不成立）。颗粒级配是描述颗粒群的粒度分布，是指各种大小的颗粒占颗粒总数的比例，反映了颗粒群中粒度大小及对应的数量关系。因不同物料和所要求产品的质量不同，生产所控制的细度范围也不相同。

筛分机械的筛面是编织筛，它用钢丝按经纬形式编织而成。我国现行标准采用 ISO 制，以方孔筛边长表示筛孔大小（mm）。过去采用公制筛（孔/cm²）和英制筛（每英寸长度上筛孔数目表示筛目，1 in＝0.0254m），其筛面尺寸见附表 5-2。

### 1. 生料

水泥生料的分散度要满足熟料的煅烧要求，一要细度，二要粒度均匀，不要造成细颗粒反应已完成，而粗颗粒尚未完成反应。众所周知，物料的反应速率（预热、分解和固相反应）与生料粒度的大小成反比，生料粉磨后，增大颗粒表面积，使熟料煅烧固相反应过程容易进行，但带来磨机产量下降、电耗上升的问题；考虑新型干法生产工艺特点，对生料细度的要求是适量放宽 $R_{0.080}$ 筛余，严格控制 $R_{0.200}$ 和颗粒级配均匀。

**(1) 筛余细度** 随着深入研究预分解系统中生料颗粒大小对传热和熟料煅烧的影响，基于以下分析，生料细度 $R_{0.080}$ 或 $R_{0.090}$ 的控制范围有所放宽，具体如下。

① 从旋风预热筒可分离的粒径出发，资料介绍各级预热器可分离的最小粒径均在 $10\mu m$ 以下，而生料粉特征粒径一般为 $30\mu m$，平均在 $30\sim40\mu m$。颗粒大的分离效率高，故适当放宽生料细度有利于提高预热器的分离效率。

② 从粒径大小对分解时间的影响程度考虑，分解炉内可分解物料的最大粒径与炉内温度、要求分解率和物料在炉内的停留时间有关，研究结果表明：炉内温度越高，同等粒径生料需要分解的时间越短。当前分解炉工艺采取加大炉窑燃料比和提高入炉三次风温等措施，既提高炉温又改善煤的燃尽度，而且为放宽生料细度创造了条件。

③ 从气固反应对颗粒大小的影响看，一般规律是颗粒越小反应越快，依据试验研究报道，认为生料颗粒在小于 $450\mu m$ 范围内，粒径大小对分解特性没有明显影响，反而颗粒太细，会出现"灰花"，增加凝聚现象，对悬浮态要求的分散度不利。

④ 从粉磨设备产品粒度情况分析，因新型干法生产线上的生料磨采用先进的粉磨设备和工艺（圈流系统或辊式磨），所以生料颗粒均匀，0.2mm 以上粗粒少，适度放宽细度不会对熟料质量造成大的影响。

**(2) 粗粒径** 粗粒径指的是 0.2mm 以上的颗粒，在正常烧成温度条件下，粗粒中含结晶的二氧化硅、燧石、方解石等，反应不完全，研究表明影响生料易烧性和熟料产品质量的关键是生料中的粗粒，见表 5-7，所以要限制 $200\mu m$ 的筛余量。预分解窑采用高 SM 配料方案，使用高硅砂岩，更要注意其中石英颗粒含量。水泥熟料要求 f-CaO 要＜1.5%，生产控制 $200\mu m$ 筛筛余值为 1.0%～1.5% 是必要的。

新型干法水泥生产工艺读本（第三版）

表 5-7　生料细度与熟料游离石灰关系的试验数据

| $R_{0.200}$ /% | 0.9 | 1.4 | 2.42 | 3.06 | 外加 200$\mu$m/% | 0 | 0.6 | 1.2 | 1.8 |
|---|---|---|---|---|---|---|---|---|---|
| f-CaO$_{1400℃}$ /% | 0.78 | 0.84 | 1.57 | 2.24 | f-CaO$_{1400℃}$ /% | 2.754 | 3.180 | 3.602 | 4.120 |

**(3) 颗粒级配**　过粗的生料颗粒难于完全反应，过细的颗粒又易于局部过早出现液相，对烧成不利，所以要求生料颗粒级配均匀。生料采用圈流或辊式磨以提高粉体的均匀性系数，符合熟料煅烧对生料粒度级配的要求。

综上所述，决定生料易烧性的细度值，关键是大于 0.2mm 的粗粒。因此控制 0.2mm 筛筛余为 1.0%～1.5%，而 $R_{0.080}$ 可放宽至 12%～16%；对烘干兼粉磨或辊式磨 $R_{0.090}$ 取 15%～17%，$R_{0.080}$ 取 18%～20%。生料细度与原料的易烧性、分解性能和窑型有关，各厂应根据生产经验，从工艺质量和经济观点出发，提出本厂生料细度控制范围。

## 2. 煤粉

我国回转窑、分解炉基本均采用煤粉作为燃料。工艺上煤粉细度主要满足煤的燃尽度要求。煤燃尽所需时间与煤粉粒度成正比关系，而过细煤粉也无必要，既增加动力消耗又存在爆炸隐患。煤粉细度控制值与煤质、挥发分和使用地点（窑或分解炉）有关。一般烟煤控制 80$\mu$m 筛筛余 8%～10%；若使用劣质煤或无烟煤，考虑煤的着火温度和燃尽度，需要磨细增加煤粉中固定碳的比表面积，增加燃烧速率，分解炉燃烧条件比回转窑差，要磨得更细。对无烟煤，一般 80$\mu$m 筛筛余，窑取 5%，分解炉取 3%。煤粉细度与挥发分的关系见式(5-1) 和式(5-2)。

烟煤：

$$R_{0.080}=(1-0.01A-0.0011M)\times 0.5V \ (\%) \tag{5-1}$$

无烟煤：

$$R_{0.080}=0.5V-(0.5\sim1.0) \ (\%) \tag{5-2}$$

式中　$R_{0.080}$——煤粉筛孔 80$\mu$m 的筛余细度，%；

$V$，$M$，$A$——煤粉的挥发分、水分和灰分，%。

## 3. 水泥

水泥粉磨是水泥生产的最后一道制备工序，也是水泥生产过程中电耗最高的环节。水泥粉磨的任务是制备出一定细度和组分合格的水泥成品。水泥磨细的意义在于进一步发掘水泥熟料和混合材料的质量活性潜力。实践证实：从发挥熟料活性讲，水泥要磨细，但太细的水泥颗粒必然导致水泥粉磨台时产量下降，能耗指标上升，生产成本增高，还会影响到水泥的使用性能，所以生产上要重视合理控制水泥细度。

**(1) 水泥细度、比表面积**　水泥颗粒大小的技术参数，用平均粒径、筛余（$R_{0.080}$、$R_{0.045}$）、勃氏比表面积和颗粒分布特征参数（$x_0$，$n$）来表示水泥细度。水泥国家标准和水泥企业生产控制的水泥细度，习惯用筛余和比表面积表示。45$\mu$m 和 80$\mu$m 筛余只能表示大于 45 和 80$\mu$m 颗粒所占的百分数，而筛下颗粒的组成情况不得而知；比表面积指单位质量水泥的总表面积，该值越大，表示颗粒群越细，但不能反映水泥颗粒分布情况，也不能反映水泥粗细粒度对水泥性能和对混凝土施工、使用性能的影响。

**(2) 水泥颗粒级配**　随着现代混凝土技术的发展，用户对水泥质量的要求，除强度和稳定性外，对水泥的工作性能以及它与用户掺加的其他组分形成与水化程度相适应的紧密结构，与外加剂的适应性等均提出高标准要求。研究和生产实践表明水泥强度、性能，在颗粒大小方面，除与比表面积、筛余细度、粒径有关外，还与水泥颗粒分布、堆积密度和形貌相关。所以，在精细化管理上，需结合水泥的颗粒级配分布情况，才能取得对性能可靠的判定和指导研磨体级配依据，进一步作为操作调整颗粒级配的手段。业内人士建议，颗粒组成也作为水泥细度控制手段的参数之一，是符合科学发展观的。

① 水泥颗粒级配对水泥强度的影响。不同颗粒大小的水泥水化速度、水化程度不同，会引起水泥活性发挥上的差别。

a. 粒径。水泥颗粒尺寸范围与水泥龄期强度关系见表5-8。从试验数据看出：颗粒细水化快，早期强度高，颗粒粗水化程度低。水泥浆体中28d的水化深度为$5.46\mu m$，意味着在$11\mu m$以上的粒径，在28d内有部分未水化。

表5-8 不同水泥颗粒粒度的试验值

| 强度试验值 | | | | | | | | | | | | |
|---|---|---|---|---|---|---|---|---|---|---|---|---|
| 28d水化程度试验值 | | | | | | 42.5水泥不同粒径下强度试验值 | | | | | | |
| 粒径尺寸/$\mu m$ | 8 | 16 | 32 | 64 | 128 | 粒径区段/$\mu m$ | 抗折强度/MPa | | | 抗压强度/MPa | | |
| 水化率/% | 100 | 97 | 72 | 43 | 23 | | 3d | 7d | 28d | 3d | 7d | 28d |
| 技术说明 | ①水泥的水化程度越高，单位体积内水化产物也越多，水泥石的密实程度越高，强度越高<br>②水泥颗粒越细，表面积和需水量越大，水化后多余的水，使水泥石毛细孔增多，强度下降。它与①有矛盾，细度控制需考虑平衡 | | | | | ≤20 | 6.7 | 7.4 | 8.5 | 36.8 | 44.5 | 56.3 |
| | | | | | | 20~50 | 5.0 | 5.9 | 7.4 | 25.7 | 34.7 | 47.6 |
| | | | | | | 50~70 | 2.2 | 3.4 | 5.1 | 12.6 | 19.5 | 30.2 |
| | | | | | | 70~80 | 0 | 0 | 0.8 | 0 | 2.1 | 42.0 |
| | | | | | | 水泥 | 4.0 | 4.9 | 7.5 | 21.2 | 30.0 | 46.8 |
| 资料来源 | 《中国水泥》2015年 | | | | | 资料来源 | 《中国建材报》2016年6月14日2版 | | | | | |
| 矿物组成占比试验值 | | | | | | | | | | | | |
| 组分尺寸/$\mu m$ | LOSS | $C_3S$ | $C_2S$ | $C_3A$ | $C_4AF$ | 备 注 | | | | | | |
| 全部 | 2.4 | 56 | 19 | 11 | 12 | ①研究表明：水泥颗粒大小不同，其中化学成分与矿物组成也不相同<br>②$C_3S$在细颗粒中含量较高<br>③$C_2S$在粗颗粒中含量偏多<br>④$C_3A$在不同颗粒粒径中含量基本不变<br>⑤$C_4AF$在不同颗粒粒径中含量差别不大 | | | | | | |
| 0~7 | 1.4 | 59 | 14 | 11 | 13 | | | | | | | |
| 7~22 | 2.5 | 62 | 11 | 11 | 13 | | | | | | | |
| 22~35 | 1.5 | 52 | 22 | 11 | 13 | | | | | | | |
| 35~55 | 1.1 | 49 | 24 | 11 | 13 | | | | | | | |
| >55 | 1.1 | 47 | 25 | 11 | 14 | | | | | | | |

b. 粒度分布。对水泥而言：一方面要求水泥中粗细颗粒比例分布合适，使水泥中细颗粒能更好地填充在粗颗粒所包围的空隙内，有利于水泥浆体形成较致密的结构，强度发挥好；另一方面要满足水泥各龄期强度要求。水泥强度标准中有龄期要求，需要有不同尺寸粗细颗粒组合，发挥其不同水化速度，使之满足各龄期强度要求。不同的水泥颗粒粒径水化后，所发挥的强度作用，在时间上和力度上有差别：小颗粒水化快，对早期强度起主要作用，而大颗粒，对中、后期强度有明显作用。

而对混凝土而言，要求水泥粉体颗粒分布宽，能与砂石骨料成为连续组合体，水化后成为紧密结构，强度高、耐久性好，少量粗颗粒水泥对长期强度发展有利，通过掺加混合材料或磨细矿物粉，改善水泥颗粒分布。

② 水泥颗粒级配对水泥工作性能和混凝土使用性能的影响。将不同粒径的水泥组分混合磨细后，形成具有不同颗粒级配的粉体。水泥的颗粒级配状况影响水泥的胶砂强度、标准稠度需水量以及胶砂流动度，进而影响混凝土的使用性能。因此，水泥颗粒级配尺寸，既要最大限度地发挥熟料水化活性，提高 $3\sim32\mu m$ 的颗粒含量，又要满足 Fuller 曲线紧密的堆积级配要求。水泥颗粒分布对混凝土性能的影响见表 5-9。

表 5-9　水泥颗粒分布与混凝土性能大致关系

| 颗粒粒径/$\mu m$ | 比例/% | 比表面积变化 | 需水性 | 强度 | 粉磨工艺 | 混凝土性能 |
| --- | --- | --- | --- | --- | --- | --- |
| <3 | <10 | 正常 | 正常 | 正常 | 正常 | 正常 |
| 3~32 | >65 | 正常 | 正常 | 高 | 研磨能力好 | 性能优 |
| 32~65 | 增加 | 变小 | 正常 | 低 | 研磨能力差 | 正常 |
| >65 | 增加 | 变小 | 易泌水 | 低 | 研磨能力差 | 保水性差 |

a.水泥胶砂强度。因颗粒尺寸影响水泥颗粒的水化深度和其活性（强度）发挥程度。当矿物组成等条件不变时，在最佳水泥颗粒分布下，水泥胶砂强度高。

b.标准稠度需水量。良好的水泥颗粒级配，其颗粒间空隙小，成为密实度高的粉体单元，填充空隙需要水分减少。需水量小的水泥与砂石拌和形成的混凝土工作性能有所改善。一般规律是：在水泥比表面积或筛余一定的前提下，颗粒分布越窄，堆积过程中有越大的间隙，水泥标准需水量越大，与混凝土外加剂相容性越差。反之，分布越宽，水泥的需水量越少，与外加剂相容性越好。水泥颗粒分布对混凝土的影响见表 5-9。

c.水泥胶砂流动度。水泥净浆、砂浆应具有一定的流动性，便于施工操作和成型。预拌混凝土对水泥浆体的要求，要能够均匀地附着在粗细集料表面起"滚球"作用，促进集料流动，尤其是采用泵送混凝土时要有一定的坍落度，故要求水泥的流动性能好。水泥胶砂流动度影响预拌混凝土的流动性能，拌和水一部分用于湿润水泥颗粒，填充颗粒间隙，使之在颗粒表面形成一层薄膜，克服水泥颗粒之间摩擦力，使之具有流动性。而颗粒分布则影响薄膜厚度的用水量，如细颗粒表面积大，致使在颗粒表面形成一定水膜的需水量增加。当比表面积相同时，水泥颗粒分布均匀，空隙率高，在用水量不变下，流动性变差。

③ 优化的水泥颗粒级配。水泥的工作性能，除与颗粒尺寸有关外，还与颗粒级配关系密切。细度、比表面积即便相同，但颗粒级配不同，水泥的强度、需水量、耐腐蚀性、抗冻性等性能就会有明显差别。水泥界从水泥性能角度和混凝土界从紧密堆积角度，提出各自优化的水泥颗粒级配，见表 5-10。水泥学术界公认成品水泥适宜的颗粒粒径为：$<3\mu m$ 控制在 $8\%\sim12\%$；$3\sim32\mu m$ 占 $60\%\sim65\%$，甚至更多；$>65\mu m$ 的水泥颗粒越少越好。水泥工业的服务对象是混凝土行业，因此水泥颗粒级配不能单纯重视强度、能耗，还必须考虑混凝土的使用性能和施工要求。由于各厂熟料矿物组成和煅烧情况不同，粉磨系统和混合材料掺量、品种不一样，最佳颗粒级配也不同，通过物理检测和混凝土使用反馈，提出本企业所控制的合理级配。

表 5-10 公认最佳的水泥颗粒级配

| $D/\mu m$ | <3 | 3~32 | | | | | | >65 | 水泥粒径 |
|---|---|---|---|---|---|---|---|---|---|
| 最佳水泥性能级配/% | <10 | ≥75 | | | | | | 越少越好 | |
| $D/\mu m$ | <1 | <3 | <8 | <16 | <24 | <32 | <45 | <60 | <65 |
| 最佳紧密堆积级配①/% | 19 | 29 | 44 | 56 | 68 | 76 | 90 | 98 | 100 | 累计通过量 |

① 最大颗粒粒径取 $65\mu m$。

### 4. 超细粉

粉状物料按产品粒径分为：粗粉、细粉、微粉、超细粉等（见表 5-11）。矿物超细粉是用机械方法，对混合材料进行细磨，开发其潜在活性，则可大大提高利用价值，从而增加其在水泥中的掺加量。水泥掺加超细粉混合材料，水化后能提高水泥石的密实度，改善与混凝土外加剂的相容性。目前我国水泥行业常用的超细粉料有矿渣粉、粉煤灰、钢渣粉、石灰石粉等，并有标准依据。

表 5-11　粉状物料的粉磨粒度划分

| 粉碎状态 | | 产品粒度 | 物料类别 | 生料 | 普通水泥 | 超细水泥 | 矿渣粉 |
|---|---|---|---|---|---|---|---|
| 破碎 | 粗破 | >50mm | 粒径/$\mu m$ | 10~200 | 15~50 | $d_{95}\leq20, d_{50}<5\sim6$ | 0.1~50 |
| | 细破 | 5~50mm | 特征粒径/$\mu m$ | 约30 | 约15 | 3~5 | 约2 |
| 粉磨 | 粗磨 | 0.5~5mm | 比表面积/$(m^2/kg)$ | — | 300~400 | 500~1000 | |
| | 细磨 | 50~500$\mu m$ | 属性 | 细粉和粗粉 | 微粉、细粉与少量粗粉的混合物 | 亚微粉、微粉与细粉混合物；超细水泥的密度与普通水泥近似，但容重轻一般为 0.6~1g/cm³ | |
| | 超细磨 | 5~50$\mu m$ | | | | | |
| | 胶体 | <5$\mu m$ | | | 燃料煤与生料、普通水泥粒度相当 | | |

**(1) 矿渣粉**　矿渣作为水泥混合材的历史悠久，采用混合粉磨工艺时，因矿渣易碎难磨，使矿渣的潜在活性未能充分发挥出来。采用分别粉磨和超细粉磨技术，将大幅度提高矿渣的比表面积。GB/T 18046—2008《用于水泥与混凝土中的粒化高炉矿渣粉》标准出台，为生产矿渣粉开拓了前景。掺入超细矿渣粉的水泥或混凝土，通过其火山灰效应、微集料效应、体积质量效应和碱激发作用，性能（强度、水化热、和易性及耐久性等）大有改善，因减少混凝土中的水泥用量，使混凝土的抗渗性和抗冻性均有所增强，因此矿渣粉（作为水泥混合材时比表面积取 350~500m²/kg，用于混凝土细掺料时取 420~600m²/kg 或更高）作为一种优质水泥和混凝土掺合料得到越来越广泛的利用。

**(2) 粉煤灰**　粉煤灰是发电厂锅炉排放的飞灰，它具有火山灰活性，是最普遍的工业废渣之一，可作为水泥生产的原料资源、混合材和混凝土掺合料。粉煤灰颗粒大部分为表面光滑的细小颗粒，将它磨细破坏其密实的球形外壳，增大表面积制成超细粉煤灰，不仅加快了熟料颗粒的水化速率，还可加速粉煤灰的火山灰反应，改善传统粉煤灰水泥早期强度低的弱点，提高水泥的早期强度，或在保证水泥强度的条件下，增加粉煤灰掺入量，降低成本。在混凝土中利用磨细粉煤灰的火山灰活性、形态效应和微集料效应，使混凝土更致密，提高混凝土的抗渗性和抗化学侵蚀性。GB/T 1956—2005《用于水泥和混凝土中的粉煤灰》标准的制定，对粉煤灰的应用起到指导和推动作用。

**(3) 钢渣粉** 钢渣粉是由炼钢时排出的以硅酸盐为主要成分的熔融物，经消解、急冷、稳定化处理后的固体废物——钢渣，通过除铁后磨细而成的粉体物质，其成分和物理性能受所用的原料和冶炼工艺影响，就总体而言其性能如下。

① 具有胶凝性，但活性低。炼钢时，生铁中 $SiO_2$、$Al_2O_3$、$Fe_2O_3$ 和熔剂石灰石在高温下，形成 $C_3S$、$C_2S$、$C_3A$ 等水硬性矿物，其水化产物主要是 C—S—H 凝胶、$Ca(OH)_2$，故钢渣具有一定的胶凝性。但活性低，一是因为由于炼钢过程过高的温度、较长的保温时间，导致钢渣中活性硅酸盐矿物结晶粗大、结构比较致密；二是较慢的冷却速度，部分 $C_3S$ 分解为 $C_2S$，降低其水化活性；三是钢渣中 $Fe_2O_3$、$MgO$ 和 $MnO$ 形成不具活性的 RO 相。因此，总体上讲钢渣活性比矿渣低，可通过磨细制备成钢渣粉，提高其水化活性。

② 品质波动大，含 f-CaO、易磨性差。由于炼钢的铁矿石原料产地、批次不同，部分应回收的钢铁炼制不同，因而其成分不确定性比较大，这样势必造成入炉铁料化学成分波动大，进而影响钢渣成分波动和活性值波动。水泥企业在使用钢渣粉时，要按批次进行化学成分和活性指数检测，来指导生产。

钢渣粉的品质，除表现在胶凝活性外，还有安定性和易磨性问题。因冶炼钢渣的温度高，一则导致钢渣中 f-CaO 含量高，成为影响钢渣粉安定性的不良因素；二则导致渣体致密，易磨性差，粉磨钢渣的电耗高。

③ 含铁高，需清除。钢渣中尚含有残留金属铁粒和铁末，影响粉磨操作运行、降低粉磨效率和加大磨机内衬的磨损，必须事先进行清除，以减少或消除对粉磨系统运行的不利影响。

## 三、粉粒体的粒度分布

在生产过程中，粉体物料都是由各种粒径的混合体组成的。在一批物料中，各种粒级颗粒的相对质量所占百分比值称为该物料的颗粒组成。颗粒群的粒度分布是通过粒度分析方法（块粒状用筛子筛析、粉体用激光仪测定）测定得出来的。然后用粒度分布曲线（RRB）和测试报告，供企业技术人员研究参考和指导操作者制备出合理的颗粒级配。

### 1. 粒度特征参数

粉体物料的主要特征参数是"特征粒径 $x_0$""均匀性系数 $n$"，用来表征粉体产品的颗粒组成情况。"特征粒径 $x_0$"为 $R＝36.8\%$ 时的粒径，表示该颗粒群的粒径所在范围的粒度大小程度。$x_0$ 值越大，粉磨产品越粗，$x_0$ 越小，粉磨产品越细。"均匀性系数 $n$"表示粒度分布范围的宽窄，$n$ 值越大，表示颗粒分布范围越窄，颗粒越均匀；反之，$n$ 值越小颗粒分布越宽，颗粒越不均匀。

### 2. 颗粒级配测试报告数据解读

为了解粉磨产品颗粒分布情况，进行颗粒分析，检测结果以 RRB 曲线和样品测试数据来表达粉体的颗粒级配，生产部门技术人员需要弄懂其中的技术数据，才能指导生产。下面以表 5-12 的测试报告为例，进行解读。

**表 5-12　某实例样品颗粒测试数据**

| 粒径<br>$x/\mu m$ | 频率分布<br>$f/\%$ | 筛下累积<br>$P_x/\%$ | 筛余累积<br>$R_x/\%$ | 均匀性系数<br>$n$ | 粒径<br>$x/\mu m$ | 频率分布<br>$f/\%$ | 筛下累积<br>$P_x/\%$ | 筛余累积<br>$R_x/\%$ | 均匀性系数<br>$n$ |
|---|---|---|---|---|---|---|---|---|---|
| 0.20 | 0 | 0.00 | 100 | — | 40.0 | 4.50 | 82.95 | 17.05 | 1.16 |
| 0.25 | 0 | 0.00 | 100 | — | 42.5 | 1.43 | 84.38 | 15.62 | 1.12 |
| 0.50 | 0 | 0.00 | 100 | — | 45.5 | 1.33 | 85.71 | 14.29 | 1.07 |
| 1.00 | 0 | 0.00 | 100 | — | 47.5 | 0.75 | 86.46 | 13.54 | 1.04 |
| 2.00 | 0.37 | 0.37 | 99.63 | 2.24 | 50.0 | 0.25 | 87.71 | 12.29 | 1.03 |
| 3.00 | 2.19 | 2.56 | 97.44 | 2.30 | 54.28 | 2.29 | 90.00 | 10.00 | 1.04 |
| 6.66 | 7.44 | 10.00 | 90.00 | 1.73 | 60.0 | 1.94 | 91.94 | 8.06 | 1.03 |
| 10.0 | 9.60 | 19.60 | 80.40 | 1.70 | 65.5 | 1.76 | 93.70 | 6.30 | 1.04 |
| 12.5 | 5.85 | 25.45 | 74.55 | 1.83 | 70.0 | 1.27 | 94.97 | 5.03 | 1.04 |
| 15.0 | 8.08 | 34.53 | 65.47 | 1.76 | 75.0 | 0.95 | 95.92 | 4.08 | 1.04 |
| 17.5 | 8.57 | 43.10 | 56.90 | 1.72 | 80.0 | 1.72 | 96.74 | 3.26 | 1.04 |
| 19.6 | 6.90 | 50.00 | 50.00 | 1.67 | 85.0 | 0.74 | 97.48 | 2.52 | 1.05 |
| 22.5 | 8.55 | 58.55 | 41.45 | 1.54 | 90.0 | 0.59 | 98.07 | 1.3 | 1.05 |
| 24.4 | 3.63 | 62.18 | 36.82 | 1.38 | 95.0 | 0.45 | 98.52 | 1.48 | 1.06 |
| 27.3 | 5.99 | 68.17 | 31.83 | 1.24 | 100.0 | 0.31 | 98.83 | 1.17 | 1.03 |
| 30.3 | 3.77 | 71.94 | 28.06 | 1.11 | 110.0 | 0.28 | 99.11 | 0.89 | 1.03 |
| 32.5 | 3.46 | 75.40 | 24.60 | 1.18 | 120.0 | 0.00 | 99.11 | 0.89 | 0.98 |
| 35.0 | 3.05 | 78.45 | 21.55 | 1.19 | 130.0 | 0.00 | 99.11 | 0.89 | 0.93 |

注：本例中特征粒径 $x_0=24.4\mu m$，$D_{10}$、$D_{50}$、$D_{90}$ 分别表示筛余 10%、50%、90% 颗粒的粒径上限，分别为 $D_{10}=54.28\mu m$、$D_{50}=19.6\mu m$、$D_{90}=6.66\mu m$，分布宽度参数 $N_x=2.43$。

**（1）粒度分布**　按照粒度分布与粒度 $x$ 的函数关系，将粒度分布分为频率分布和累积分布两大类。频率分布为粒级范围内的颗粒质量占样品质量的百分数。频率分布能比较直观地表示颗粒的质量组成特性。累积分布有筛余累积 $R_x(\%)$ 和筛下累积 $P_x(\%)$ 之分，分别用大于或小于某一粒径 $x$ 的质量占总样品质量的百分数表示。

**（2）筛余细度 $R_x$**　$R_x$ 表示不同孔径下样品的筛余值。按孔径 $x$ 查 RRB 分布图或测试报告就能得到相应的筛余累计值。如表 5-12 中，$R_{80.0}=3.26\%$。

**（3）特征粒径 $x_0$**　$x_0$ 特指筛余为 36.8% 时的粒径，它表示样品颗粒的大小程度。$x_0$ 值越大，物料越粗，反之越细；$x_0$ 值越小，水泥强度越高。特征粒径可从测试数据或 RRB 图读出。本例 $x_0$ 值为 $24.4\mu m$；不同等级水泥要求的 $x_0$ 值不同，德国 52.5 级水泥 $x_0$ 值控制在 $9\sim11\mu m$；42.5 水泥 $x_0$ 值控制在 $13\sim22\mu m$。

**（4）均匀性系数 $n$**　均匀性系数表示颗粒分布曲线的斜率，反映样品颗粒的分布宽度。$n$ 值越大，直线越陡，样品颗粒分布宽度越窄；反之，颗粒分布发散。一般球磨机开路 $n=0.7\sim0.8$，闭路 $n>1$；小钢段磨 $n$ 值在 0.94 左右；辊式磨和辊压机 $n$ 值多在 1.1 以上；联合粉磨时，$n$ 值在 1.0 左右。依据水泥工业新型挤压粉磨技术介绍，不同选粉机生产产品的均匀性系数为：离心式 $n=1.0\sim1.2$；旋风式 $n=1.05\sim1.3$；高效选粉机 $n=1.1\sim1.5$。$n$ 值大表明成品颗粒集中强度高，但过大反而使水泥流动性下降，需水量增加，对混凝土强度提高不利，如何选择均匀性系数，研究观点不一，有的资料介绍 $n$ 值在 $1.0\sim1.1$ 为好，有的资料提出当 $R_{0.080}<1\%$ 时，$n>1.0$；当 $R_{0.080}\geqslant0.8\%$ 时，$n\leqslant1.0$。

用 RRB 颗粒分布曲线求均匀性系数：在 ln(ln)-ln 或 lg(lg)-lg 坐标系中，直线的斜率 $n$ 可在样品的颗粒测试数据报告中得到，也可按直线上两点求斜率的解析几何公式计算，见式(5-3)。

$$n=\frac{\ln\left(\ln\frac{100}{R_{x_1}}\right)-\ln\left(\ln\frac{100}{R_{x_2}}\right)}{\ln x_1-\ln x_2}=\frac{\lg\left(\lg\frac{100}{R_{x_1}}\right)-\lg\left(\lg\frac{100}{R_{x_2}}\right)}{\lg x_1-\lg x_2} \tag{5-3}$$

式中　　$n$——曲线斜率或均匀性系数；

$R_{x_1}$，$R_{x_2}$——物料粒径 $x_1$ 和 $x_2$ 的细度筛余值，%。

目前国外已用 $x_0$ 和 $n$ 作为控制指标。我国研究人员从强度角度出发，认为用 $x_0$ 与 $n$ 的乘积作为控制指标更好。研究结果：水泥最佳颗粒组成的 $x_0n$ 在 $20\mu m$ 左右，$R_{0.080}=0.1\%\sim6.0\%$ 时，以 $x_0n=17.4\mu m$ 为好。

**(5) 中位粒 $D_{50}$**　$D_{50}$ 表示筛上和筛下均占 $50\%$ 时的颗粒粒径，本例 $D_{50}$ 为 $19.6\mu m$。

**(6) 边界粒径 $D_x$**　边界粒径表示筛余为 $x$ 时颗粒的粒径上限。如 $D_{10}$、$D_{90}$ 分别表示筛余 $10\%$ 和 $90\%$ 颗粒的粒径上限。本例中 $D_{10}$ 为 $54.28\mu m$，$D_{90}$ 为 $6.66\mu m$。

**(7) 简化的分布宽度参数 $N_x$**　$N_x$ 越小颗粒分布越窄（与 $n$ 值正相反），它比取得 $n$ 值更简单（一个样品 $n$ 为多值，但 $N_x$ 只有一个），见式(5-4)。

$$N_x=\frac{D_{10}-D_{90}}{D_{50}} \tag{5-4}$$

**(8) 通过粒径 $D_y$**　$D_y$ 表示 $y\%$ 通过时的粒径，如 $D_{80}$ 则表示 $80\%$ 通过时的粒径。

**(9) 表面积的计算**　产品表面积 $S$ 综合反映颗粒的形状和细度等情况，可通过颗粒测试数据进行计算，见式(5-5) 和式(5-6)：

$$S=\frac{36800}{x_0nr} \quad (m^2/kg) \tag{5-5}$$

$$S=\frac{4238}{r(x_0n)^{0.4317}} \quad (m^2/kg) \tag{5-6}$$

式中　$S$——水泥勃氏比表面积的计算值，$m^2/kg$；

$r$——颗粒密度，$g/cm^3$，$r$ 为测定值，一般水泥取 $r=3.0\sim3.2g/cm^3$，生料取 $r=2.6\sim2.8g/cm^3$；

$n$——物料颗粒分布均匀性系数；

$x_0$——物料特征粒径，$\mu m$。

## 四、粉磨系统产量

粉磨系统的生产能力，已由设计部门确定，生产企业关心的是投产后，在保证产品质量的前提下，粉磨系统的实际年、月产量及台时产量和产品电耗。影响粉磨系统产量的因素很多，企业的设备形式、规格和流程已定，为提高磨机产量，生产部门主要从入磨物料性能（粒度、水分、易磨性）、优化磨内结构（研磨体级配、参数合理性等）和操作等方面，考虑如何提高粉磨效率，避免过粉碎。为叙述分析方便，下面单独对几项改变工艺条件和管理操作时对产量的影响程度进行分析，以增加思路。

### 1. 入磨粒度

**(1) 钢球磨**　用降低入磨物料粒度的办法可提高产量，降低电耗，但能否实现，还要看辅机配套和研磨体级配的调整情况。另一方面，降低出破碎机粒度，会对破碎机破碎电耗和产量有影响，要权衡两者能耗、产量的关系。但因破碎能量利用率高，在经济粒度下，还是能降低系统的电耗。

入球磨机物料的平均粒度与产量的关系式见式(5-7)和式(5-8)。

预破碎：

$$G_2 = \left(\frac{d_1}{d_2}\right)^m G_1 \quad \text{(t/h)} \tag{5-7}$$

王涤东教授提出：

$$G \propto \frac{1}{F_{80}^x} \quad \text{(t/h)} \tag{5-8}$$

式中　$G_1$，$G_2$——入磨粒度为 $d_1$ 和 $d_2$ 时球磨机的小时产量，t/h；

　　　　$d_1$，$d_2$——入磨物料粒度，一般用80%通过的粒径表示，mm；

　　　　$m$——粒度指数，与物料特性、粉磨流程有关的经验统计数，各专家提出的指数不同（见表5-13），一般 $m = 0.1 \sim 0.25$，对水泥磨 $m$ 接近 0.1，对生料磨 $m$ 接近 0.15，对软质物料 $m$ 取低值，对硬质物料（如砂岩、石灰石）$m$ 取高值；

　　　　$F_{80}$——80%通过筛孔的孔径，mm；

　　　　$x$——与物料性质、工艺流程有关的指数，闭路水泥磨取0.1，生料磨和开路水泥磨取0.15（见表5-13）。

表5-13　式(5-7)和式(5-8)参数取值

| 来源 | 前苏联 | 芬兰 | 高长明专家 | 王涤东专家 | 钱汝中专家 | $F_{80}$/mm | | 20 | 8 | 6 | 4 |
|---|---|---|---|---|---|---|---|---|---|---|---|
| $m$ 值 | 0.25 | 0.205 | 0.1~0.13 | 0.1~0.15 | 0.315~0.355 | $x$ 指数 | 0.1 | 100 | 110 | 113 | 118 |
| | | | | | | | 0.15 | 100 | 115 | 120 | 127 |

预粉磨物料经辊式磨或辊压机处理后，降低入磨粒度并产生裂纹，使后续钢球磨大幅度提高了产量和降低了电耗。不同预粉磨方式的节能增产相对值列于表5-14中。

表5-14　不同预粉磨方式的节能增产相对值

| 流程形式 | 球磨+选粉机 | 辊压机 | | | | | CKP预粉磨 | 筒辊磨 | |
|---|---|---|---|---|---|---|---|---|---|
| | | 预粉磨 | 混合粉磨 | 联合粉磨 | 半终粉磨 | 终粉磨 | | 终粉磨 | 预粉磨 |
| 节能/% | 100 | 10~15 | 10~20 | 30~35 | 15~30 | 约50 | 15~20 | 约40 | 约24 |
| 增产/% | 100 | 30~40 | 60~80 | | 80~200 | | 50~60 | | 30~50 |

**(2) 辊压机和辊式磨**　辊压机和辊式磨不是给料粒度越细，磨机产量越高，而是对入机的粒度组成有要求。粒度对辊式磨运行的影响：当物料粒度过大时，磨辊受冲击，引起振动；而过小时，物料随热风直接入选粉机，无法在磨盘上形成稳定的料层，也会产生振动；同样粒度对辊压机的运行也有影响。

### 2. 入磨综合水分

入磨物料的水分对干法球磨机的操作影响很大，当物料含水量大时，磨内细粉黏附在研磨体和衬板上，使粉磨效率降低。少量水分时，降低磨温和减少静电效应，能提高粉磨效率。因此，入磨物料综合平均水分一般控制在1.0%~1.5%。刘志江主编的《新型干法水泥技术》中提到，入磨含水量越大，生料易磨性越差。水分由 1% 增大到 2% 时，生料易磨性下降约 12%，水分大于 2% 时，$W_i$ 值急剧上升。

少量水分则有利于辊式磨、辊压机料床的形成，运行稳定。对辊式磨而言，含水量过低，物料黏附性将会很低，难以形成一定厚度的料层，辊、盘刚性接触，振动加剧，但含水量高，会造成料层过厚，磨机产生振动；对无烘干能力的辊压机，含水量更不宜大，高水分不仅使辊压机无法运行，而且使稳料仓下料不畅，并影响后续球磨机的运行甚至饱磨。

### 3. 产品细度和比表面积

相关计算见式(5-9)～式(5-12)。

**(1) 细度（钢球磨）**

$$G_2 = \frac{R_{b_2}}{R_{b_1}} \times G_1 \quad (\text{t/h}) \tag{5-9}$$

式中  $G_1$，$G_2$——细度在 $R_1$、$R_2$ 下磨机的台时产量，t/h；

$R_{b_1}$，$R_{b_2}$——物料原先的细度 $R_1$、现在的细度 $R_2$ 的细度校正系数，见表 5-15。

**表 5-15  细度校正系数**

| 细度 $R_{0.080}$/% | | 1 | 2 | 3 | 4 | 5 | 6 | 7 | 8 | 9 | 10 | 11 | 12 | 13 | 14 | 15 |
|---|---|---|---|---|---|---|---|---|---|---|---|---|---|---|---|---|
| 细度校对系数 $R_b$ | 开路长磨 | 0.5 | 0.59 | 0.66 | 0.72 | 0.77 | 0.82 | 0.87 | 0.91 | 0.96 | 1.00 | 1.04 | 1.09 | 1.13 | 1.17 | 1.21 |
| | 闭路磨 | 0.44 | 0.53 | 0.60 | 0.66 | 0.72 | 0.78 | 0.84 | 0.89 | 0.94 | 1.00 | 1.05 | 1.10 | 1.16 | 1.22 | 1.27 |

**(2) 比表面积**

钢球磨：

$$G = G_0 \left(\frac{S_0}{S}\right)^{1.1 \sim 1.6} \quad (\text{t/h}) \tag{5-10}$$

辊式磨：

$$\text{矿渣粉} \quad G = G_0 \left(\frac{400}{S}\right)^{\alpha} \quad (\text{t/h}) \tag{5-11}$$

熟料：

$$G = G_0 \left(\frac{S_0}{S}\right)^{1.6} \quad (\text{内部选粉机}) \quad (\text{t/h}) \tag{5-12}$$

式中  $G_0$，$G$——在比表面积为 $S_0$ 和 $S$ 时的产量，t/h；

$S_0$，$S$——前后比表面积，$\text{m}^2/\text{kg}$；

$\alpha$——指数系数，$\alpha = 0.822 \times 10^{-3} (10S)^{0.88}$。

### 4. 物料易磨性

物料易磨性大小与粉磨效率有关。为此，对外购的原燃料、混合材等，企业在符合成分条件下，尽量选择易磨性好的原燃材料；由企业生产的熟料，可在配料、煅烧、冷却和储存等生产环节，采取措施来改善其易磨性，这样对提高磨机产量是有好处的。物料易磨性变化对磨机台时产量影响的关系式见式(5-13) 和式(5-14)：

$$G_2 = \frac{K_{m_2}}{K_{m_1}} \times G_1 \quad (\text{t/h}) \tag{5-13}$$

$$G_2 = \frac{W_1}{W_2} \times G_1 \quad (\text{t/h}) \tag{5-14}$$

式中 $K_{m_1}$，$K_{m_2}$——入磨物料变动前后的平均相对易磨性系数；

　　　　$W_1$，$W_2$——入磨物料变动前后的物料平均粉磨功指数，kW·h/t。

### 5. 研磨体级配

磨机在正常状态和合理操作参数条件下运行，是稳产高产的关键。在磨机的日常生产管理中，研磨体级配是影响球磨机产量及质量的重要因素之一。磨机管理技术人员应根据入磨物料的特性和工艺条件，通过相应的测试和统计，提出适合本磨机的研磨体级配优化方案，另外，按磨机管理规程，进行日常研磨体调整和清仓补球，使磨内物料在足够的、合理的研磨体级配下被研碎，使粉磨系统实现优质、高产、低耗。

## 第二节　粉磨工艺流程

粉磨流程对粉磨作业的产量、质量、电耗、投资都有影响。不同粉磨工艺流程分述如下。

### 一、粉磨系统

粉磨系统分开路和闭路，开路系统在粉磨过程中，物料经磨机粉磨后成为产品，而闭路系统物料经磨机后还需用选粉或分级设备选出产品，粗粉返回磨机再粉磨。粉磨系统按工艺分为共同粉磨和分别粉磨。分别粉磨常用于制备矿渣水泥和矿渣粉生产线上，分别如图5-1和图5-2所示。

闭路粉磨系统设备多、投资高，但可以消除过粉磨现象，台时产量较开路系统高，电耗低，且细度便于调节，产品粒度均齐，是节能增效的粉磨系统。

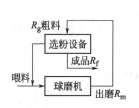

图 5-1　共同粉磨工艺

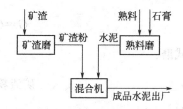

图 5-2　分别粉磨工艺

### 二、预粉碎

管磨机的粉磨效率低，采用破磨结合工艺，将细碎作业大部分移到磨前完成，使整个粉磨系统运行条件得到很大改善，达到增产、降耗、提高粉磨系统工艺技术经济指标的效果。预粉碎工艺的几种形式如图5-3所示。

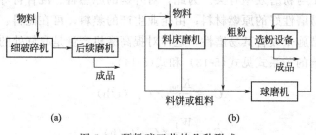

(a)　　　　　　　　　　　　　　　　(b)

图 5-3　预粉碎工艺的几种形式

## 1. 预破碎

在磨机前设细碎机：如细颚破碎机、立轴破碎机、立式反击破碎机等。将破碎后的细物料（如平均粒度为 3～5mm）送入粉磨系统，此种形式可使粉磨系统增产 30%～50%，节电 15%～20%。

## 2. 预粉磨

在管磨机前设辊式磨或辊压机，此种形式较原有系统生产能力提高 50% 以上，节电 20%～30%，磨前物料采用预处理工艺后，无论是开路还是闭路系统，必须注意对磨内进行改造。磨前增设预粉碎显著缩小了入磨粒度，可缩短粗磨仓，延长细磨仓长度，同时优化设计研磨体级配及装载量，一仓填充率宜低于二仓。降低研磨体平均尺寸，适应入磨粒度小，使物料得到充分磨细。开路工艺时，可将磨内普通隔仓板换成筛分隔仓板，充分发挥微型研磨体在细磨仓内的粉磨功能，如无条件使用筛分隔仓板，可缩小现有隔仓板缝隙（小于6mm）。闭路时用普通隔仓板，其篦缝应不大于 8mm，以控制物料流速，提高磨细程度。同时适当降低循环负荷及出磨细度，为高效选粉机创造条件。

## 三、辊式磨流程

按照辊式磨系统物料外循环量的大小分风扫式、半风扫式和机械提升式三种工艺流程（见图 5-4）。

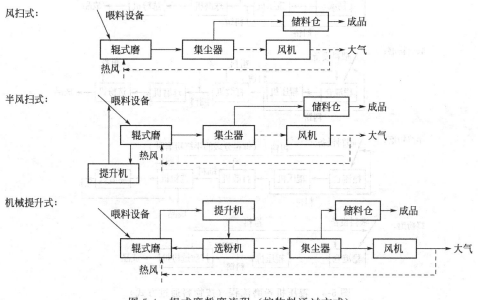

图 5-4　辊式磨粉磨流程（按物料通过方式）

## 1. 风扫式

风扫式辊磨无外循环装置，物料全部靠通过磨机的气体提升到辊磨上部的选粉机进行选粉。风环处风速高达 50～90m/s，风量和内循环量大，电耗高。

## 2. 半风扫式

半风扫式有一定的粗粉进行外循环，靠外部提升机械及输送装置送回磨内，故用风量要小些，风环处风速为 40～50m/s。

### 3. 机械提升式

机械提升式主要用于作为预粉磨的辊式磨上，因它不带内选粉机，出磨物料全靠机械装置送到外部选粉机或后续粉磨设备中，仅有少量的机械密封用风和除尘用风。根据工厂具体条件确定哪种工艺流程，如有大量低温废气可以利用，且原料综合水分又较大时，一般选用风量较大的风扫式或半风扫式工艺流程；若无低温废气可以利用（如立窑水泥厂），原料水分低时，一般选用风量较小的流程。

近年来又开发出了物料全部外循环系统——物料由提升机提升至外部选粉机分选，磨内不设风环。

## 四、辊压机流程

辊压机粉磨流程有预粉磨系统、混合粉磨系统、联合粉磨系统、半终粉磨系统和终粉磨系统（见图5-5）。

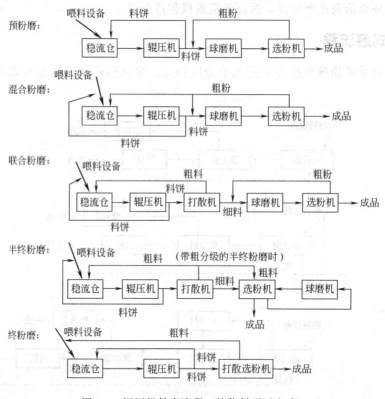

图 5-5　辊压机粉磨流程（按物料通过方式）

### 1. 预粉磨

预粉磨系将物料先经辊压机辊压后送入后续球磨机粉磨成成品。这种流程中球磨机可开路亦可闭路。入磨物料粒度随着辊压机进料装置磨损而增大，对后续磨机产量有影响。

### 2. 混合粉磨

混合粉磨是辊压机和球磨机串联，球磨机出料进选粉机选出成品，粗粉返回辊压机。

### 3. 联合粉磨

联合粉磨是指辊压机（从进料粒度磨到3~5mm）和球磨机（将3~5mm磨到基本合格的成品细度）各自完成不同粒度的粉磨作业，如同球磨机的粗细磨仓接力完成粉磨。如图5-5所示，该流程通过打散机调整入磨粒度，基本避免了辊压机运行状态对球磨机的影响。

预粉磨和联合粉磨中管磨机还可以是开路式的；混合粉磨中若在辊压机后设打散机，则以细料入管磨机，用打散机的粗料（不是料饼）回稳压仓方式；根据原料特性不宜入辊压机的物料，可以直接入磨机或选粉机；辊压机粉磨流程，一般生料磨采用预粉磨和半终粉磨流程，水泥磨采用联合粉磨流程。

### 4. 半终粉磨

半终粉磨是将挤压后经打散的半成品与球磨机的出磨物料一同送进选粉机分选，选出成品（其中一部分成品直接由辊压机和磨机产生），粗料再喂入球磨机粉磨。这种系统的特点是产品的颗粒分布窄，均匀性系数高。

### 5. 终粉磨

终粉磨是不带球磨机，完全由辊压机完成粉磨过程，需配打散选粉机，此粉磨作业节能效果好。目前由于颗粒形貌、需水量高等因素难以在水泥粉磨上广泛推广。近来我国水泥建材院开发了辊压机＋散碾机＋高效选粉机的水泥粉磨系统，并进行工业性试验，其颗粒分布、均匀性系数、特征粒径、平均粒径等都很接近球磨机生产的水泥，颗粒圆形度也很相似，表示这种终粉磨系统方案可行。我国福建三德水泥公司在生料粉磨中选用辊压机终粉磨工艺，占地小、节能。

## 第三节　磨　机　简　介

水泥生产常用磨机形式有钢球磨、辊式磨、辊压机和筒辊磨。新建厂粉磨系统选用节能的、可靠的设备，如选辊式磨用作制备生料、煤粉和水泥的终粉磨；用辊压机作为生料终粉磨和水泥联合粉磨或半终粉磨、终粉磨等。粉磨技术从单颗粒粉碎向料床粉碎转变、粉碎过程由"点接触"（球磨机）向"线接触"（辊式磨、辊压机、筒辊磨）演变，节能幅度大为增加。对现有粉磨设备分别介绍如下。

### 一、钢球磨

#### 1. 结构简述

钢球磨的主体是由钢板卷成筒体，内装研磨介质对物料进行冲击和研磨的磨机。其规格用筒体内径×长度（烘干磨长度用粉磨仓长＋烘干仓长）表示。按生产方式分粉磨和烘干磨（如尾卸烘干磨、中卸烘干磨和风扫磨等）。粉磨不同物料（生料、水泥、燃煤等）采用的磨机类型不同。预分解窑生产线早期采用的钢球磨形式有：粉磨生料的中卸烘干磨、磨煤粉用风扫磨、水泥磨用中长闭路磨。

#### 2. 粉磨工作机理

① 中卸磨工作原理是原料由进料装置喂入烘干仓，被引入的热气体烘干。物料烘干到一定程度后通过双层隔仓板进入粗磨仓，在研磨体冲击下被击碎并继续烘干，被粉碎到一定

程度的物料通过出料篦子进入卸料仓，与由细磨仓出来的物料一起排出磨外，见图5-6。粗磨仓与细磨仓的分开有利于配球，缺点是机体密封困难，系统漏风较其他磨大。

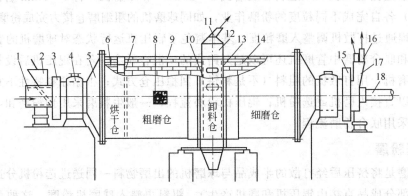

图5-6 中卸烘干磨

1—烟道；2—入料漏斗；3—入料螺旋筒；4—主轴承；5—磨头；6—烘干仓扬料板；7—隔仓板；8—磨门；
9—磨机筒体；10—隔仓板；11—磨中出风管；12—磨中密封罩；13—隔仓板；14—衬板；
15—回料螺旋筒；16—磨尾出风管；17—入料出风漏斗；18—连接轴

② 风扫磨借助磨尾风机将热风（利用预热器、冷却机低温废气作烘干热源或另设热风炉高温热源）抽入磨内作为烘干介质和起风扫、提升、输送煤粉的作用。风扫磨长径比较小，一般为单仓，入磨粒度不宜过大。风扫磨内的风速（粉磨仓风速在$3.0 \sim 3.5 \text{m/s}$）大，烘干能力强，如设热风炉可烘干$12\%$的原煤水分，缺点是动力消耗高。设有烘干仓的风扫磨，物料先在烘干仓烘干，然后入粉磨仓继续进行烘干和粉磨。无烘干仓的风扫磨，则烘干与粉磨同时进行。风扫磨研磨仓内衬板和研磨体级配要同时适应粗、细研磨的要求。

③ 中长管磨机，利用磨内装载不同尺寸的研磨体，在离心力和摩擦力作用下，随着筒体旋转带到一定高度，当其自重大于离心力时，脱离筒体内壁下落或滚动，对物料进行冲击、研磨，将物料磨细。磨细物料随拉风，通过选粉机将成品收集。

### 3. 粉磨方法优缺点

球磨机应用于水泥工业的历史悠久，钢球磨对物料适应性强，粉碎比大，干、湿作业均可，还可烘干和粉磨同时进行，结构简单，操作可靠，生产能力大，水泥产品球形度好，我国早期采用较多。最大的缺点是体积笨重、能耗高、噪声大，粉磨效率很低，球磨机的设计选用率呈下降趋势，随着企业节能改造，单独球磨终粉磨方式已逐渐退出。

## 二、辊式磨

### 1. 结构简述

辊式磨是利用料床粉磨原理，靠磨盘和磨辊的碾磨将大块物料压碎，小颗粒研细。辊式磨主要由磨辊、磨盘、风环、分离器、液压系统、传动装置组成。辊式磨规格用磨盘直径×辊数表示。在转速、辊压等参数一定时，磨盘直径将影响粉磨能力和功率消耗。不同形式辊式磨的主要区别在于磨辊、磨盘的形状和个数，内部选粉机形式，辊子是否能抬起等方面，老式辊磨以重力加载，近代辊磨小型靠弹簧加压，大型用液力加压。表5-16列出不同辊式磨的结构特征，其结构见图5-7～图5-9。

表 5-16　不同辊式磨的结构特征

| 序号 | 碾磨装置形状 | 型号 | 选粉机形式 | 磨辊能否抬起翻出 | 磨辊数量 |
|---|---|---|---|---|---|
| 1 | 圆锥磨辊、平盘形盘 | LM | 回转笼式 | 能 | 大磨 4 个磨辊，较小的 2 个 |
| 2 | 轮胎斜辊、环沟形盘 | MPS | 回转笼式 | 否 | 3 个磨辊 |
| 3 | 轮胎斜辊、环沟形盘 | CK、OK | 回转笼式 | 能 | |
| 4 | 轮胎斜辊、环沟形盘 | IHI | 通过式 | 能 | |
| 5 | 圆柱磨辊、碟形平盘 | RP、VR | 通过式 | 能 | 大磨 3 个磨辊，较小的 2 个 |
| 6 | 轮胎分半辊、环沟形盘 | RM | 回转笼式 | 否 | 4 个磨辊 |
| 7 | 圆柱磨辊、平盘形盘 | ATOX | 回转笼式 | 能 | 3 个磨辊 |
| 8 | 圆柱磨辊、碗形盘 | R | | | |
| 9 | 空心钢球、上下环形碾槽 | E | | | 一般为 6～10 个钢球 |
| 10 | 轮胎辊、沟槽盘 | HRM | 回转笼式 | 能 | |
| 11 | 圆锥磨辊、平盘形盘 | TRM | 回转笼式 | 能 | 3 个磨辊 |
| 12 | 轮胎辊、沟槽盘 | CKP | 通过式 | 能 | 3 个磨辊 |

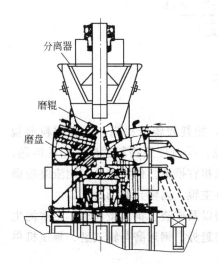

图 5-7　TRM 型辊式磨结构

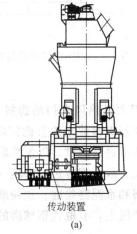

(a)

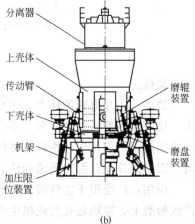

(b)

图 5-8　HRM 型辊式磨结构

### 2. 粉磨工作机理

利用高速旋转的磨盘，使物料受离心力作用，向磨盘边缘移动，物料床在回转的底盘和辊子间受压缩、剪切力作用，被挤压、压碎并推向外缘，再靠由底部进入的热风及时将被粉碎的细粉带到上部的选粉装置内，粗颗粒返回磨内再磨细。细粉随气流经除尘器收集为成品。

### 3. 粉磨方法优缺点

经多年研究改进后的辊式磨的主要优点：①粉磨效率高，它利用料床粉磨原理，能耗低；②烘干效率高，系统可利用大量热气体输送物料和直接与物料接触烘干，热利用率高；③允许入磨粒度大（一般为辊径的 5%，大型的可达 80mm 以上），允许所处理的物料水分含量高；④运行中噪声低；⑤生产调节控制方便，物料在磨内停留时间短（2～4min），品种转换快，省时、省力，细度改变迅速；⑥运转率高，材质改进后，磨辊和底盘的使用寿命可达 8000～12000h，设备年运转率可达 85% 以上；⑦采用风扫式输送，产品均匀，有利于

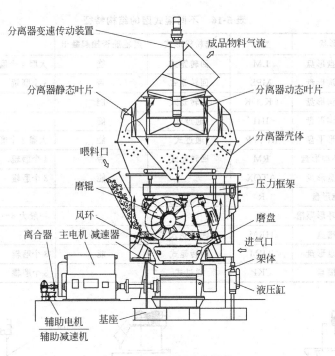

图 5-9　MPS 型辊式磨结构

熟料煅烧。

缺点：①在电能消耗上，因用大量热风来扫动物料，能耗较辊压机高；②在颗粒形貌上，比钢球磨差，如今采取调整选粉机参数来改善此问题；③对硬质物料适应性差的问题，在选用辊式磨前，应对物料易磨性能进行测试，以便采取相宜措施。作为矿渣、钢渣终粉磨时，因易磨性差，细物料流动性大，故需用改进的磨辊（主辊、副辊）和助磨剂。

应用：广泛用于生料磨、煤磨和水泥终粉磨、预粉磨以及矿渣、钢渣微粉磨，白水泥生产线粉磨上，特别是在大规模生产线上，有取代钢球磨的趋势。钢球磨与辊式磨、辊压机单位电耗比较见表 5-17。

表 5-17　钢球磨、辊式磨、辊压机终粉磨系统单位电耗比较（5000t/d 水泥生产线）

| 项目 | 煤磨 | | 生料磨 | | | 水泥磨（主机终粉磨） | | | 资料来源 |
|---|---|---|---|---|---|---|---|---|---|
| | 风扫磨 | 辊式磨 | 中卸磨 | 辊式磨 | 辊压机 | 钢球磨 | 辊式磨 | 辊压机 | |
| 电耗 /(kW·h/t) | | | 22～24 | 16～18 | 12～14 | | | | 《论文集》[1] P22 |
| | 36～43 | 26～32 | | 13～15 | 12～13.5 | 40～45（圈） | 29～31 | 30～33（联合粉磨） | 《论文集》[1] P4 |

[1]《2016 中国工业粉磨系统优化设备技术研讨会论文集》。

## 三、辊压机

### 1. 结构简述

辊压机主要由磨辊、主机架、进料装置、传动、液压以及安全保护等装置组成，其规格用辊子直径和宽度表示，有的还列出辊压资料，如 RP12.5/140-105，表示辊压为 12500kN，辊径 1400mm，辊宽 1050mm。HFCG 型辊压机结构见图 5-10。

新型干法水泥生产工艺读本·（第三版）

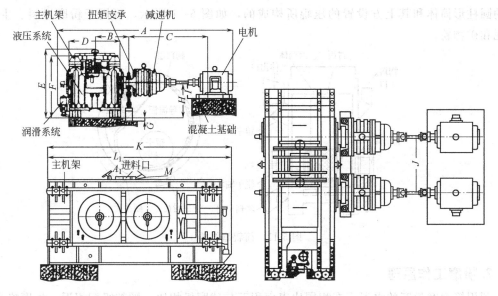

图 5-10　HFCG 型辊压机结构

### 2. 粉磨工作机理

辊压机是由两个速度相同、辊面平整作相对转动的辊子组成的。物料由辊子上部喂入，两个辊子（一个位置固定，一个可作平行移动）相对旋转时，借助转子对物料的摩擦力将物料钳入，并在高压下挤压成强度低充满裂纹和含有细粉的扁料片式料饼，经打散机打散。为此，辊压机粉磨时要求高压、稳定、满料。

### 3. 粉磨方法优缺点

辊压机也属于料床粉磨，其挤压粉磨技术是粉磨技术上的重大变革，其优点：①能耗低，粉磨效率高。与球磨机相比，采用料床粉磨能耗低，以及辊压机中物料只受压碎力，其所产生的应变相当于剪力所产生应变的 5 倍，粉磨效率高。与辊式磨相比，辊压机靠高压挤压粉碎物料，无磨辊、磨盘转动和风力输送物料，粉磨系统能耗低。②钢铁消耗低。由于耐磨件材质高和无同质钢材直接接触，磨耗低。如粉磨水泥时，球磨机单位磨耗为 300～1000g/t，而辊压机一般为 0.5g/t。③噪声低。球磨机为 110dB 以上，辊压机为 80dB。

缺点：①对工艺操作过程要求严格。如要求喂料柱密实充满和一定喂料压力，回料要控制恰当，否则它的优越性就不能发挥。②粉磨后的颗粒分布范围窄、球形度差，因粉磨温度低、石膏脱水程度低存在水泥需水量大的问题。③处理物料适应性差。因机体无烘干功能，不适合粉磨黏性物料和入磨物料综合水分高的物料，适合脆性物料。

为克服辊压机在水泥终粉磨的缺陷，采取的措施主要是：①采用高速锤磨作为辊压机料饼的打散研磨装置，以增加水泥中细粉和精粉含量；②增加物料在辊压机中的循环挤压次数，提高循环负荷，使物料能获得 3 次左右受挤压机会，以改善其分布及形貌；③通过选粉技术设备改进，如采用带烘干、高效选粉性能的选粉机；④不同比表面积的水泥相混。

## 四、筒辊磨

### 1. 结构简述

筒辊磨是一种新型卧式挤压磨，结构形式介于辊压机和球磨机之间，筒辊磨是由水平回转的圆柱形筒体和其上方设置的压辊所构成的，如图 5-11 所示，可用于粉磨原料、生料、水泥和矿物粉。

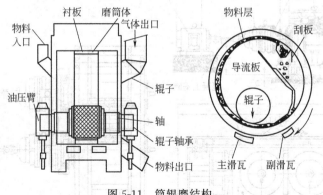

图 5-11　筒辊磨结构

## 2. 粉磨工作原理

利用筒辊磨粉磨的水泥，在相同比表面积下与球磨机相比，颗粒级配相近，强度略有提高，其他水泥性能指标正常。其粉磨原理是物料经布料板进入筒体的喂料区，随高速筒体贴壁转入粉磨区，被设置带有一定螺旋角度的刮板刮下，进入辊子与筒体咬入区，物料受辊压力，完成一次挤压，被挤压的物料仍贴壁转入设定的另一粉磨区间，再被挤压，实现一次通过多次挤压，物料按设定螺旋线前进，离开粉磨区的物料进入卸料区排出。通过调整物料推进装置的位置，可以改变物料的进出速度，控制磨辊的物料量。

## 3. 粉磨方法优缺点

由于筒辊磨的压辊与转筒之间主要是挤压力，不存在剪切力，故磨损较小，需要的工作压力低，它具有研磨压力中等、多次碾压、无须风扫、无须打散的特点，比辊式磨、辊压机更节能。从陕西汉中筒辊磨实际运行情况可知，筒辊磨终粉磨系统所生产的水泥颗粒分布与球磨机生产的颗粒分布范围相似。特征粒度高于球磨机，均匀性系数小于球磨机。但有资料介绍筒辊磨作为钢渣粉终粉磨时故障率高，运转率低，维修困难，操作难度较大，产品粒度粗些，不利于钢渣粉活性发挥，影响推广。

2014 年首台套国产化 3800 筒辊磨机组（包括 TSV 选粉机）已在河北唐山应用，该机为在线烘干设备，可粉磨矿渣、钢渣，也可直接磨制水泥。筒辊磨设计技术指标和不同粉磨设备应用于水泥终粉磨时对比技术指标见表 5-18。

表 5-18　$\phi$3800mm 筒辊磨设计技术指标和应用对比

| 技术指标项目 | 设计技术指标 | | | 水泥终粉磨 | | |
|---|---|---|---|---|---|---|
| | 钢渣 | 矿渣 | 水泥 | 筒辊磨 | 辊式磨 | 联合粉磨 |
| 磨机规格 | CFHG3800 | CFHK3800 | CFHC3800 | CFHC3800 | $\phi$4600mm | $\phi$160mm×140mm+ $\phi$3.2m×13m |
| 主机容量/kW | 2100 | 2000 | 2400 | 2400 | 3350 | 2×900+3150 |
| 产品比表面积/(m²/kg) | 420～500 | 420～450 | 320～360 | 400～450 | 420～430 | 350～360 |
| 台时产量/(t/h) | 45～60 | 85～110 | 115～150 | 115～145 | 90～95 | >160 |
| 主机电耗/(kW·h/t) | 28～32 | 16～18 | 15～16.5 | 15～16.5 | 21～22 | >27.5 |
| 资料来源 | 《新世纪水泥导报》2015(3):32 | | | 《中国水泥》2015(1):93 | | |

## 五、高细磨

20 世纪 80 年代合肥水泥研究设计院研制出开流高细磨,取得专利技术,已用于生产。高细磨是在普通磨机的基础上进行了重大改进,其结构如图 5-12 所示。

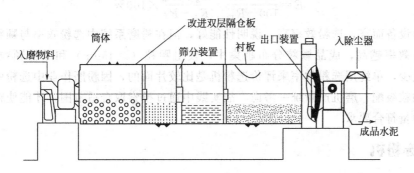

图 5-12　高细磨结构示意

# 第四节　选 粉 设 备

新型干法水泥生产粉磨系统均采用圈流方式,能大大提高磨机台时,降低产品电耗。闭路系统采用选粉机进行分选,既便于调节产品细度,又可改善产品颗粒组成,以提高生料或水泥质量。现代常用的评价选粉机的方法有选粉效率、牛顿回收效率等。

## 一、选粉性能评价

### 1. 循环负荷

循环负荷 $L$ 是指选粉机回料量 $B$ 与成品量 $G$ 的比值。生产用筛析的细度值,按式 (5-15) 计算。

$$L = \frac{B}{G} \times 100\% = \frac{R_f - R_m}{R_m - R_g} \times 100\% \tag{5-15}$$

式中　　　$L$——循环负荷,%;
$R_f$,$R_m$,$R_g$——成品、出磨、回料的筛析细度,%。

在选粉机和磨机设备能力相匹配的情况下,可适当提高循环负荷,进一步提高磨机的粉碎效率,若循环负荷过大,回料太多,使磨内料球比过大,反而会降低粉碎效率,而且产品粒度过于均匀,对水泥早期强度不利,所以从整体考虑,循环负荷以选择在适当范围内为好。球磨机长径比小,循环负荷可取大些,对要求成品细度细的、选用选粉效率高的选粉机时,循环负荷取低值。具体磨机通过操作摸索,选择适合的循环负荷控制范围,见表 5-19。

表 5-19　不同磨机形式的循环负荷范围

| 磨机形式 | 钢球磨 | | 辊 压 机 | | | 辊 式 磨 | | 筒辊磨 |
|---|---|---|---|---|---|---|---|---|
| 选粉机、流程 | 旋风式 | O-Sepa 式 | 预粉磨或混合粉磨 | 半终粉磨 | 终粉磨 | 半风扫式 | 风扫式 | 终粉磨 |
| 循环负荷/% | 150～200 | 100～150 | <150 | 300～400 | 400～600 | 130～150 | 100～200 | 700～900 |

## 2. 选粉效率

选粉效率 $E$ 是指选粉后成品中某一粒径占选粉机入料中该粒径质量的百分数，生产控制常用 $80\mu m$ 粒级，用式(5-16) 计算，式中符号物理意义见式(5-15)。

$$E=\frac{100-R_f}{100-R_m}\times\frac{R_g-R_m}{R_g-R_f}\times100\%\tag{5-16}$$

就选粉设备而言，选粉效率高，说明性能好，但在粉磨系统中选粉效率与颗粒分布密切相关；选粉效率越高，成品颗粒分布越集中，较粗颗粒（$>45\mu m$）和微粉颗粒（$<3\mu m$）的含量均较少，单纯用选粉效率来评价选粉机是比较片面的，因粉磨作业中选粉效率和循环负荷要与颗粒级配、磨机产量统一考虑，故实践中通过摸索取合适范围，才能使粉磨系统的产量高，质量符合要求。

# 二、选粉机

新型干法圈流粉磨系统中采用旋风式、高效式、组合式选粉机和超细选粉机，其结构形式不尽相同，但其工作过程主要包括分散、分级和分离三部分。

## 1. 旋风式选粉机

粉体的分级、分散和分离过程分别在中部旋风室和外部旋风分离器内进行，改变撒料盘转速或调节气流速度可简便调整成品细度。为提高选粉效率，在撒料盘上方选粉室引用高效选粉机技术，设置笼形转子式分级圈。

## 2. O-Sepa 高效选粉机

传统的、基本的 O-Sepa 高效选粉机结构形式见图 5-13。该机主体是一个蜗壳形旋风筒，内设笼形转子，其外圈装一圈导向叶片，被选物料从顶部喂入落到撒料盘上，靠离心力将物料抛撒，粗粒则受离心力作用而下落到下部选粉室，再经由下部吹入的三次风风选后，细粉随风上升，粗粒则落入锥形斗而卸出。分级选粉有三股风：从磨内排出的气体为一次风（70%～80%），其他粉磨系统排出的气体为二次风（约 20%），三次风（新鲜空气约占 10%）由下部吹入。一次风、二次风由上壳体两侧进风口引入机内，形成水平旋流分离场，将较细颗粒带入转子内被抛出，然后细粉由除尘器收集为成品。高效选粉机除 O-Sepa 外还有 Sepax、SKS 等。因 O-Sepa 高效选

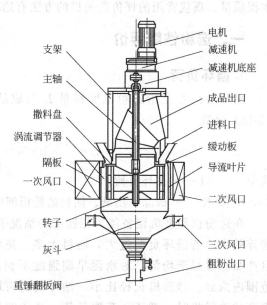

图 5-13　O-Sepa 高效选粉机

粉机的选粉效率低，我国科研工作者、制造厂家，推出二分离、三分离等新型高效选粉机。

## 3. 组合式选粉机

组合式选粉机是笼式高效选粉机和粗粉分离器的紧凑组合，从功能上兼具粗粉分离器和选粉机的性能，实现简化系统的目的。其结构分上、下两部分，上部为笼式，下部为分离器。从磨内来的含尘气体和来自窑尾的气体等，自下而上进入下部粗粉分离器，气流中粉尘

新型干法水泥生产工艺读本（第三版）

和粗粒，受到反击锥的碰撞冲击作用而下落，较细颗粒继续上升到达上部选粉区，与喂入的物料一并风选。该机采用改变笼式转速调整产品细度，操作方便，集选粉烘干于一体，结构紧凑，可用于生料、矿渣、煤等含水量较高的物料粉磨系统中。

#### 4. 动态选粉机

随着低质煤、无烟煤煅烧技术的发展，要求煤粉细度 $R_{0.080}$ 为 $2\%\sim4\%$，而传统煤磨系统的粗粉分离器和细粉分离器很难达到，且不便于细度调节（燃无烟煤时，入分解炉的煤粉细度比窑用煤粉细）。近年来开发了动态选粉机，完全克服了上述缺点，改善了煤粉的颗粒分布，提高了粉磨效率。动态选粉机可方便有效地调节煤粉细度，为无烟煤在回转窑上的应用创造了良好条件，已在多家水泥厂煤粉制备系统中应用。动态选粉机结构，主体部分是由外锥筒和内锥筒组成。内锥筒上部是笼式分离器，通过主轴与变速电动机相连。气流与物料由下部管道向上输送，选出的细粉从上部排出。

#### 5. 国内开发的几种选粉机及流程简介

① 南京工业大学开发的 NHX-Ⅱ 高效选粉机，其结构采用笼式转子，以离心力场作为分级力场，细粉分离装置采用高效低阻旋风筒；可用于生料、水泥和煤粉粉磨系统上（见图 5-14）。

② 南京水泥工业设计院、天津水泥工业设计研究院分别设计了高效组合式选粉机 WXF 型、TLS 型，主选粉区采用先进的平面涡流原理，具有高效率的选粉性能。

③ 合肥水泥研究设计院开发了用于水泥的 DS（Ⅱ）组合式选粉机和用于生料粉磨的 DSM 组合式选粉机。DS（Ⅱ）组合式选粉机由高效选粉机和在其四周装备的旋风筒组成，这种改进的结构形式，使选粉机主选粉区分选出的水泥产品，主要由旋风筒收集，另设除尘器主要处理磨的废气，这样可降低除尘器的规格和投资。

④ 闭路粉磨系统的优化。随着选粉技术的发展，使粗粉、细粉的分离和选粉成为一体，实现了生料、煤粉和水泥粉磨制备系统的短流程，提高了产量，节约了电耗和投资。其流程分别如图 5-15～图 5-17 所示。

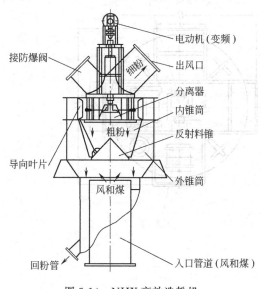

图 5-14 NHX 高效选粉机

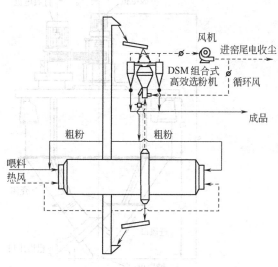

图 5-15 带组合式高效选粉机的生料粉磨系统

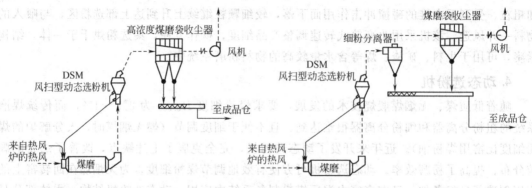

图 5-16　带动态选粉机的煤粉粉磨系统

## 三、打散分级机

### 1. SF 打散分级机

SF 打散分级机是辊压机联合粉磨系统中的关键设备，是集打散、分级于一体，兼有烘干功能的设备，如图 5-18 所示。它是应用离心冲击破碎原理对挤压后的片状物料进行打散的，应用惯性和空气动力对打散后的物料进行分级，如要烘干可将热风引入分级区，使之在分级过程中对物料进行烘干。打散分级机既控制细粉达到入磨粒度均匀，又将粗颗粒返回辊压机，促进辊压机运行稳定，使联合粉磨系统得以大幅度提高产量，降低电耗。

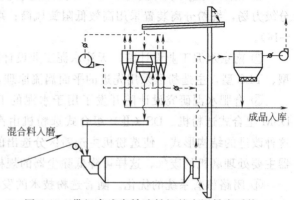

图 5-17　带组合式高效选粉机的水泥粉磨系统

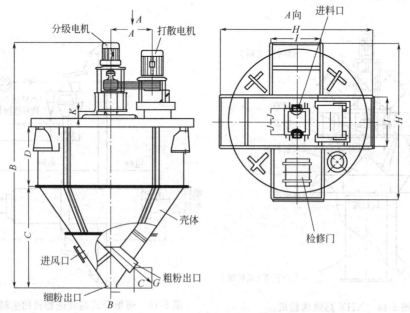

图 5-18　SF 打散分级机

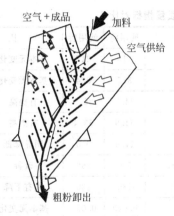

图 5-19　V形静态选粉机

## 2. V形静态选粉机

V形静态选粉机是一种静态两相流折流装置，兼具打散、分离、选粉等多种功能，结构简单（见图5-19），无回转运动部件，物料靠重力下落，在选粉机内被阶梯式导流板冲散，带料气流进入磨机的选粉机被分选。该机完全靠风力提升、输送，分级精度高，电耗也高，此类型的选粉机本身对细度无法调节，半成品细度通过风量来调节，风速降低，半成品变细。因此，风机的选型（风量、风速）和控制至关重要。V形选粉机与辊压机组成粗料循环闭路系统，可提高辊压后的料饼质量。要求辊压机的磨辊长径比大和采用低压大循环的操作方式。

# 第五节　研　磨　体

研磨体是钢球磨用于粉磨物料的工作介质，它的装载量及配合对磨机产量有重大影响，配球是磨机日常工艺技术管理的一项重要内容。

## 一、研磨体的种类和作用

### 1. 研磨体种类

研磨体按形状不同可分为钢球（圆球和椭圆球）、钢段和钢棒，其中钢球用得最多。

**(1) 钢球**　钢球用于粗磨仓和细磨仓。钢球用公称直径表示规格，一般要求钢球的不圆度不超过2.0%，表面光滑，表面有锈迹或高低不平都会影响磨机产量。

**(2) 钢段**　钢段用于细磨仓，外形为圆柱形，用直径×长度表示规格。

**(3) 非金属研磨体**（又称陶瓷研磨体）　非金属研磨体具备质轻、高强、增韧、耐磨等诸多性能。因它质轻、耐磨特点，一些耐磨材料厂制作的产品问世之后，深受企业关注，多家水泥企业在不同水泥生产工艺的钢球磨进行生产试验。使用非金属研磨体后，未产生增加磨耗和出现易碎裂现象，而且节能降耗效果明显，部分试验后的情况见表5-20和表5-21。

表5-20　使用非金属研磨体后台时产量和电耗情况

| 水泥品种 | 台时产量/(t/h) | | | 电耗/(kW·h/t) | | |
| --- | --- | --- | --- | --- | --- | --- |
| | 试验前 | 试验后 | 前后对比 | 试验前 | 试验后 | 前后对比 |
| P·O42.5 | 45 | 40 | −5 | 30.11 | 25.72 | −4.39 |
| P·O42.5R | 36 | 32.16 | −3.84 | 42.14 | 34.30 | −7.84 |
| P·O52.5R | 32.01 | 29.64 | −2.37 | 41.33 | 32.33 | −9.0 |
| 资料来源 | 满新伟等水泥粉磨中提高熟料有效利用率及改善水泥性能的措施.水泥,2015(11):28<br>山东山水水泥公司 φ3m×11m 开路粉磨矿渣粉，二仓使用非金属研磨体 | | | | | |

表 5-21 低密度研磨体使用前后水泥磨工艺质量指标对比

| 项　目 | 使用前 | 使用后 | 对　比 | 项　目 | 使用前 | 使用后 | 对　比 |
|---|---|---|---|---|---|---|---|
| 研磨体填充率/% | 30 | 38 | 有差距 | 初凝时间/min | 215 | 217 | 基本无变化 |
| 台时产量/(t/h) | 92 | 100 | 增长 | 终凝时间/min | 327 | 324 | 基本无变化 |
| 主机电耗/(kW·h/t) | 38 | 29 | 降低 | 水泥 3d 抗压/MPa | 24.7 | 25.5 | 有提高 |
| 磨内温度/℃ | 147 | 92 | 降低 | 水泥 28d 抗压/MPa | 51.9 | 53.4 | 有提高 |
| 出磨水泥温度/℃ | 120 | 78 | 降低 | $Cr^{6+}$ 含量/(mg/kg) | 11.4 | 9.0 | 明显降低 |
| 综合球耗/(g/t) | 17 | 12 | 降低 | 水泥净浆流动度/mm | 229 | 268 | 改善 |
| 45$\mu$m 筛余/% | 9.0 | 9.0 | 无变化 | 水泥净浆需水量/mL | 135 | 130 | 略有下降 |
| 水泥比表面积/(m²/kg) | 352 | 350 | 变化不大 | 氯离子含量/% | 0.049 | 0.050 | 基本无变化 |
| 水泥 3～32$\mu$m 含量/% | 74 | 86 | 增加较多 | 安定性 | 合格 | 合格 | |
| 资料来源 | | | | 张海彬等. 低密度研磨体应用于通用硅酸盐水泥粉磨效果评价. 水泥, 2015(11): 17 | | | |

注: 胜利油田营海实业集团公司, 采用低密度、高性能、特种陶瓷材质的研磨体(密度 3.65t/m³、莫式硬度 9 级、抗压强度大于 850MPa), 应用于生产硅酸盐水泥。

① 效果及机理

a. 主机电耗明显降低。球磨机运转时所需功率, 主要消耗于研磨体的提升到下落运动状态和将物料磨细的能耗上, 部分功率消耗于克服空心轴颈与轴承之间的摩擦力和传动装置的阻力上。影响磨机所需功率的因素很多, 诸如磨机尺寸、结构转速、研磨体装载量、传动方式和物料性质、粉磨细度等等。在设备已定的情况下, 若能把磨机的研磨体自重降下来(其他自重如筒体、内部设置等主要影响启动电流), 则磨机的运行电流, 必大幅度下降。因为非金属研磨体密度(3.6～3.9g/cm³)比钢球密度(7.8g/cm³)低, 使用非金属研磨体能实现减轻研磨体自重, 能使提升研磨体所需负荷减少, 因而电流下降。在粉磨效率不降低的情况下, 其单位产品耗能低, 节能是显著的。

b. 出磨水泥温度低。因陶瓷研磨体属于非金属材质, 是热的不活跃体, 发热小, 研磨过程无静电产生; 陶瓷研磨体质量轻, 提升冲击力小, 机械能转换成热能低, 致使磨内温度低, 出磨水泥温度也低。

c. 综合球耗下降。一是因陶瓷研磨体原料以刚玉粉为主, 其次为氧化铝粉, 还需要加入一些氧化锆、氧化硅等调质组分, 以增加研磨体抗碎的韧性、增强磨削能力, 因此, 其莫氏硬度比金属研磨体强硬, 综合研磨体消耗降低; 二是按戴维斯的钢球磨损理论, 研磨体的磨损速度与其质量成正比, 金属研磨体密度大, 损耗量高, 而陶瓷球质轻其磨耗量也较低。

d. 水泥中铬含量下降。因研磨体成分中不含铬, 当然不会增加水泥中铬含量。

e. 粉磨效率探讨。球磨机使用非金属研磨体后, 对其产量影响的效果, 主要看将它用于磨机哪一区域和装载量。球磨机是依靠研磨体的冲击力(使大颗粒小粒化)和研磨力(将小颗粒细粉化)做功, 才具有粉磨效率。由于非金属研磨体质量轻, 冲击力小, 根据"用其利、避其弊"的科学哲理, 将非金属研磨体用于管磨机细磨仓或联合粉磨(或半终粉磨)的后续球磨机, 此时入磨(仓)粒度小, 需要泻落状态下的研磨功, 只要研磨功不降低, 则粉磨效率不降低, 磨机产量可以维持原有水平, 单位粉磨电耗就可降低。

f. 改善水泥颗粒粒度分布。试验检测数据显示, ≤3$\mu$m 和 ≥32$\mu$m 的颗粒有所减少, 说明采用非金属研磨体后, 因减少过粉磨, 使 3～32$\mu$m 的颗粒增加, 水泥需水量有所减少, 3d 抗压强度略有下降, 28d 抗压强度略有提高。

② 使用技术要点　在水泥球磨机上采用新材料——陶瓷研磨体，是一项刚起步的技术，据生产试验结果表明：具有降低磨机单位电耗和改善水泥颗粒级配、降低磨内温度的优点，也存在台时产量和碎损状况不确定的问题：有的反映"产量降低、研磨体易碎损"，有的认为与金属研磨体相比，"未产生增加磨耗、降低产量和出现易碎裂现象"。这些需要制造厂家的材质和水泥生产方的配套技术、操作相磨合、改进、提高，攻克其"短板、瓶颈"，以利此技术推广应用。

a. 适用于研磨仓。非金属研磨体因破碎功能差，研磨功能强，故通常应用于管磨机的研磨仓，或辊压机联合/半终粉磨的后续球磨机，可以实现粉磨效率不降低，节能效果显著。

b. 提高填充率。考虑陶瓷研磨体密度比传统钢球密度低，质量轻，冲击力小，运用"取长补短"办法，在低的粉碎功下，提高并强化其研磨功，总体来提高粉磨效率。提高研磨功有两种办法：一是多加小球，增加研磨体的比表面积；二是增加研磨体装载量。由于非金属研磨体质量轻，有剩余电力负荷空间，可以通过多装研磨体，来提高研磨功能的粉磨效率。参考文献[11]中，认为通过增加研磨体数量，提高其台时产量，最佳研磨体填充率为36%～38%（一般钢球磨为30%），各厂根据试验，寻求自己的最佳值。

c. 要求物料入磨粒度小。基于陶瓷研磨体密度小，质量轻，降低粉碎功能，需强调减小入磨物料粒度。应用辊压机联合粉磨流程时，入球磨机物料粒度小于3mm，使用陶瓷研磨体效果更好。

d. 调整磨机内部结构和生产工艺。鉴于入磨粒度小、粉磨工况变化，在研磨体级配上需要随之调整，对两仓磨需要调整隔仓板位置，增加细磨仓长度，以保证两仓能力平衡，有足够的研磨功效使之对磨机产量影响较小。在生产操作上，要适应陶瓷研磨体的静电吸附作用小、磨内温度低，导致磨内物料流速快等工况变化的特点，需要通过生产调试，找出相适应的操作参数。

e. 减少碎球。使用脆性大的陶瓷研磨体，引起破损率高，影响此技术推广。产生碎球现象，一是制造厂家受原料、成型和煅烧温度等工序工艺影响，致使产品脆性高；二是水泥操作不当。瓷球与钢衬板，直接碰撞、摩擦，会产生众多微裂纹并扩展最后导致陶瓷研磨体开裂，而且其开裂面，还会劈向其他陶瓷研磨体，造成更大损伤。为此，不能采取断料、空转操作法，并要谨防"空磨"运行；空仓装陶瓷研磨体时，应先加料后加球。

## 2. 研磨体作用

研磨体在磨机运转过程中对物料冲击和研磨，将物料磨成细粉。对研磨体的要求如下。

**(1) 冲击力**　研磨体产生的撞击能量超过物料的强度极限时使物料粉碎。但过大的冲击力施加给磨机衬板、筒体的应力也增大，能量消耗大，冲击力对一仓是主要的。

**(2) 冲击次数**　冲击次数多是提高粉磨细度和产量的主要手段。通过减少球径和增加个数来提高冲击次数，对冲击和研磨都有必要。

**(3) 存料能力和挤排力**　通过大小球级配，减少研磨体之间的孔隙，增加研磨体的堆积密度，使之具有适当的存料能力，一方面可控制物料在磨内的流速，延长停留时间，以便得到充分研磨；另一方面将物料挤出，便于大球冲击粉碎。

**(4) 研磨力**　主要靠研磨体的表面积，使物料和研磨体的接触面积增多，从而提高粉磨效率，特别对靠研磨作用进行粉磨的细磨仓是很主要的。

研磨体的冲击力、冲击次数和存料能力取决于磨机所配的平均球径。在装载量相同时，平均球径越大，冲击力越强；空隙率大，物料流速快，但冲击次数减少，存料能力变弱。对难磨物料，既需较强的冲击力（需增大平均球径），又要增加冲击次数和延长在仓内的粉磨时间（需降低平均球径），形成了矛盾的两个方面。生产人员应依据被粉磨物料的性能和产品要求，侧重选择。

## 二、级配

研磨体的级配是指不同尺寸及质量的研磨体相互配合。如只有一种尺寸的研磨体，孔隙率大，是不可能获得理想粉碎效果的，需由几种尺寸的研磨体配合。由于各仓进料粒度和要求的出仓细度不同，故应分仓配球。入磨物料是多级颗粒的组合体，在级配上，仅用"最大球径"是满足不了粉磨作业中物料粒度和易磨性变化的，还需引入"平均球径"和"填充率"等参数。

### 1. 填充率

装入磨内研磨体的体积与磨机有效容积的百分比，或研磨体所占断面积与磨机筒体有效断面积的百分比叫作研磨体填充率 $\varphi$。填充率的大小直接关系到研磨体的装载量和磨机负荷。填充率分两类：一是设计时选择的填充率；二是磨内研磨体的实际填充率，用进磨测量弦长或球面高度查磨内测量值（$b/D_内$、$H/D_内$）与填充率 $\varphi$ 的关系。一般设计选择填充率大致范围见表 5-22。

**表 5-22  不同球磨机形式的填充率范围**

| 磨　别 | 水泥磨 | 生料磨 | | | 水泥联合粉磨后续细磨仓 | | 煤　磨 |
| --- | --- | --- | --- | --- | --- | --- | --- |
| | | 硬　质 | 软　质 | | 金属研磨体 | 陶瓷研磨体 | |
| 填充率/% | <28 | <28 | <30 | | 30～32 | 36～38 | 约28 |

填充率 $\varphi$ 通用的计算式见式(5-17)。

$$\varphi_i = \frac{G_i}{V_i \gamma} \times 100\% = \frac{F_y}{F_m} \times 100\% \tag{5-17}$$

式中　$G_i$——某仓研磨体质量，t；

　　　$V_i$——该仓有效容积，$m^3$；

　　　$\gamma$——研磨体容积密度，$t/m^3$，一般钢球取 $\gamma = 4.5 t/m^3$；

　　　$F_y$——研磨体所占断面积，$m^2$；

　　　$F_m$——磨机筒体有效断面积，$m^2$。

### 2. 平均球径

对已配的混合球用重量法计算各仓平均球径 $d_{cp}$，计算式见式(5-18)。

$$d_{cp} = \frac{d_1 G_1 + d_2 G_2 + \cdots}{G_1 + G_2 + \cdots} \ (mm) \tag{5-18}$$

式中　　　$d_{cp}$——钢球平均球径，mm；

$d_1$，$d_2$，…——各种规格钢球直径，mm；

$G_1$，$G_2$，…——直径为 $d_1$、$d_2$ 时对应的钢球质量，t。

### 3. 最大球径

最大球径计算见式(5-19) 和式(5-20)。

$$d_{max} = 36 \sqrt{F_{80}} \times \sqrt[3]{\frac{S_i W_i}{CD_i^{0.5}}} \quad \text{(mm)} \tag{5-19}$$

或

$$d_{max} = 20.17 \sqrt{\frac{F_{80}}{K}} \times \sqrt[3]{\frac{S_i W_i}{CD_i^{0.5}}} \quad \text{(mm)} \tag{5-20}$$

式中　$d_{max}$——入磨最大球径，mm；

$\quad\quad S_i$——粉磨物料的体积质量，$g/m^3$；

$\quad\quad W_i$——物料易磨性邦德功指数，$kW \cdot h/t$；

$\quad\quad C$——球磨机临界转速百分数，72%；

$\quad\quad D_i$——磨机有效内径，m；

$\quad\quad K$——比例常数，用钢球时，干法粉磨和无烟煤 $K$ 值取 335；

$\quad\quad F_{80}$——入磨物料 80% 通过的粒径大小，mm。

## 三、配球方案和调整

### 1. 级配原则

① 考虑入磨物料粒度、硬度和产品细度。被粉磨物料平均粒度大、硬度高或要求粉磨细度粗时，平均球径要大些。

② 研磨体必须大小搭配。

③ 在保证产品细度的情况下，平均球径小些，可增加接触面积，提高研磨效率。

④ 圈流磨的平均球径要比开流磨大。

### 2. 级配方案和配球方法

影响研磨体级配的因素很多，即使是相同的磨机，本厂不同时期的配球方案也不完全相同。磨机投产前技术人员应根据入磨物料的粒度和易磨性，初步选定各仓研磨体量、平均球径、最大球径，进行研磨体的大小组合。多年生产的企业，也可采用经验总结法，取长补短，提出适合本厂物料的最佳配球方案。

已知研磨体最大直径和级配数、平均球径，从管理的角度分别介绍几种可供参考的配球方法，具体如下。

**(1) 两头小、中间大**　即在满足平均球径的基础上，对研磨体级径的两头球径比的质量百分数取小值，中间级径则取大值。一般循环负荷大，两头球取 10% 左右；循环负荷小，取 15%~25%。

**(2) 球径分数分配法**　设 $Q_i$ 为某一种球径的质量分数，$d_i$ 为某一种球径大小，则质量配比按式 (5-21) 计算：

$$Q_i = \frac{\frac{1}{d_i}}{\sum\limits_{i=1}^{n} \frac{1}{d_i}} \times 100\% \tag{5-21}$$

**(3) 等腰三角形配球法**　设各钢球的直径为等差数列，公差为 $a$，并要求用 $n$ 种直径为 $D_i$ 的钢球和平均球径 $D_{cp}$，配球时，先作一条水平线 $MN$，在 $MN$ 上以 $a$ 为基本单位标出刻度值，分别在直径 $D_i$ 处绘点出 $X_1$，$X_2$，$X_3$，…，$X_n$，然后在 $D_{cp}$ 处正上方任一点 $B$ 作等腰三角形，与 $X_1$，$X_2$，$X_3$，…，$X_n$ 相交对应为 $Y_1$，$Y_2$，$Y_3$，…，$Y_n$，量线段

$X_1Y_1$，$X_2Y_2$，$X_3Y_3$，$\cdots$，$X_nY_n$ 长度，便可得出所需球的配比，如图 5-20 所示。

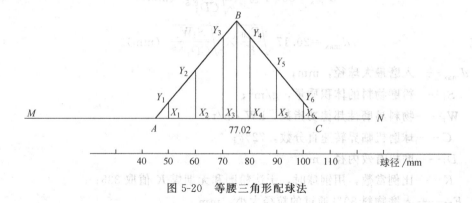

图 5-20 等腰三角形配球法

示例：设钢球为六级配，规格为 $\phi50\sim\phi100$mm，平均球径取 77.02mm，总量为 15t（见表 5-23）。

$$B_i = \frac{X_iY_i}{\sum\limits_{i=1}^{n}(X_iY_i)} \times 100\% \tag{5-22}$$

表 5-23　钢球六级配规格参数示例

| 项目 | 钢球规格/mm | | | | | | 总数 | 备注 |
|---|---|---|---|---|---|---|---|---|
| | $\phi50$ | $\phi60$ | $\phi70$ | $\phi80$ | $\phi90$ | $\phi100$ | | |
| 对应线段符号 | $X_1Y_1$ | $X_2Y_2$ | $X_3Y_3$ | $X_4Y_4$ | $X_5Y_5$ | $X_6Y_6$ | $AC$ | |
| 线段长 $L_i$/mm | 3 | 12 | 24 | 28 | 16 | 7 | 90 | 测量值 |
| 长度比/% | 3/90 | 12/90 | 24/90 | 28/90 | 16/90 | 7/90 | 100 | $L_i/\sum L_i$ |
| 质量配比 $B_i$/% | 0.033 | 0.133 | 0.267 | 0.311 | 0.178 | 0.078 | | 见式(5-22) |
| 钢球装载量/t | 0.495 | 1.995 | 4.005 | 4.665 | 2.670 | 1.170 | 15 | $15B_i$ |
| 平均球径 $D_{cp}$/mm | 77.02 | | | | | | | |

**（4）二级配球法**　有些厂采用二级配球法，在一仓用直径大小差距较大的两种球进行级配。大球的主要作用是对物料进行冲击破碎；小球的主要作用是填充大球孔隙，起传递大球施加于物料的能量和控制物料流速等作用。据资料介绍，二级配的大球，采用 $\phi90$mm，小球直径取决于大球之间的空隙，一般为大球直径的 $13\%\sim33\%$；小球配入量为大球质量的 $3\%\sim5\%$，并根据生产效果再作调整。二级配对物料变化不敏感，当物料粒度大、强度高、易磨性差时，应采用二级配球法。

**（5）提出研磨体级配方案**　根据计算的配比及已知装载量，参考生产经验，列出本磨机各仓的配球方案（见表 5-24），按各种规格研磨体的装载量，用式(5-17)和式(5-18)验证填充率和平均球径。

表 5-24　研磨体级配方案填写格式

| 仓别 | 各仓尺寸/m | | 研 磨 体 | | | | | 装载量/t | 填充率/% |
|---|---|---|---|---|---|---|---|---|---|
| 一仓 | 有效内径 $\phi_1$ | 尺寸/mm | $\phi90$ | $\phi80$ | $\phi70$ | $\phi60$ | $\cdots$ | | |
| | 有效长度 $L_1$ | 质量/t | | | | | | | |

| 仓别 | 各仓尺寸/m | | 研　磨　体 | | | | | 装载量/t | 填充率/% |
|------|-----------|------|----------|------|------|------|------|----------|---------|
| 二仓 | 有效内径 $\phi_2$ | 尺寸/mm | $\phi 60$ | $\phi 50$ | $\phi 40$ | $\phi 30$ | … | | |
| | 有效长度 $L_2$ | 质量/t | | | | | | | |
| 全磨 | | | | | | | | | |

注：研磨体尺寸、级配数供参考，有的磨机二仓采用钢段或小研磨体，企业按实际规格尺寸填写。

### 3. 级配合理性判断

生产中主要通过产量情况和磨音来判断，管理上主要应用筛析手段和产量数据分析其是否合理。

**(1) 产量状况**

① 如果磨机产量正常，而产品细度太粗，表明物料流速太快，粉磨能力过强，研磨能力不足，此时取出一仓大球，增加二仓研磨体。

② 若磨机产量低，细度过细，此时应增加一仓大球研磨体量。

③ 磨机产量低，细度又粗，表明研磨体不够，应补加研磨体。

④ 如果两仓料层面都很厚，产量又低，细度不好控制，可能是由于研磨体量太少或者出料箅孔堵塞。

**(2) 磨音**　现代化水泥厂的磨机，都配置了电耳，可以准确记录磨机工作时声音频率的变化。正常喂料时，如果一仓钢球冲击声特别洪亮，说明平均球径高，填充系数过小，应加大球仓的填充率，减小平均球径；反之，声音发闷，说明平均球径太小且装载量不足，此时宜增加装载量，提高平均球径。二仓正常磨音为轻微哗哗刷刷声。

**(3) 观察电流**　在喂料不变的情况下，出磨细度比正常粗，提升机电流正常，而主机电流比正常低，表明磨内研磨体不足或级配不合理。

**(4) 停磨观察和测试**

① 料面情况。观察第一仓钢球露出料面约 1/2 个球，如果外露太多，说明球径过大，装载量过多；反之，料面高存料过厚，说明球径小，装载量不足。末仓物料刚好盖过球（锻）面时就比较合理，否则要调整磨内研磨体装载量。这种方法不方便，现代厂一般很少采用此法。

② 作筛余曲线。理想筛余曲线，应当是一仓入料端有倾斜度较大的下降，末仓接近磨出口处 0.5～0.8m 有一段平斜下降。隔仓板前后筛余值相差不大，否则表明前后两仓不平衡，需改变仓位或调整装载量。

### 4. 调整

磨机各仓中装载量、填充系数、平均球径及级配是否合理，需通过生产实践及测定来检验，如不合理，应找出原因进行级配调整。调整依据如下：

① 通过统计、分析在不同级配下的磨机产量等生产数据，找出生产效果好的配球方案；

② 通过上述磨音、筛析的判断进行调整；

③ 对圈流系统，可通过测定出磨、回料和成品细度判断调整。

### 5. 清仓补球

磨机运行一段时间后由于研磨体磨损需清仓或及时补充研磨体，否则会影响磨机的产量。清仓或补球的依据如下。

① 停磨测量磨内研磨体面下降情况。

② 根据统计的单位产品产量、研磨体消耗量或单位磨机运转时间和研磨体消耗量的关系，然后按产量或运转时间进行补球。

③ 按磨机主电机的电流表读数下降情况。

④ 从磨机产量下降和筛余增加情况分析，判别是否需要补球或清仓。在生产条件变化不大的情况下，一般产量降低约5%左右，物料细度变粗时，采取补球方式，产量下降幅度大时，考虑清仓倒球。

⑤ 因大尺寸研磨体磨损程度高，所以补球应先补大球和适量其他规格的球体，以保持原级配不变。

⑥ 倒磨时间间隔，视研磨体材质、物料硬度和消耗情况而定。一般水泥磨一仓（球仓）约一个月，二仓（小球或段仓）约两个月，生料磨一般要比水泥磨间隔时间长。

# 第六节　水泥粉磨厂（站）

水泥粉磨厂（站）是按生产工艺划分的水泥企业四种类型（水泥厂、熟料厂、粉磨厂、配置厂）之一，也是水泥厂布点的一种形式，即在石灰石原料基地建设大型、单位投资低的预分解窑熟料生产线；在有市场或有大宗混合材料来源处，如在有粉煤灰、矿渣等工业废渣来源地区，建设粉磨站。在《水泥行业规范条件》（2015年本）中，对新建水泥粉磨项目，提出要统筹消纳利用当地适合用作混合材料的固体废物。

## 一、对水泥熟料质量要求

水泥厂生产的熟料，按其服务对象，分自用熟料和商品熟料（出售给水泥粉磨站作为原料）。不同情况下对水泥熟料的质量要求如下。

### 1. 自用熟料

水泥窑生产出的熟料供下游粉磨工序制备水泥时，依据《水泥企业质量管理规程》和企业生产的水泥品种，制定《企业内控质量指标》中出窑熟料项目和质量要求，以便进行生产控制和考核。质检人员和操作人员，依据检测结果，一是验证配料方案制定是否合理，对不合理处进行必要调整；二是对烧成前工序状态进行评定，通过检测f-CaO含量、立升重与目标值差距和现场观察熟料颜色、结粒大小和形状等，反映热工制度是否稳定和煅烧操作上的问题，从而调整窑的操作；三是提供物理性能检测数据，作为下工序粉磨制定质量指标（细度、混合材料、石膏掺量等）和使用（组分配比）的指导依据。

### 2. 商品熟料

**(1) 质量要求**　对商品熟料的质量要求以标准或合同为依据。《硅酸盐水泥熟料》（GB/T 21372—2008），规定了技术要求（化学成分、熟料28d强度等）。对熟料质量要求，除强度等级外，还需注意其物理特性和外观，如硬度、易磨性、磨蚀性等，它对辊式磨、辊压机的粉磨效率和使用寿命有影响。在外观方面，因熟料外观形象是熟料内部结构的外在表现，企业采购人员可以通过颜色初判其质量情况，见附表6-2。

**(2) 熟料采购**　企业采购熟料时，一要根据生产的水泥品种按标准或规范选购；二要根据水泥厂提供的熟料性能报告单，掌握进厂熟料的质量等级验收，以便粉磨厂采取相应的组分配比；三要采购来自有生产许可证的水泥生产厂家的熟料。

**（3）熟料堆存**　熟料堆存时，不宜露天堆放，因雪盖、雨淋、灰蒙会降低熟料质量。

# 二、水泥终粉磨方式

粉磨厂（站）是以粉磨水泥熟料、石膏和混合材料制备水泥的企业。随着粉磨机理的研发，水泥终粉磨工艺系统设备发展趋势为：球磨系统→预粉磨（联合粉磨、半终粉磨）系统→料床终粉磨系统。料床终粉磨是粉磨工艺节能增产的最好方式。

## 1. 粉磨系统评价

**（1）球磨机终粉磨**　此系统由于采用球磨机，单颗粒冲击粉碎，粉磨效率低、能耗高。早期建设的水泥企业采用球磨机作为水泥粉磨系统，在节能改造时，采用"开路改闭路"、分别粉磨工艺和掺加助磨剂等技术，来提高粉磨效率，降低电耗总体幅度不大。近来在研磨体材质上，采用陶瓷研磨体，应用在现有的球磨机生产线，可有效降低粉磨电耗。总体而言，在料床粉磨设备出现后，单独球磨机作为水泥终粉磨系统配置上逐渐减少。

**（2）预粉磨方式**　入磨机物料粒度对球磨机能耗影响很大，采用预粉磨方式消除粗粒级物料入磨，即用预粉磨方式将入球磨机前的物料用其他功能效率高、低能耗的破磨设备（细碎机、辊式磨或辊压机）进行预破碎、粉磨，替代部分球磨机的粗磨工作，来提高粉磨效率和降低电耗。粒度选择上要考虑破磨系统综合节能的最佳值，最佳粒度控制值（见《水泥生产工艺——误区与解惑》40题）；在球磨机管理操作上，注意将球磨机各仓长度和磨内研磨体进行适当调整，以适应预粉磨产品粒度小的状况，才能取得技改效果。

**（3）料床半终粉磨方式**　此方式系将辊压机完成粗粉磨，其半产品料饼经打散后，一部分入辊压机作为循环料，另一部分进入后续球磨机，出磨物料进入选粉机选出水泥成品。水泥成品由辊压机、打散机、球磨机做功完成。半终粉磨方式由于降低入磨物料粒度，和辊压机做功增加物料微细裂纹，可提高粉磨系统产量和降低电耗。

**（4）料床终粉磨方式**　此方式仅由辊式磨或辊压机或筒辊磨完成粉磨水泥或矿物粉任务。粉磨后的物料颗粒均匀性、分布和形貌，影响水泥及混凝土需水量，进而影响早期强度和凝结时间。所以在评价水泥终粉磨系统时，不仅要考虑节能，还要关注产品的颗粒分布。

① 节能。料床粉磨系将物料作为料床或料层，施加高压，导致颗粒间受压，被破碎、断裂，产生微裂纹，而且辊式磨、筒辊磨是一种非限制性挤压，辊压机是限制性挤压，故其粉磨效率高于单颗粒粉碎方式——球磨机，因而节能。在料床粉磨类型中，以辊压机作为水泥终粉磨时最节能。这是辊压机靠高压产生挤压粉碎和主要靠机械提升物料，无"磨辊和磨盘、筒体转动以及风力输送物料"，能耗低。据资料介绍：与球磨机相比，使用辊压机、打散机和选粉机组成的水泥终粉磨系统，在粉磨相同物料时，系统最大节能可超过50%。

② 粒度分布。料床粉磨通过循环增加物料挤压粉碎次数，但还是比球磨机少，粉磨产品颗粒分布窄。致使水泥标准稠度的需水量大，新拌混凝土的和易性差。可以通过调整选粉机的转速，提高循环负荷，增加物料在机内挤压次数，来拓宽其颗粒分布和改善颗粒形貌。在辊压机系统改进策略中，还可使用高速锤磨作为辊压机料饼的打散装置，增加对物料的冲击和研磨，拓宽其均匀性系数。如今辊式磨、筒辊磨的终粉磨系统，其颗粒分布、标准稠度需水量与球磨机相近，可用于水泥终粉磨系统，辊压机通过改进也可应用于终粉磨中。

## 2. 颗粒球形度

颗粒球形度表示颗粒接近球体的程度。常用于颗粒流动性的讨论中。当颗粒形状接近球形时，其单位质量的比表面积最小，而且能减少颗粒相互摩擦，能提高流动性，减少需水量。

**(1) 水泥颗粒球形度对需水量的影响** 物料在生产过程中所产生的固体颗粒形貌，一般为不规则形状，颗粒形状直接影响粉体的流动性、填充性和需水性。水泥颗粒球形度越高，与水接触表面积越小，需水量就越小，而长条状和片状颗粒多，相互搭结，容易形成较大的空隙，使填充空隙的需水量增加。

**(2) 不同粉磨工艺磨制的水泥对球形度的影响** 物料被粉磨次数越多、磨机研磨能力越强，产品的球形度（圆度系数 $f$）越大。由球磨机粉磨的产品球形度最高，相应的需水量较低。物料在辊式磨和辊压机的挤压次数少，停留时间短，由辊式磨粉磨的产品多为块状和棱柱状物料，辊压机粉磨料中片状和条状颗粒较多，颗粒形貌的球形度低；联合粉磨有球磨机参与，有助于改善水泥的球形度。有资料介绍不同球形度水泥物理性能，见表 5-25。

**(3) 改善球形度的措施** 如今为克服制约推广辊式磨和辊压机作为水泥终粉磨的"瓶颈"进行科研工作，如辊式磨、辊压机通过调整选粉机转速、增加循环料次数等措施，来改善颗粒级配，使需水量降低。

表 5-25　不同球形度水泥物理性能对比

| 水泥颗粒状态 | 圆度系数 $f$ | 比表面积 /(m²/kg) | 标准稠度需水量 /% | 抗压强度/MPa | |
|---|---|---|---|---|---|
| | | | | 3d | 28d |
| 多数呈针状、棒状 | 0.51 | 329 | 29.3 | 18.6 | 35.8 |
| 多数呈圆形、椭圆 | 0.73 | 332 | 26.5 | 16.3 | 49.9 |

注：资料来自满新伟等.水泥粉磨中提高熟料有效利用率及改善水泥性能的措施.水泥，2015（11）：28。

## 三、下游产品对水泥性能的要求

水泥产品通过检测获得其质量性能数据，通过使用展示其工作性能优劣。如今混凝土、砂浆的施工方法改变、组分材料增加和应用范围拓宽，要求水泥生产者、工作者要"知己知彼"、"与时俱进"，转变传统思维，更好地为下游产品品质、施工服务；混凝土工作者，在了解水泥性能的基础上，按环境条件和工程特点选择合适的水泥品种、等级强度，也可向水泥制造企业提出个性化的性能要求。

### 1. 水泥性能简述

水泥熟料的矿物组成和生产工艺质量参数（细度、温度、组分等）以及混合材料的品种、掺量是影响水泥性能的主要因素。水泥企业通过调整水泥熟料矿物组成、水泥组分配比和操作参数，来满足用户需求。不同水泥品种性能见附表 5-4。本文重点对不同系列水泥熟料的需水性、安定性和水泥石的抗化学侵蚀性进行简要介绍。

**(1) 水泥需水性** 水泥净浆需水性是指水泥加水后，按规定要求拌制的浆体达到规定塑性状态时的需水量，通常称为水泥标准稠度需水量。水泥砂浆需水性通常用胶砂流动度来表示，混凝土需水性通常用坍落度或工作度来表示。在混凝土配合比、粗细集料固定的情况下，水泥的需水性提高，制备混凝土的用水量也增大。混凝土的水灰比过大，则影响混凝土的强度和耐久性。可通过调整水泥熟料的矿物组成、水泥细度、颗粒分布、混合材料的品种和掺量，来改变水泥的需水性。

**(2) 水泥的安定性** 因水泥成分中含有 f-CaO、$SO_3$、f-MgO，水泥和水水化后，一般都会发生体积收缩或膨胀，如果这些有害成分量少（在标准范围内）以及在熟料矿物水化过程中发生体积均匀变化，或在水泥石凝结过程中进行，则对建筑物质量没有什么影响，但在混凝土已经硬化后发生，则产生破坏作用。安定性不合格的水泥严禁出厂和使用。

**（3）水泥石的耐侵蚀性** 在一般条件下，水泥的耐久性好，但用于水工环境时，因受环境水中所含物质侵蚀，如淡水、碳酸水、硫酸盐溶液、碱溶液等，而产生水泥石结构破坏。产生侵蚀的基本特征是：由于水中的侵蚀物质与水泥石中组分发生离子交换反应。反应生成物，或是成为易溶解的物质被带走，或是生成一些没有胶凝性的无定形物质，或是生成膨胀性水化产物，使水泥石内部产生结晶应力，原有结构胀裂遭到破坏。产生水泥石结构破坏的主要水化物质是 $Ca(OH)_2$ 和水化铝酸钙，主要环境因素是流动水和其含有的侵蚀性酸、碱、盐（硫酸盐、氯盐等）介质。

① 水泥水化产物。

a. 氢氧化钙。$Ca(OH)_2$ 具有能溶解于水中的性能。用于水工工程时流动软水将 $Ca(OH)_2$ 溶出并带走，不仅自身含量减少使水泥石强度下降，而且因降低水溶液中碱度，引起其他水化产物分解成无水硬性的 $SiO_2 \cdot aq$、$Al_2O_3 \cdot aq$、$Fe_2O_3 \cdot aq$，造成水泥石强度下降的溶出性侵蚀；在酸性水环境中，由于水溶液中的酸性物质，能与水泥石中的 $Ca(OH)_2$ 反应生成易溶、易被流水带走的碳酸氢钙，强度下降；在硫酸盐类溶液中 $SO_4^{2-}$ 在水泥石内部结晶，形成 $CaSO_4 \cdot 2H_2O$，体积增大，产生内应力，形成硫酸盐膨胀性破坏。

b. 水化铝酸钙。水化铝酸钙的破坏作用主要是受硫酸盐侵蚀。水溶液中的 $SO_4^{2-}$ 与它发生化学反应，生成水化硫铝酸钙体积增大，产生结晶膨胀应力，使水泥石遭到破坏。

② 水介质。在多孔材料中，水作为侵蚀性离子的载体，是引起水泥石物理化学劣化的起因。水泥石中的水泥水化产物与水介质中的各种腐蚀性物质发生化学反应而被侵蚀，强度下降，或生成无胶结力的物质而劣化甚至崩溃，见表 5-26。

**表 5-26 水介质对水泥石的侵蚀作用**

| 类别 | 侵蚀类型 | 侵 蚀 特 点 |
|---|---|---|
| 第一类 | 溶出侵蚀（淡水侵蚀） | 由于淡水、流动水的溶析作用，将水泥石中的固相组分逐渐溶出带走。首先是 $Ca(OH)_2$ 被溶解，随着石灰浓度逐渐下降，先高碱性后低碱性水化产物变成无胶结能力的产物，强度大幅下降，使水泥石结构遭到破坏。当水中含有重碳酸盐时，可阻止溶出侵蚀的影响 $Ca(OH)_2 + Ca(HCO_3)_2 \longrightarrow 2CaCO_3 \downarrow + 2H_2O$ |
| 第二类 | 离子交换侵蚀 | 水泥石组分与侵蚀介质发生离子交换反应的生成物，或是易溶解的物质被水带走，或是生成没有胶结能力的无定形物质，破坏了原有水泥石结构。主要是碳酸侵蚀和一般无机酸和镁盐的侵蚀<br>$Ca(OH)_2 + CO_2 + H_2O \longrightarrow CaCO_3 + 2H_2O$<br>$CaCO_3 + CO_2 + H_2O \longrightarrow Ca(HCO_3)_2$（易溶于水）<br>$Ca(OH)_2 + 2HCl \longrightarrow CaCl_2$（易溶于水）$+ 2H_2O$<br>$Ca(OH)_2 + 2MgCl_2 \longrightarrow CaCl_2$（易溶于水）$+ Mg(OH)_2$（无胶结力） |
| 第三类 | 硫酸侵蚀（也称为膨胀侵蚀） | 水泥石浆体中的矿物组成与侵蚀介质中的 $SO_4^{2-}$ 发生化学反应，形成膨胀性产物。并在水泥石内部气孔和毛细孔内部形成难溶的盐类时，如果这些盐类结晶体逐渐累积长大，体积增加，会使水泥石、混凝土内部产生有害应力<br>$Ca(OH)_2 + H_2SO_4 \longrightarrow CaSO_4 \cdot 2H_2O$（体积增加）<br>$3CaSO_4 \cdot 2H_2O + 3CaO \cdot Al_2O_3 \cdot 6H_2O + 20H_2O \longrightarrow 3CaO \cdot Al_2O_3 \cdot 3CaSO_4 \cdot 32H_2O$（体积增加）<br>$Ca(OH)_2 + MgSO_4 + 2H_2O \longrightarrow CaSO_4 \cdot 2H_2O$（体积增加）$+ Mg(OH)_2$（无胶结力）<br>当水泥中碱含量 $Na_2Oeq > 0.6\%$ 和集料为活性 $SiO_2$ 时，在有水情况下，形成碱的硅酸盐凝胶，产生吸水泡胀破坏效应（凝胶吸水后体积增加——硅酸钠、钾胶体的变形性和移动性增大）和形成钙矾石（钙矾石——$C_6A \cdot 3SO_4 \cdot 32H_2O$），引起开裂破坏 |

注：在一般湖水和河水中硫酸盐含量不多，在海水中 $SO_4^{2-}$ 含量大，海水侵蚀，有 $SO_4^{2-}$ 侵蚀，还包括水溶蚀、离子侵蚀和潮起潮落的机械打击，以及冻融破坏。以上三种侵蚀类型，是相互联系的，在自然条件下并不单一存在。

③ 防止侵蚀的措施。

a. 提高水泥石致密度，使侵蚀介质难以渗入。

b. 减少易被侵蚀的熟料矿物含量，主要是降低 $C_3S$ 含量、增加 $C_2S$ 含量，减少产生水化产物 $Ca(OH)_2$，以提高水泥的抗蚀性；选择 $C_3A$ 含量低的水泥，适当提高 $C_4AF$ 含量，则可降低硫酸盐的侵蚀作用。

c. 掺加混合材料，利用其二次水化，降低溶液中 $Ca(OH)_2$ 浓度，使被腐蚀的速度降低，同时使水化硫铝酸钙结晶，使晶体膨胀性比较缓慢，减弱膨胀应力，提高水泥耐侵蚀性。

d. 采用特种水泥。根据使用环境条件，采用水泥矿物组成 $CaO$、$C_3A$ 含量低，或利用生成的水化产物水化硫铝酸钙、铝胶、铁胶以及水化硅酸钙凝胶，使水泥石结构致密的原理，选择水泥品种。如要抗硫酸盐侵蚀，可采用抗硫酸盐水泥、铝酸盐水泥、硫铝酸盐水泥、海工水泥等。在抗碱侵蚀方面，使用低碱水泥或要求水泥中碱当量 $Na_2Oeq \leqslant 0.6\%$ 或更低。

## 2. 水泥混凝土

水泥混凝土是以水泥、骨料和水为主要原料，也可以加入矿物粉、外加剂等材料，经搅拌、成型、养护等制作工艺，硬化后具有强度的工程材料。从其形态和制备阶段分为拌和物和硬化混凝土，它们对水泥的技术性能要求：具有好的施工性能（如低的需水量、高的流动性、与减水剂的相容性好等）和良好的使用性能（如高的抗渗性、高的抗冻性和耐久性等）。

**(1) 预拌混凝土**  预拌混凝土是在搅拌站生产的，在规定时间内运至使用地点，交付时处于拌和物状态的混凝土。混凝土拌和物是浇筑混凝土的前期工序，随着实施混凝土拌和物作业"禁现"，如今在大型施工工地，采取由搅拌站提供混凝土拌和物（预拌混凝土）。预拌混凝土对水泥性能的要求，主要是水泥浆体和易性好、水泥与混凝土外加剂具有相容性、混凝土坍落度损失低。因预拌混凝土存在输送距离和停留时间不确定的问题，对坍落度损失指标要求更严。预拌混凝土对水泥的技术性能要求列于附表 5-6-1。

① 要求水泥标准稠度需水量低。水泥标准稠度需水量影响水泥浆的稠度，也影响混凝土拌和物的水灰比。水泥标准稠度需水量大，当水泥用量不变时，要维持混凝土强度不变，配制混凝土时水灰比加大，则增加预拌混凝土用水量。多余的水分蒸发后，在水泥石内部形成孔隙，实际用水量越多，孔隙率越高。如果连通，则侵蚀介质容易进入水泥石内部，加速对水泥石的破坏。

② 要求水泥与减水剂相容性好。在混凝土使用外加剂作为其组分以来，相容性成为水泥厂与混凝土厂都很关心的技术问题。相容性差影响预拌混凝土的使用，要求水泥厂所生产和供应的水泥性能满足与混凝土外加剂相容。影响相容性的水泥质量因素有水泥细度、矿物组成、石膏品种、水泥新鲜度、水泥出厂和使用温度等。

③ 要求产品性能稳定。水泥产品的性能波动难免，但要求波动的偏差小。过大波动，预拌混凝土厂未能及时调整应对，则影响拌和物的使用性能。如使用时因所用水泥的标准稠度需水量波动，则导致混凝土拌和物的和易性波动，若不及时调整用水量，则影响拌和物的工作性能；如所使用的水泥与混凝土外加剂的相容性波动，则影响其施工性能。突然变差，混凝土拌和料坍落度减小，将导致泵送混凝土无法泵送。突然变好，混凝土拌和物坍落度增大，可能出现泌水或离析。又如水泥的细度，若正常使用比表面积为 $340m^2/kg$，而现使用

的水泥比表面积为 $320m^2/kg$，预拌混凝土时，依旧按原来的组分配比制备，则造成在相同的坍落度下需水量减少，导致泌水。水泥比表面积为 $360m^2/kg$ 时，条件不变，坍落度损失快。再如水泥的凝结时间和 $C_3A$ 含量等波动太大，对混凝土拌和物的施工性能和外加剂掺量也有影响。

**（2）硬化混凝土**　硬化混凝土的性质主要是强度、变形和耐久性。

① 强度。混凝土结构物主要用以承受荷载或抵抗各种作用力，故强度是混凝土硬化后的主要力学性能。影响混凝土强度的主要因素是水泥胶凝体强度、水胶比及水泥与集料之间界面的黏结强度和集料性能（级配组成、自身强度、形貌特征等）。提高水泥等胶凝材料对集料的黏结力和混凝土结构的密实性，对强度有利。当然水胶比要合适，过高、过低（拌和物过于干硬，在一定的捣实成型条件下，无法保证浇筑质量，混凝土将出现较多的蜂窝、孔洞，强度也随之下降），均对混凝土强度有影响。

a.水泥强度。水泥砂浆强度越高，水泥石强度越大，对集料的黏结力也就越强。在水灰比一定时，水泥强度与混凝土强度成正比。随着混凝土外加剂和矿物粉的应用，混凝土强度对水泥强度的依赖程度变小，混凝土强度也不再是只靠水泥，如今 32.5 级水泥也能配制出 C60 的混凝土，就能说明问题。受混凝土需要强度和忽视耐久性的观点影响，水泥企业制备水泥走入误区，片面采取过分地提高比表面积和增加 $C_3S$、$C_3A$ 矿物含量，来实现提高早期强度，造成混凝土的早期强度高、后期强度增进率小、早期收缩增加、水化热增大、抗化学侵蚀性下降等，混凝土结构劣化，早期开裂、耐久性下降的后果。

b.批次强度稳定性。要重视批次水泥强度的稳定性，因混凝土结构强度与所用的水泥强度成正比关系。依据混凝土设计强度，按与所用水泥强度和水灰比试配取得配比。若批次水泥强度波动大，在水灰比不变下，仍按试配时的配比进行，则当使用水泥的实际强度低时，会影响混凝土结构强度值，甚至达不到设计要求，会引起质量事故。

② 变形。混凝土在硬化和使用过程中受荷载和非荷载的物理化学作用，常会发生各种变形。非荷载下变形主要有化学收缩、干湿变形、温度变形，变形程度与水泥熟料性能有关。

a.化学变形。在硬化后的混凝土中，由于水泥水化生成物的体积小于反应物的总体积，从而使混凝土发生不可逆的收缩。此化学收缩值与水泥熟料中 $C_3A$ 含量和硬化期龄有关。

b.干湿变形。混凝土变形（干缩湿胀）与环境的水分变化有关。混凝土干缩主要是由水泥石干缩产生的。水泥品种上，普通水泥比矿渣水泥的收缩值小；强度等级上，低强度等级比高强度等级水泥的收缩值小；水泥用量越多、细度越细混凝土收缩值越大。过量的水是造成湿胀的源泉，如水进入钙矾石晶格中而成为结晶水，引起钙矾石固相体积增加而膨胀。

c.温度变形。因水泥水化放出热量，而混凝土又是不良热导体，热量积聚在混凝土内部，使混凝土与表面产生温差，温度应力高，产生体积膨胀，严重时，使混凝土产生裂缝，结构破坏。所以对于大体积混凝土工程，要提出对水泥的水化热要求，或采用低热水泥。

d.体积变形。水泥熟料中 f-CaO、f-MgO 含量高和过多的石膏，在硬化后期水化，形成体积膨胀变形。

③ 耐久性。混凝土耐久性是混凝土长期在外界因素作用下，抵抗环境介质作用，并保持其良好的使用性能和外观完整性的能力，是现代混凝土追求的性能，提前失效，耐久性差。水泥是混凝土组分之一，为配合实现混凝土耐久性，水泥制造方、混凝土制造方要认识到以下内容。

a. 耐久性要求应结合环境而论。材料的耐久性是一种综合性能，混凝土结构所处的环境条件不同，对其耐久性要求的侧重点也不同。如路面工程需要耐磨和应对干湿、冷热、收缩、膨胀等；大坝、大体积设备基础，要求水泥的水化热低等性能，防止温差开裂。因通用水泥品种不能抵御所有侵蚀，需要生产特种水泥专门应对不同使用环境下的水泥混凝土，使之具有耐久性。部分特种水泥的性能和应用见附表 5-4-2。

b. 水泥质量优劣的评价与选择。评价水泥质量优劣，与使用部位有关，如将 P·F 水泥用于混凝土干燥工程中，P·S 水泥用于冻融环境的混凝土建设工程中，适得其反。因此，水泥生产厂家，要针对混凝土用户的使用条件，生产出符合混凝土强度、耐久性要求的水泥。混凝土企业要购买对路的水泥品种：按环境条件（环境温度、侵蚀性介质种类数量）选择；按工程特点（如大体积、高温、快速施工等）选择；按混凝土所处部位（如经常遭受流水冲刷部位、水位有变化的水下部位等）选择；按所需配置强度等级的混凝土选择水泥强度等级；按使用不同环境，向水泥企业提出不同的特性要求。归纳要求列于附表 5-6-2。

c. 提高抗蚀性，提出水泥质量指标要求。据参考文献 [14] 介绍，混凝土破坏的四类原因包括磨损、环境物理因素（干湿交替、水的渗透、冻融交替和盐的结晶）、化学侵蚀（包括硫酸盐侵蚀、碱-骨料反应等）和钢筋锈蚀。一是水泥水化产物——$Ca(OH)_2$ 和水化铝酸钙遇到流动水溶解，破坏了水泥石中其他水化产物稳定存在的 CaO 极限浓度，而导致水泥石结构破坏，强度下降；二是水泥熟料中存在过量的不安定矿物——f-CaO、f-MgO 和过多的石膏。在硬化后期水化膨胀，引起水泥石产生裂缝，破坏混凝土结构的致密性，增加有害物质入侵的渠道；三是水泥需水量过高，影响硬化体致密度，侵蚀性物质容易侵入，增加破坏力；四是水泥中有害成分——碱和氯离子含量超过标准要求，增加对混凝土中集料和钢筋的锈蚀，造成结构劣化。因此，在通用水泥熟料标准中提出 f-CaO<1.5%、安定性合格、$Cl^- \leqslant$ 0.06%；低碱水泥 $Na_2Oeq$ 不超过 0.6% 等指标要求；混凝土界对水泥提出 $C_3A$ 含量≤8% 等。

### 3. 水泥建筑砂浆

水泥砂浆是指由水泥胶凝材料、颗粒状细骨料和水为主要材料，也可以根据需要加入矿物掺和剂和添加剂，按一定比例配制而成的建筑工程材料。砂浆具有黏结、衬垫和传递力的基本作用，用于建筑工程和家用上抹面、勾缝、修补、装饰等部位。

商品砂浆拌和物应具有良好的"和易性"，在砂浆运输和施工过程中，要求砂浆各组分之间彼此不发生分离、不发生析水和泌水。基于砂浆的使用作用要求，对水泥要求具有黏结力和一定的强度，不脱落、不鼓包变形，同一工程配制出的水泥抹面颜色要基本一致。因此以普通硅酸盐水泥、砌筑水泥为主。因不同种类砂浆，有其特殊要求，如用于装饰工程，采用白色水泥或彩色水泥；用于有早强、快硬、修补要求工程的砂浆，可用硫铝酸盐水泥；有快硬、高温要求的工程，可选择铝酸盐水泥。

### 附表 5-1　钢球钢段基本技术参数

| 球径/mm | 单重/(kg/个) | 吨个数/(个/t) | 容重/(kg/m³) | 单个表面积/(cm²/个) | 吨表面积/(m²/t) | 段尺寸/mm×mm | 单重/(kg/个) | 吨个数/(个/t) | 容重/(kg/m³) | 单个表面积/(cm²/个) | 吨表面积/(m²/t) |
|---|---|---|---|---|---|---|---|---|---|---|---|
| 100 | 4.115 | 243 | 4560 | 314 | 7.6 | φ35×45 | 0.3330 | 3003 | | 68.6 | 20.6 |
| 90 | 2.994 | 334 | 4590 | 254 | 8.5 | φ30×35 | 0.2070 | 4831 | 4620 | 47.1 | 22.8 |
| 80 | 2.107 | 474 | 4620 | 201 | 9.5 | φ25×35 | 0.1320 | 7575 | | 37.3 | 28.3 |

| 球径<br>/mm | 单重<br>/(kg/个) | 吨个数<br>/(个/t) | 容重<br>/(kg/m³) | 单个表面积<br>/(cm²/个) | 吨表面积<br>/(m²/t) | 段尺寸<br>/mm×<br>mm | 单重<br>/(kg/个) | 吨个数<br>/(个/t) | 容重<br>/(kg/m³) | 单个表面积<br>/(cm²/个) | 吨表面积<br>/(m²/t) |
|---|---|---|---|---|---|---|---|---|---|---|---|
| 75 | 1.736 | 576 | 4630 | 176.7 | 10.18 | φ25×30 | 0.1270 | 1874 | 4670 | 33.4 | 36.3 |
| 70 | 1.410 | 709 | 4640 | 154 | 11.00 | φ20×25 | 0.0701 | 14265 | 4710 | 22.0 | 31.4 |
| 60 | 0.889 | 1125 | 4660 | 113 | 12.70 | φ18×23 | 0.0513 | 19493 | 4780 | 18.1 | 35.3 |
| 50 | 0.514 | 1946 | 4708 | 78 | 15.20 | φ15×20 | 0.0342 | 29240 | | 13.0 | 38.0 |
| 40 | 0.263 | 3802 | 4760 | 50 | 19.00 | φ12×12 | 0.0105 | 95694 | | 6.8 | 65.0 |
| 30 | 0.111 | 9009 | 4850 | 28 | 25.00 | φ10×10 | 0.0061 | 165289 | | 4.7 | 77.7 |
| 25 | 0.046 | 15625 | | 19.63 | 30.67 | φ8×8 | 0.0031 | 322581 | | 3.0 | 95.8 |
| 20 | 0.033 | 30303 | | 12.566 | 38.08 | | | | | | |
| 19 | 0.028 | 35714 | | 11.341 | 40.50 | | | | | | |
| 18 | 0.024 | 41667 | | 10.178 | 42.41 | | | | | | |
| 17 | 0.020 | 50000 | | 9.079 | 45.40 | 钢球单重：$G=1/6×(7.85\pi d^3×10^{-6})$(kg) | | | | | |
| 16 | 0.0168 | 59312 | | 8.042 | 47.70 | 单个表面积：$F=\pi d^2×10^{-2}$(cm²) | | | | | |
| 15 | 0.0139 | 71942 | | 7.068 | 50.85 | 钢段单重：$G_d=0.785d^2L×7.85$(kg) | | | | | |
| 14 | 0.0113 | 88496 | | 6.158 | 54.50 | 钢段单个表面积：$F_d=2×0.785d^2+\pi dL$(cm²) | | | | | |

## 附表5-2　公制筛（孔数/cm²）和英制筛（孔目数/in）筛面尺寸

| | 筛号 | 1 | 3 | 6 | 10 | 11 | 12 | 16 | 20 | 30 | 40 | 60 | 70 | 80 | 90 | 100 |
|---|---|---|---|---|---|---|---|---|---|---|---|---|---|---|---|---|
| 公制筛 | 筛孔 | 6 | 3 | 1.2 | 0.6 | 0.54 | 0.49 | 0.385 | 0.30 | 0.20 | 0.15 | 0.102 | 0.088 | 0.075 | 0.066 | 0.06 |
| | 孔数 | 1 | 9 | 36 | 100 | 121 | 144 | 256 | 400 | 900 | 1600 | 3600 | 4900 | 6400 | 8100 | 10000 |
| 英制筛 | 筛目 | | 4 | 10 | 20 | | 35 | 60 | 80 | 150 | 170 | 200 | 250 | | 325 | |
| | 边长 | | 4.699 | 1.651 | 0.833 | | 0.417 | 0.246 | 0.157 | 0.104 | 0.088 | 0.074 | 0.061 | | 0.043 | |

注：筛孔——公称尺寸，指正方形网的边长，m；筛目——指1in长度上的眼数或目数。

## 附表5-3　硅酸盐水泥熟料性能

### 附表5-3-1　硅酸盐水泥熟料矿物特性

| 性能 | $C_3S$ | $C_2S$ | $C_3A$ | $C_4AF$ |
|---|---|---|---|---|
| 水化、凝结、硬化 | 快 | 慢 | 最快 | 快 |
| 28d水化热 | 高 | 低 | 最高 | 中 |
| 强度(早期、后期) | 高 | 早高后低 | 低 | 低 |
| 强度发展快慢 | 早期快后期慢 | 早期慢后期快 | 早期最快后期几乎不增长 | 早期、后期均较快 |
| 抗化学侵蚀性 | 较小 | 最大 | 小 | 大 |
| 干燥收缩 | 中 | 中 | 大 | 小 |
| 抗磨损 | 大 | 差 | 中 | 大 |

| 水泥中存在的单一氧化物和各组成物 | | | | | | | | | |
|---|---|---|---|---|---|---|---|---|---|
| 化学名 | CaO | MgO | $SiO_2$ | $SiO_2$ | $SiO_2$ | $TiO_2$ | $Al_2O_3$ | $Fe_2O_3$ | $Fe_2O_3$ | FeO |
| 矿物名 | 石灰 | 方镁石 | α-石英 | 鳞石英 | 方石英 | 金红石 | 刚玉 | 赤铁矿 | 磷铁矿 | 方铁矿 |
| 熔点/℃ | 2570 | 2800 | 573 | 870 | 1470 | 1830 | 2072 | 1565 | 1594 | 1369 |

| 水泥中不同 $CaO$-$SiO_2$ 组合矿物 | | | | | | | | | |
|---|---|---|---|---|---|---|---|---|---|
| 化学名 | $α-C_2S$ | $β-C_2S$ | $γ-C_2S$ | $C_3S$ | $C_3S$ | $C_3S$ | $C_3S$ | $C_3S$ | $C_3S$ | $C_3S$ |
| 矿物形式 | | | | $M_{III}$ | $M_{II}$ | $M_I$ | $T_{III}$ | $T_{II}$ | $T_1$ |
| 熔点/℃ | 2130 | | 2070 | 1060 | 1050 | 990 | 980 | 920 | 600 |

| 水泥中铝酸钙、铁酸钙、铁铝酸钙矿物 | | | | | | | |
|---|---|---|---|---|---|---|---|
| 化学名 | $C_3A$ | CA | $CA_2$ | $CA_6$ | $C_4AF$ | $C_2F$ | CF | $CF_2$ |
| 熔点/℃ | 1540 | 1600 | 1790 | 1860 | 1410 | 1450 | 1210 | 1205 |

# 附表 5-4　水泥性能

## 附表 5-4-1　通用硅酸盐水泥特性

| 水泥品种 | P·Ⅰ、P·Ⅱ | P·O | P·S | P·P | P·F | P·C | P·L石灰石水泥 |
|---|---|---|---|---|---|---|---|
| 凝结硬化 | 比较快 | 比较快 | 快 | 慢 | 慢 | 其性能介于普通水泥与矿渣水泥、火山灰水泥、粉煤灰水泥性能之间，即其性能与所掺的混合材料数量和种类有关。若掺量少于 20%，它的性能与普通水泥相似 | 与普通水泥具有基本相同的物理性能和强度，同时也具有自身的特性，如和易性好，离析水量少，抗渗性、抗冻性、抗硫酸盐侵蚀性能好。但干缩性差，随着石灰石掺量的增加，后期强度较低 |
| 早期强度 | 高 | 较高 | 低 | 低 | 低 | | |
| 水化热 | 大 | 较大 | 较低 | 较低 | 较低 | | |
| 抗冻性 | 好 | 较好 | 差 | 差 | 差 | | |
| 干缩性 | 小 | 较小 | 大 | 大 | 较小 | | |
| 耐蚀性 | 差 | 较差 | 较好 | 较好 | 较好 | | |
| 耐热性 | 差 | 较差 | 较好 | 较好 | 较好 | | |
| 泌水性 | | | 大 | 小 | | | |
| 需水性 | 小 | 较小 | 小 | 大 | 小 | | |
| 抗渗性 | 好 | 好 | 较好 | | | | |
| 抗裂性 | | | | 较差 | 较好 | | |

## 附表 5-4-2　部分硅酸盐体系的特种水泥特性简介

| 类　别 | | 内　容 |
|---|---|---|
| 膨胀水泥 | 品种 | 硅酸盐型、铝酸盐型、硫铝酸盐型、铁铝酸盐型膨胀水泥、自应力膨胀水泥、低热微膨胀水泥 |
| | 特殊性能 | 具有膨胀性、抗裂性、抗渗性、抗硫酸盐和氯化物性和自愈性，可改善由于收缩引起的混凝土内部微裂纹。膨胀水泥强度较高，它配置的砂浆与钢筋的黏结力较高，但抗冻性较差 |
| | 应用范围 | 膨胀水泥总体用于地下、防水、储罐、路面、屋面、楼板、高层建筑和水利、海水工程、抢修工程堵漏、填缝中。硅酸盐型膨胀水泥主要用于制作防水层和防水、防渗混凝土工程；铝酸盐型主要配制自应力膨胀水泥，硫铝酸盐型主要用于接点、抗渗和堵漏、填缝混凝土工程，自应力膨胀水泥用于压力管、轨枕等制品及其配件 |

| 类别 | | 内容 |
|---|---|---|
| 中、低热水泥 | 品种 | 中热硅酸盐水泥、低热硅酸盐水泥、低热矿渣硅酸盐水泥 |
| | 特殊性能 | 水泥水化时水化热低,放热速率慢。中热水泥还具有抗硫酸盐性能强、干缩低、耐磨性好的特点 |
| | 应用范围 | 大体积混凝土工程。中、低热水泥适用于水工大体积工程、大坝溢流面的面层和水位变动区;低热矿渣水泥适用于大坝或大体积建筑物内部及地下工程 |
| | 熟料矿物 | 控制低水化热,降低 $C_3A$ 比例,相应增加 $C_4AF$ 含量,为保证早期强度 $C_3S$ 不宜过分减少 |
| 海工水泥 | 技术性能 | 除具有普通水泥的性能外,还具有高强、水化热低、抗海水侵蚀、耐海水冲刷等优良特性 |
| | 应用范围 | 适应海洋环境工程要求的抗渗性、抗盐类侵蚀,实现高工作性、高耐久性 |
| | 熟料强度 | 硅酸盐水泥熟料 3d 抗压强度不低于 30MPa,28d 抗压强度不低于 52.5MPa |
| 油井水泥 | 品种 | A、B、C、D、E、F、G、H 级油井水泥及特种油井水泥 |
| | 技术性能 | 油井水泥具有凝结硬化快、早期强度高、水泥浆可泵性好和抗硫酸盐性能等特点 |
| | 应用范围 | 作为胶结油、气井的井壁和套管的水硬性材料。不同级别油井水泥,使用的井深:A、B、C 级 1830m 以内;D 级为 1830~3050m;E 级为 3050~4270m;F 级为 2050~4880m;G、H 级为 2440m |
| | 熟料矿物 | 油井水泥中采用高 $C_3S$ 方案。生产中抗硫时要求 $C_3A \leqslant 8\%$、高抗硫时要求 $C_3A \leqslant 3\%$ |
| 白色水泥 | 特殊性能 | 水泥色白,存放时用塑料薄膜袋包装好或装在密闭容器内隔绝空气,则可长期保存 |
| | 应用范围 | 用于装饰工程。如饰面涂料、装饰砂浆等,也可制造石棉水泥板、纸浆水泥板等饰面制品,以及配制彩色水泥,制作水磨石、纪念碑、塑像、艺术雕塑等 |
| | 熟料矿物 | 要求 $Fe_2O_3$ 低。一般范围 $C_3S=55\%~60\%$,$C_2S=25\%~30\%$,$C_3A=12\%~14\%$,$C_4AF<1\%$ |
| 道路水泥 | 特殊性能 | 抗折强度高、耐磨性好、抗冲击性能好、水化热低、抗硫酸盐性能好、抗冻性好 |
| | 应用范围 | 适用于各种道路工程,如公路、城市道路、机场跑道等混凝土路面、码头储货场、大型广场等混凝土面板工程和房屋地坪 |
| | 熟料矿物 | 保证 $C_3S$ 适当含量,限制 $C_3A$ 含量(一般<5%),提高 $C_4AF$ 含量(一般控制在 16%~22%) |
| 抗硫酸盐水泥 | 品种 | 高抗硫酸盐水泥、低抗硫酸盐水泥 |
| | 特殊性能 | 具有较低的水化热和良好的抗硫酸盐侵蚀性能,能抵抗硫酸盐浓度一般不超过 2500mg/L |
| | 应用范围 | 有硫酸盐侵蚀性的水利工程、水工工程,如隧道、海港、水利、引水、桥梁基础等 |
| | 熟料矿物 | 一般 $C_3S40\%~46\%$,$C_3S+C_2S70\%~80\%$,$C_3A2\%~4\%$,$C_4AF15\%~18\%$,f-CaO$<0.5\%$ |

注:我国生产的特种水泥品种很多,随着社会发展其种类增多,这里只介绍常用的几种,其余详见有关文献资料和标准。

| 类别 | | 内容 |
|---|---|---|
| 硅酸盐水泥 | 品种 | 硅酸盐水泥Ⅰ型和Ⅱ型、普通硅酸盐水泥 |
| | 主要性能 | 早期强度高、后期强度增进率低;凝结硬化快;抗冻性、耐磨性性好;耐软水侵蚀性;水化放热大;不耐热;抗化学侵蚀性差;储存性较差 |
| | 应用范围 | 一般地上工程及受软水侵蚀作用的地下工程;无腐蚀水中的受冻工程;早期强度要求较高的工程;低温环境中需要强度发挥较快的工程 |
| | 主要熟料矿物 | $C_3S$、$C_2S$、$C_3A$、$C_4AF$ |
| 铝酸盐系列水泥 | 品种 | 铝酸盐水泥、快硬高强铝酸盐水泥、特快硬调凝铝酸盐水泥 |
| | 主要性能 | 强度发展快;在低温(5~15℃)下也能很好硬化;具有良好的抗硫酸盐性、抗海水侵蚀性和耐热性;在中温段(800~1200℃)强度严重下降;不耐碱;早期释放水化速率快;凝结快,需掺加石膏调凝 |
| | 应用范围 | 紧急抢修、抢建工程;制备耐热混凝土与耐热砂浆;使用于一般工业炉耐火浇注料 |
| | 主要熟料矿物 | $CA$、$CA_2$、$C_2AS$、$CT$、$C_2F$、$MA$ |
| 硫铝酸盐水泥 | 品种 | 快硬硫铝酸盐水泥、低碱度硫铝酸盐水泥、自应力硫铝酸盐水泥、复合硫铝酸盐水泥 |
| | 主要性能 | 早期强度高、微膨胀、干缩小、负温性能优越、抗渗性好、抗硫酸盐侵蚀性能强 |
| | 应用范围 | 配制早强、快硬、抗冻、抗渗和抗硫酸盐侵蚀的混凝土;负温施工时抢修、堵漏;制作玻璃纤维增强低碱水泥制品、水泥构件等;配制膨胀水泥和自应力水泥 |
| | 主要熟料矿物 | $C_4A_3 \cdot SO_3$、$C_2S$、$C_2F$、$CT$ |
| 氟铝酸盐水泥 | 品种 | 快凝快硬氟铝酸盐水泥 |
| | 主要性能 | 凝结硬化快、小时强度高、具有微膨胀性、早期放热集中、抗侵蚀性好 |
| | 应用范围 | 抢修、抢建、堵漏以及喷射、低温工程 |
| | 熟料矿物 | $C_4AF$、$C_{11}A_7 \cdot CaF_2$、$C_3S$、$C_2S$、$C_2F$、$MA$、$CF$ |
| 铁铝酸盐水泥 | 品种 | 快硬铁铝酸盐水泥、自应力铁铝酸盐水泥 |
| | 主要性能 | 凝结硬化快、早期强度高,具有良好的耐磨、抗海水冲刷和抗硫酸盐侵蚀性,对钢筋不产生锈蚀,表面不起砂 |
| | 应用范围 | 配制早强、快硬、抗冻、抗渗和抗硫酸盐侵蚀的混凝土;海工工程 |
| | 主要熟料矿物 | $C_4A_3 \cdot SO_3$、$C_2S$、$C_2F$、$CT$、$C_4AF$ |

# 附表 5-5　部分活性混合材料简要性能

| 品　种 | 特　性 |
|---|---|
| 粒化高炉矿渣 | 具有潜在活性,其活性主要组分是 $CaO$、$Al_2O_3$、$MgO$,呈玻璃体网络结构需要解体,需要通过碱、硫酸盐激发和机械活化;后期强度增进快且高;矿渣难磨细;玻璃体亲水性差、保水性差、泌水性大。将粒化高炉矿渣磨细,得到矿渣粉,显著提高活性,提升其利用价值 |
| 火山灰质 | 具有火山灰活性,其活性组分是 $SiO_2$、$Al_2O_3$,需要碱激发(人工硅铝质材料,采用热活化),其结构特点是具有多孔性、内比表面积大,易吸水,需水量大,泌水少。人工火山灰质的烧失量多为未燃尽的碳,是有害成分,含量过高将影响混凝土的耐久性 |

| 品　　种 | 特　　性 |
|---|---|
| 粉煤灰 | 具有火山灰活性,其化学活性组分是 $SiO_2$、$Al_2O_3$,还含有少量的 $C_3S$、$C_2S$、f-CaO。物理活性包括形态效应(表面光滑起到"润滑"作用)和微集料效应(填充空隙),需水量少。提高粉煤灰活性必须破坏其玻璃体表面的 Si-O-Si、Si-O-Al 网络,采用机械磨细或化学法。高钙粉煤灰中含 f-CaO 高,超过标准,对水泥和混凝土安定性不利 |
| 钢渣粉 | 转炉钢渣生成温度 1560℃ 以上,易磨性差,具有低活性。但需要磨细和碱、硫酸盐激发,提高其利用价值。还需注意其 f-CaO、$P_2O_5$ 含量高时,影响水泥安定性和水泥凝结时间 |

注:不同混合材料因其活性组分不同、结构形态不同,其对改善水泥性能有差别。

## 附表 5-6　混凝土对水泥技术性能要求

### 附表 5-6-1　预拌混凝土对水泥技术性能要求

| 指标要求 | | 内　　容 |
|---|---|---|
| 熟料矿物 $C_3A \leqslant 8$ | 超过后果 | 与外加剂相容性下降,外加剂掺量增加;预拌厂生产成本提高;混凝土坍落度增大;施工工地会因混凝土流动度小,而现场加水,导致混凝土强度下降 |
| | 过少 | 易泌水 |
| | 机理 | $C_3A$ 水化速度最快,且对混凝土外加剂的吸附性较强。$C_3A$ 保水性好,随其含量增加而提高 |
| 石膏品种 | 用硬石膏后果 | 拌和物坍落度急剧损失;当外加剂中含有木钙、糖钙时混凝土会瞬时失去流动性 |
| | 机理 | 硬石膏与木钙类物质相遇,溶解度大大降低,水泥浆中缺少 $SO_3$ 而假凝或速凝 |
| 水泥细度 | 过细后果 | 会使水泥凝结时间加快;混凝土坍落度损失加大;减水剂掺量增加,比表面积在 300~350$m^2$/kg 范围内,每增加 20$m^2$/kg,萘系减水剂饱和掺量增加 0.1% |
| | 过粗后果 | 混凝土拌和物易泌水 |
| | 机理 | 过细水泥水化速度快、吸附外加剂多、坍落度损失大;过粗水泥水化慢、水化需水少 |
| 水泥温度 | 温度过高后果 | 使用水泥温度越高,浆体流动度越小,减水剂的塑化效果越差,混凝土拌和物坍落度急剧损失甚至快凝 |
| | 机理 | 高温下部分水泥中二水石膏脱水为半水石膏或无水石膏,以及高温水泥水化快所致 |
| 新鲜水泥不宜立即使用 | 使用新鲜水泥,无存放期 | 外加剂减水效果降低;混凝土坍落度损失加大;如使用的水泥温度在 60℃ 以上,预拌混凝土速凝,尤其夏季用聚羧酸高效减水剂此现象更显著 |
| | 机理 | 刚粉磨的水泥,颗粒间吸附凝聚能力强;刚出磨的水泥带正电荷,与外加剂所带负电荷相互吸引,使与外加剂适应性变差 |
| 水泥含碱量 $\leqslant 0.6\%$ | 碱含量>0.6% | 外加剂的减水效果明显降低;塑化效果差;流动性经时损失变大 |
| | 机理 | 水泥中碱含量高,早期水化速度快;碱骨料反应,体积膨胀,导致混凝土开裂破坏 |
| 性能稳定性 | 水泥的标准稠度、细度等性能波动 | 水泥需水量、细度等性能波动,使混凝土拌和物的流动性、和易性、相容性发生变化,影响泵送性能、混凝土拌和物的坍落度损失等 |
| 水泥 $SO_3$ $\leqslant 3.5\%$ | 超过 | 当水泥中 $C_3A$ 含量低时,浆体中 $SO_3$ 浓度很快达到饱和,多余的 $SO_3$,则因大量形成二水石膏晶体,浆体失去稠度,影响流动度 |

第五章　物料粉磨

| 指标要求 | | 内　容 |
|---|---|---|
| 水泥标准稠度需水量 | 需水量一般要求<29%,过高 | 水泥标准稠度需水量直接影响混凝土拌和物的和易性、流动性。一般水泥企业控制需水量25%~28%。太高,影响自由水量下降,塑性黏度增加,拌和物流动性降低 |
| | 机理 | 在一定的用水量下,水泥的需水量小,游离水增多,浆体流动性能增高 |

注:资料摘自黄荣辉等.预拌混凝土实用技术简明手册.北京:机械工业出版社,2014 (11):33;颜碧兰等.水泥性能及其检验.北京:化学工业出版社,2010 (09):340。

**附表 5-6-2　硬化混凝土对水泥技术性能要求**

| 混凝土性能 | 水泥性能 | 内　容 |
|---|---|---|
| 强度 | 总体 | 合理或较低的早期强度(3d强度是适应施工的需要);较高的后期强度(28d强度是提供和满足混凝土设计强度需要);较高的远龄期强度(是适应混凝土耐久性需要)。重点是要控制合理的水泥细度(过细早期强度高,而细度粗,中后期强度均较低)、矿物组成和颗粒组成,满足强度要求并防止早期开裂 |
| | 波动 | 批次水泥的实物强度波动大,造成混凝土强度波动。若达不到设计要求强度,可能建筑结构会遭到破坏。要求提供的批次水泥28d抗压标准偏差小 |
| 耐久性 | 水泥工作性能 | 水泥物理性能,除标准规定项目外,还有抗渗性、需水性、耐磨性、抗侵蚀性等性能对混凝土耐久性有影响。水泥本身有某些品质缺陷时,混凝土的使用性能可能出现问题,如水泥安定性差,就会使混凝土出现膨胀性裂缝。影响水泥使用性能的主要因素是水泥品种、矿物组成和细度 |
| | 水泥品种 | 混凝土的耐久性指标要求其侧重点与所处环境条件相关。普通水泥无法满足所有耐久性能,靠特种水泥来弥补其性能上的不足。为此,通过水泥生产在品种、组成、细度上实施符合性措施,来应对特定混凝土耐久性要求 |
| | 水泥颗粒级配 | 通过合理调整水泥颗粒级配,降低水泥的需水量,提高水泥石的密实性,防止水泥石产生高孔隙率和贯通,减少环境中有害物质的侵入概率 |
| | 矿物组成 | 水泥熟料矿物组成影响水泥性能(见附表5-3),针对混凝土使用环境,调整水泥矿物组成。不刻意追求高强,一般要具有较低的早期水化热和良好的抗渗性的水泥矿物。如用于大体积混凝土时,要降低水泥中$C_3A$等高水化热矿物,否则影响耐久性等 |
| | 混合材料 | 水泥中掺加混合材料,利用其二次水化作用、稀释作用和活性功能,改善水泥某些性能。如早期水化热低,则降低混凝土早期开裂风险;减少了浆体中的$Ca(OH)_2$,提高水泥的耐蚀性;降低早期水化速度,化学收缩小等。不同混合材料对水泥的性能影响作用不同,因此,对水泥中所掺加的混合材料品种、数量应予以理性选择,有利于提高混凝土耐久性 |
| 变形 | 膨胀变形 | 水泥中的f-CaO、MgO、$SO_3$等,水化后具有膨胀性,量少或在水泥石硬化前水化膨胀,对混凝土体积变形无影响。延后在硬化体水化膨胀,则具有破坏性。必须按照标准或合同协议控制其含量 |
| | 温度变形 | 水泥水化时产生热量,有利于提高水化速度和冬季施工,但由于混凝土是不良导热体,对大体积或大面积混凝土工程,温差变形应力大,成为产生混凝土开裂的温度因素,故必须控制水泥中的$C_3A$、$C_3S$矿物含量 |

注:参考肖忠明.当代高品质水泥的特征和生产途径.水泥,2015 (12):7~11;喇华璞.水泥生产工艺与混凝土耐久性的关系.水泥,2000,(10):1~2。

新型干法水泥生产工艺读本（第三版）

# 参 考 文 献

[1]  刘志江.新型干法水泥技术 [M].北京：中国建材工业出版社，2005.

[2]  王仲春.水泥粉磨工艺技术及进展 [M].北京：中国建材工业出版社，2008.

[3]  乔龄山.水泥最佳颗粒分布及其评价方法 [J].水泥，2001，(8)：4.

[4]  王昕等.我国回转窑水泥不同粉磨工艺颗粒形貌剖析 [J].水泥，2002，(2)：5.

[5]  赵东镐.熟料粉磨最佳均匀性系数及控制的理论探讨 [J].水泥，2002，(2)：17.

[6]  冯绳隋.等差数列配球法的计算及其应用 [J].水泥，2000，(12)：21.

[7]  何正凯.等腰三角形配球法及其论证 [J].水泥，1998，(3)：34.

[8]  隋同波等，水泥品种与性能 [M].北京：化学工业出版社，2006.

[9]  肖忠明.当代高品质水泥的特征和生产途径 [J].水泥，2015，(12)：7-11.

[10]  彭康等.海工水泥及其混凝土外加剂的研究现状与发展 [J].新世纪水泥导报，2016，(01)：5-8.

[11]  崔源声.2015年中国水泥技术年会第十七届全国水泥技术交流论文集 [C].北京：中国科学文化出版社，2015.

[12]  喇华璞.水泥生产工艺与混凝土耐久性的关系 [J].水泥，2000，(10)：1-2.

[13]  侯云芬等.胶凝材料 [M].北京：中国电力出版社，2012.

[14]  颜碧兰等.水泥性能及其检验 [M].北京：化学工业出版社，2010.

[15]  乐莹.预拌混凝土生产管理实用技术 [M].南京：东南大学出版社，2014.

[16]  J.本斯迪德等.水泥结构和性能 [M].廖欣等译.北京：化学工业出版社，2009.

# 第六章　熟料煅烧

煅烧是水泥生产的中心环节，作为水泥生产线上的熟料煅烧设备，经历了立窑到回转窑的发展过程。1885 年英国的兰萨姆（F. Ransome）取得回转窑专利，1887 年英国的 T. R. Crampton 最先用回转窑制造水泥，尽管规格很小，但它毕竟是水泥生产技术发展中的一项重要发明。为解决回转窑的烧成能力与预烧能力的矛盾，提高产量和质量，在回转窑尾部设置了新设备，立波尔加热机、旋风预热器等；1953 年联邦德国洪堡公司 KHD 建造了第一台洪堡型旋风预热器窑；1964 年德国多德豪森（Dotlenhausen）水泥厂用含可燃成分的油页岩作为原料和燃料，从悬浮预热器中间级喂入，开创了预分解技术的先例，但真正用分解炉进行生产，则是从 1971 年 11 月日本石川岛在秩父一厂改造立波尔窑，安装了第一台 SF 型窑外分解炉开始的。窑外分解技术的出现，备受世界重视，很快开发出了各具特色的窑外分解炉。预分解技术发展的四个阶段如下：

① 20 世纪 70 年代初期至中期为预分解技术诞生和发展的阶段；
② 20 世纪 70 年代中后期为预分解技术完善、提高的阶段；
③ 20 世纪 80～90 年代中期为悬浮预热和预分解技术日臻成熟、全面提高的阶段；
④ 20 世纪 90 年代中期至今为水泥工业向生态环境材料型产业迈进的阶段。

我国第一台回转窑于 1911 年建于河北唐山启新水泥厂；20 世纪 60 年代在太原水泥厂建立了第一台旋风预热器窑，在杭州水泥厂建立了立筒预热器窑；1976 年北京建材科学研究院在石岭水泥厂开发出了第一台 400t/d 烧油的四级旋风预热预分解窑；1980 年烧煤分解炉在邛县水泥厂投入使用，20 世纪 80 年代天津水泥工业设计研究院在江西水泥厂 2000t/d 新型干法生产线上投产成功，标志着我国新型干法生产工艺技术和设备进入了自主发展新阶段，也是我国水泥工业发展史的重要里程碑。预分解窑在换热、碳酸钙分解、固相反应、窑内煅烧和生产技术装备上与传统湿法窑、老式干法窑相比有很大突破，如大幅度降低热耗，单机生产能力提高。预分解窑代表水泥生产上的先进生产力，是熟料煅烧的主导窑型。

我国预热、预分解技术起步晚，为赶超世界先进水平，在"七五"计划期间组织专业院校和水泥厂承担科技攻关，从理论上弄清预热预分解系统中燃烧、分解机理和生产的一般规律，并寻求潜在的技术参数，通过测试为生产企业找出问题所在，并提出生产改造和技术进步措施的建议。国内各设计研究部门和设备制造厂家，在引进消化吸收的基础上，通过冷模试验、工业调试，相继成功开发出了具有知识产权并由自己设计和制造的预热预分解生产线，为国产化、大型化做出了贡献，也为走向世界开辟了天地。

# 第一节 预分解窑系统技术特点

新型干法预分解窑系统是由回转窑、分解炉、旋风预热器和冷却机组成的。生料经预热器提高温度，完成预热和部分分解后，进入分解炉内进行碳酸钙分解，然后在窑内完成烧结成熟料的任务，出窑高温熟料则在冷却机中被冷却。

## 一、系统工艺技术特点

**(1) 采用悬浮技术，热效率高** 在预分解系统中，生料的预热和分解均在稀相悬浮态下进行，气、固两相密切接触，提高低温下的传热速率、给热能力和热效率，显著降低热耗和大幅度提高预分解窑系统的能力。

**(2) 系统中加入第二热源，窑内热负荷低** 分解炉承担了大量碳酸钙的分解任务，窑头用煤量仅需 30%～40%（占总用量）来完成熟料煅烧和少量分解任务，大大减轻了窑的热负荷。

**(3) 对生料中有害成分敏感** 预分解窑窑内煅烧温度高，出预热器废气温度低，此温度区间内，有利于生料中有害成分的挥发、循环富集，生产上易出现结皮堵塞，影响运转。因此，新型干法生产线在选择原燃料时，要注意挥发性成分（碱、硫、氯等有害成分）含量并将其控制在限量范围内。

**(4) 协同处置固体废物和焚烧可燃性废弃物** 利用预热预分解窑的高温煅烧、物料停留时间长、碱性气氛和窑炉煅烧容积大等特点，来降解、固化工业废渣和可燃性废弃物中的有害物质及微量元素。使得废渣被利用于水泥生产中的配料或燃料，以节约能源和资源，改善环境。

## 二、发挥预分解窑技术优势以提高系统产量

预分解窑生产线建成投产后，企业成为生产主体，生产线运行正常与否，关系到企业的经济效益、发展前景和市场占有率。由于企业生产线上设备均已配套定型，而且预分解窑生产线是关联性很强的流水线，如何提高产量和质量，降低能耗和成本，对已达产达标的烧成系统能否增产，要看生产线上各主、辅机是否具有增产能力。有可能时，通过调整工艺参数，向有潜力的设备倾斜，对薄弱环节设备进行改造。对新建的预分解窑生产线，关键在于优化操作、改变设备管理模式、提高设备运转率。

### 1. 提高预分解窑产量的主要技术因素

采用预分解窑后，其热负荷主体碳酸钙分解由分解炉承担，因此决定系统能力的因素，也由回转窑转到预热预分解系统。喇华璞教授提出主要影响窑产量的三大因素是：入窑物料分解率、烧成温度和物料在后过渡带的升温速率。

**(1) 提高入窑物料分解率** 入窑物料分解率的高低是评价分解炉的分解能力和系统工况的重要参数，高分解率是提高窑台时产量的前提，但要适度。

**(2) 提高煅烧温度** 根据化学反应理论，提高温度可加快热反应速率。预分解窑采用多通道燃烧器以及高效箅冷机，窑内煅烧温度和二次风温均能提高，使物料在窑烧成带需要时间缩短，三次风温度高，有利于燃料燃烧，使炉内分解速率提高，物料分解率高，系统产量得以提高。

---

**(3) 加快窑速** 分解后物料入窑，处于堆积态，提高窑速，可使物料翻滚次数增多，既提高温度又受热均匀，实现薄料快烧。但能否提高窑速的前提是入窑物料分解率要高。早期设计窑速为 3.0r/min，如今为 4.0r/min，正常运行窑速为 3.0～3.5r/min。

**(4) 改善生料易烧性** 改变配料方案或选择易烧性好的物料，降低煅烧需要的温度，提高产量。

### 2. 适当提高炉窑燃料比

热工制度稳定和优化操作参数是稳产高产的关键。湖北华新宜昌水泥公司在 $\phi 4.3m \times 60m$ 的 PC 窑上，通过优化操作参数（各控制点温度、炉窑燃料比等），使窑台时产量提高 8.7%。由于预分解窑生产线技术装备和自动化水平高，需调节的热工参数多，要求操作人员技术素质高，判断准确，保证窑系统在最佳的、稳定的热工参数下运行，并及早、及时地处理生产上不正常的现象，减少或避免工艺故障扩大而导致的系统停车。

提高入窑物料分解率，减轻窑内热负荷，可提高窑系统产量。生产企业分解炉的大小、结构、窑尺寸已定，允许烧煤量是有限的，若一味地增大炉用煤量，会适得其反。因入窑物料分解率控制过高，则分解系统各点温度也要提高，造成系统结皮堵塞机会增多；反之，控制过低，没有充分发挥分解炉的作用，会使得物料预热效果差且加大窑热负荷，影响窑产量和窑长期的安全运转。

### 3. 提高设备运转率

提高设备运转率是提高产量的要素之一，排除影响设备运转率的外界因素，企业要加强设备的管理，更新理念，以适应系统高运转率要求。因为在现代化企业中，无论是主机还是辅机都是生产线上的重要组成环节，哪一环节出问题，都可能导致全线瘫痪。面对现代化程度高的生产系统，设备部门必须实施预知性检修，采用专业检修和全员维护相结合的先进管理手段。工作重点放在设备维护上，及时处理突发性故障，使设备使用寿命延长，提高系统运转率；预知性检修是根据设备运行参数进行评估以实现最佳维修时机的方法，预知设备需要停车时才停车，设备零件开始磨损时才更换，所以是现代最先进、最经济的维修管理方法。据资料介绍，传统的事故性维修方法，年运转率很难达到 85%；预防性维修方法，勉强达到 85%，而预知性检修方法可提高到 90% 以上。

## 三、预分解窑系统流程

### 1. 系统流程简介

以五级旋风为例，生料首先喂入最上一级旋风筒（$C_1$）入口的上升管道内，分散的粉体颗粒与热气流迅速进行气固相热交换，并随热风上升，在 $C_1$ 旋风筒中气料分离。收下的热生料经卸料管进入 $C_2$ 级筒的上升管道和旋风筒再次进行热交换分离。生料粉按此依次在各级单元进行热交换、分离。预热后的热生料，由 $C_4$ 的卸料管进入分解炉，在炉中生料被加热、分解，分解后生料（分解率 85%～95%）经 $C_5$ 分离后，入窑煅烧成熟料，再经冷却机冷却后卸出。系统流程如下。

料流：生料 $C_1 \rightarrow C_2 \rightarrow C_3 \rightarrow C_4 \rightarrow$ 分解炉 $\rightarrow C_5 \rightarrow$ 窑 $\rightarrow$ 冷却机。

气流：窑及炉烟气 $\rightarrow C_5 \rightarrow C_4 \rightarrow C_3 \rightarrow C_2 \rightarrow C_1 \rightarrow$ 高温风机 $\rightarrow$ 余热利用系统和除尘排入大气。

冷却机

## 2. 预分解窑分类流程

### (1) 按分解炉用燃烧空气来源分

① 通过式（AT）：燃烧空气由冷却机通过窑到分解炉。

② 分离式（AS）：供炉的燃烧空气用单独风管送入分解炉。燃烧空气中氧含量高，与AT式相比，分解炉内分解率高，同样能力下窑的尺寸可缩小，这种流程被广泛采用。

### (2) 按窑与炉、预热器相对位置分　系统流程如图 6-1 所示。

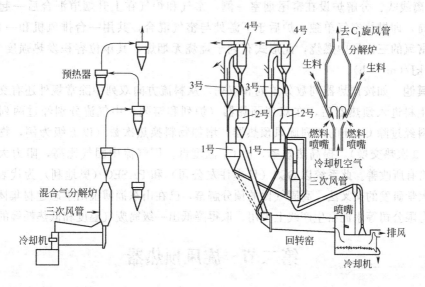

(a) 在线式　　　　　　　　　　　(b) 离线式

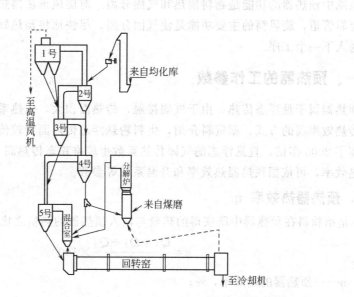

(c) 半离线式

图 6-1　系统流程（按分解炉与窑的相对位置）

——表示料流；········表示气流

① 在线式（或同线式）：分解炉设在窑尾烟室上，窑、炉和预热器在一条工艺线上，初始氧含量为11%，着火条件较差，为燃尽需较大炉容，其单位容积发热强度为 (3.0~3.5)× $10^5$ kJ/($m^3$·h)。

② 离线式：分解炉设在窑尾烟室一侧，窑气和炉气各走一列预热器，窑的废气不入炉，炉的热源来自篦冷机，气体中氧含量为21%，有利于无烟煤和低值煤燃烧，其单位容积发热强度为 (4.5~6.85)× $10^5$ kJ/($m^3$·h)。

③ 半离线式：分解炉设在窑尾烟室一侧，窑气和炉气在上升烟道汇合后一起进入最下级的旋风筒，即燃烧空气单独入炉后于下游处与窑气混合，共用一台排风机和一列预热器。煤粉先在富氧的三次风中燃烧，此形式有利于烧烧无烟煤，其单位容积发热强度为 (4.0~5.0)× $10^5$ kJ/($m^3$·h)。

**(3) 其他**　如按预热器列数分单列和双列，从料流方向双列中除常规外还有交叉法。交叉法是指生料进入预热器后，在双列预热器（炉列和窑列）中气流分别经过两列旋风预热器，而物料经过除 $C_1$ 外的两列旋风预热器，增加物料换热次数（以五级为例，物料在入炉前经过8~9次热交换），提高热效率，出 $C_1$ 温度低。因气流中固气比高，阻力大，采用低阻型旋风筒有所改善。此系统以 SCS（日本住友公司）和 PASEC（奥地利）为代表，由西安建筑科技大学研发的交叉法、高固气比的预分解窑，已在山东淄博宝山生态建材集团和陕西阳山庄水泥有限公司等水泥窑生产线上采用，取得降低出一级筒废气温度和低热耗等的效果。

# 第二节　旋风预热器

干法窑尾预热器形式有旋风式和立筒式，在预分解窑系统中采用热效率高的旋风预热器。系统中预热器的功能是物料预热和气固分离。对旋风预热器热工方面进行研究，气固换热主要靠管道，旋风筒的主要功能是使气固分离，尽快地将预热好的物料尽可能多地收集起来并送入下一个工序。

## 一、预热器的工作参数

预热器属于悬浮态传热，由于气固接触，传热面积大，传热系数高，气固温度平衡快是一种传热效率高的方式。据资料介绍，生料粉悬浮态传热面积较传统回转窑堆积态的传热面积提高了 2000 多倍，且悬浮态的气固传热系数也较堆积态传热高了 13~23 倍。评价预热器的传热效率，可依据预热器热效率和升温系数等参数。

### 1. 预热器热效率 $\eta$

$\eta$ 是指物料在预热器中所获得的热量与输入预热器的热量之比，见式(6-1)：

$$\eta = \frac{Q_1 + Q_2 + Q_3}{Q} \times 100\% \tag{6-1}$$

式中　$\eta$——预热器的热效率，%；

$\quad$ $Q$——输入预热器的热量，kJ/kg熟料；

$\quad$ $Q_1$——输出预热器废气带走的热量，kJ/kg熟料；

$\quad$ $Q_2$——预热器废气中浮尘带走的热量，kJ/kg熟料；

$\quad$ $Q_3$——预热器表面散热损失，kJ/kg熟料。

要提高预热器的热效率可从以下方面着手：

① 提高生料分散度和合适的联结管道长度，发挥传热优势，降低出 $C_1$ 筒的废气温度；

② 减少漏风量，重视旋风筒的除尘效率；

③ 采用隔热材料，减少散热损失；

④ 适当提高固气比，研究表明，固气比 $Z<3.6$ 时系统的热交换率与固气比成正比（当 $Z<2.0$ 时，热交换率快速提高，$2 \leqslant Z \leqslant 3.6$ 时缓慢增加）；$Z \geqslant 3.6$ 时则成反比。

### 2. 升温系数 φ

升温系数是指物料在预热器内实际提高的温度与气体温降之比，见式(6-2)。升温系数越接近 1，表明预热器的热效率越高，逆流升温系数高于同流升温系数。从换热单元看，旋风预热器属于同流传热方式，落料点瞬间是逆流的。

$$\phi = \frac{t_{m2} - t_{m1}}{t_{g1} - t_{g2}} \tag{6-2}$$

式中　φ——预热器的升温系数，以小数表示；

$t_{m1}$，$t_{m2}$——进出预热器的物料温度，℃；

$t_{g1}$，$t_{g2}$——进出预热器的气体温度，℃，同流传热 $t_{m2}$ 与 $t_{g2}$ 趋于相等。

### 3. 分离效率 $\eta_\tau$

预热器的分离效率，特别是一级筒的分离效率，因直接影响水泥熟料成本和大气环境而备受重视。影响旋风预热器实际分离效率的主要操作管理因素是漏风。据资料介绍，漏风率为 2.0%～2.5% 时，分离效率下降 20%～40%；漏风率为 2.5%～4.0% 时，分离效率下降 40%～90%。所以，窑尾巡检员要经常检查预热器系统排灰阀的活动状况和漏风情况。

### 4. 压力损失 Δp

预热器系统压力损失是气体介质在流经旋风预热器和管道过程中形成的，它直接影响系统的电耗，要尽可能降低。从旋风筒的结构、操作风速着手并综合考虑分离效率和悬浮要求，一般优化后，采用低压损旋风筒，其单筒压力降为 500～800Pa。

## 二、旋风预热器

1953 年德国洪堡公司建造了第一台四级旋风预热器窑。随后的旋风预热器形式还有由伯力鸠斯公司研发的多波尔预热器和米达格型预热器。我国采用洪堡型预热器较多，它由多级（如四级、五级、六级）旋风筒、联结管道、下料装置和锁风阀串联组成。旋风预热器与旋风式除尘器均具有分离作用，但在功能上前者是热工设备，后者是除尘设备。二者的主要差别是：

① 工作机理隶属上，预热器是分离和传热；

② 气体温度上，预热器要处理 1000～320℃（由高到低）；

③ 浓度上，预热器要处理 $1000g/m^3$（标况）物料；

④ 预热器是多级串联的。

### 1. 联结风管

在旋风预热器系统中，传热主要在管道中进行，温度高、风速大，预热效果好。但管道内风速对系统阻力和悬浮力有影响，风速高，阻力大；风速低，悬浮力不够，易产生沉降塌料，正常管道风速取 16～25m/s。

## 2. 旋风筒

旋风筒是预热器系统的关键设备。在旋风预热器中旋风筒主要承担分离功能。分离效率高，热效率也高，但阻力增大，电耗高。因此旋风筒尺寸的设计原则是在保证分离效率的同时，也要考虑降低阻力。各级旋风筒的分离效率要求是不相同的，如从整体看，预热器系统最上一级 $C_1$ 旋风筒作为控制整个窑尾系统除尘效率的关键级，要强调其分离效率。最下一级作为提高热效率级，主要作用是将已分解的高温物料分离并送入窑内，其分离效率高，可减少高温物料再循环，故也要增高其分离效率。高温级分离效率越高，$C_1$ 出口温度越低，系统热效率越高。中间级在保证一定分离效率的同时，采取降阻措施，实现整个系统的高效低阻。

我国开发出各自的高效低阻型旋风筒，虽旋风筒结构不尽相同，但总体是向紧凑、高分离效率、低压损方向来优化旋风筒单体设计的。

## 3. 级数

旋风预热器级数与设计系统热耗、被余热利用的原物料水分大小及预热器框架高度有关。业内专家对不同级数预热器各级气体温度及物料预热效果测算和生产实践表明：

① 级数越多，则物料与气流热交换越完善，出 $C_1$ 筒废气温度降得越低，但超过五级时，随级数增加，废气温度降低趋势逐渐减小，其热效率提高缓慢；

② 随着级数增加，物料温度提高幅度逐渐减小；

③ 级数增加系统阻力和投资增大。

从工艺上讲，预热器级数可按原料烘干需求以及地基或地震等因素进行选择。在不考虑土建投资和设备投资的前提下，以热耗值最低为目标时，最佳级数为七级或八级；以单位产品综合能耗为目标时，最佳级数为六级或七级；以单位产品成本最低为目标时，最佳级数为五级。现今预分解窑预热器配置多为五级和六级。

# 第三节 分 解 炉

分解炉是预热器系统中十分重要的设备，它承担了系统中燃烧、换热和使碳酸盐分解的任务。为此对分解炉的技术要求：一是物料被充分分散和均匀分布是分解炉有效工作的前提；二是燃料的燃烧过程是分解炉的基础；三是分解炉内炉温和气、固停留时间是达到分解率要求的保证。炉内气流运动有四种基本形式：涡旋式、喷腾式、悬浮式及流化床式。炉内生料和燃料分别依靠涡旋效应、喷腾效应、悬浮效应和流态化效应分散于气流中，并在流场中产生相对运动，从而达到高度分散、均匀混合、迅速换热和延长物料在炉内滞留时间的目的，以便提高燃烧效率、换热效率和入窑物料分解率。

## 一、评价分解炉工作性能的主要参数

通常是用分解率、停留时间和燃尽率等参数评价分解炉的工作性能。

### 1. 分解率

入窑物料分解率λ是衡量分解炉工作效率的重要指标，也是表示生料中碳酸钙分解程度的参数。分解率分为表观分解率和真实分解率，生产上入窑物料分解率用表观分解率表示，见式(6-3)。

$$\lambda = \frac{100(L_s - L_\lambda)}{L_s(100 - L_\lambda)} \times 100\% \qquad (6\text{-}3)$$

式中　$\lambda$——表示表观分解率，%；

$L_s$，$L_\lambda$——生料和入窑生料的烧失量，%。

## 2. 停留时间

停留时间是设计分解炉尺寸的重要参数，也关系到系统能否正常运行。分解炉的容积要满足生料升温和分解，还要保证煤粉在炉内所需燃尽时间。停留时间分为气体停留时间和物料（生料、煤粉）在炉内的停留时间。

**(1) 气体停留时间**　炉内气流滞留时间长短与炉容有关，气体停留时间 $\tau_g$(s) 用通过炉内气流量 $Q$(m³/h) 和炉的容积 $V_炉$(m³) 按式(6-4) 计算。

$$\tau_g = \frac{3600 V_炉}{Q} \quad (s) \qquad (6\text{-}4)$$

一般要求气体停留时间长于 3.5s。

**(2) 物料在炉内的停留时间**

① 物料停留时间的推算。物料（煤粉和生料粉）在炉内或包括联结管道的停留时间 $\tau_m$ (s)，用测定的料气停留时间比（$K = \tau_m/\tau_g$）和气体停留时间来推算。炉内物料停留时间长短与生料分解率高低和燃尽度有直接关系；而气固停留时间比大小，则主要取决于炉结构、炉容积和操作状态，如以密相流化为主的 MFC 的料气停留时间比就很高。

② 要求炉内物料最低停留时间。一般生料需分解时间短，而煤粉特别是无烟煤燃尽所需时间长。生料达到最高分解率所需时间与生料的粒径、易分解活性、炉内温度和 $CO_2$ 分压有关，福斯腾等人按不同颗粒直径的物料分解时间与炉温、炉内 $CO_2$ 浓度、要求分解率的关系式计算结果为：当要求分解率为 85%～95%、炉温在 820～900℃时，分解时间为 4～10s。试验数据表明，当炉温＞900℃时，生料分解时间需 10～15s。煤粉的燃尽时间与煤质、炉温、煤粉细度和炉内 $O_2$ 分压有关。煤种试验结果表明，在相同炉温、$O_2$ 分压条件下，煤粉需要的燃尽时间为：无烟煤＞贫煤＞烟煤，试验结果还表明炉温、氧气浓度、煤粉粒径都对煤的燃尽时间影响很大，其中炉温影响最大（见表6-1）。

表 6-1　影响煤粉燃烧时间的因素

| 燃烧反应控制机制 | 煤种和活性 | 颗粒细度 $d$/% | 氧含量/% | 反应温度 $T$/℃ |
| --- | --- | --- | --- | --- |
| 化学控制 | 影响很大 | 与细度成正比 | 与氧含量成正比 | $T$ 上升 $\tau$ 迅速降低 |
| 扩散控制 | 影响甚微 | 与细度的平方成正比 | 与氧含量成正比 | $T$ 上升 $\tau$ 缓慢降低 |

## 二、分解炉中煤粉燃烧的特点和对策

用于分解炉的燃料种类有油、煤粉和可燃性废料（如轮胎、塑料等），我国以煤炭为主。煤种有烟煤、无烟煤、褐煤等，常规使用烟煤，通过对煤种燃烧性能的研究和多风道燃烧器的出现，打破了回转窑只能燃烟煤的禁区。1997 年福建三德水泥厂是我国首先建成的燃无烟煤的预分解窑生产线工厂。至今已有不少工厂改用当地的无烟煤、低挥发分煤，生产出优质熟料，降低成本。

要成功应用低挥发分煤、无烟煤，且保证预热器、分解炉不结皮堵塞，系统正常运行，需要了解煤的燃烧特性和规律。值得一提的是，即使挥发分相近、工业分析相近，因产地不同，显微结构也不同，其燃烧特性（着火温度、燃尽时间等）也存在较大差异，因此在分解炉设计选型前或生产中改变煤源时应先进行原料和煤粉在悬浮状态下的反应特性试验，如煤粉的着火温度、易燃性指数、燃尽度与温度的关系；生料粉的易分解指数、终态分解率与温度的关系等，以便指导设计和操作。

### 1. 煤的燃烧特性及影响因素

**(1) 煤燃烧过程及速率** 燃烧是一种激烈的氧化反应。煤经过干燥、挥发分在较低温度（400～500℃）逸出起燃和固定碳燃烧三个步骤。当挥发分含量很低，燃烧所释放的热量不足以将煤粉加热到固定碳着火温度时，就应靠助燃空气（三次风）的温度。对于固定碳的燃烧过程，先是氧扩散到碳表面，其次是氧和碳进行氧化燃烧反应，最后产物通过扩散离开碳粒表面，因此碳粒的燃烧是气相扩散过程与表面化学反应过程的结合，其燃烧速率受化学反应速率和扩散速率的控制。在高温（1000℃）范围内，燃烧是由扩散控制的；在中温（低于800℃）范围内，燃烧受化学反应控制。

**(2) 煤燃烧特性指标** 评价煤燃烧特性的常规指标是挥发分、灰分、水分、发热量；在悬浮态下煤粉在炉内的燃烧特性指标可按南京工业大学提出的用着火温度、燃尽度和燃尽时间表示。

① 着火温度。着火温度表示在特定条件下，可燃混合物化学反应达到自燃时的最低温度。着火温度不是可燃物固有的性质，分解炉内煤粉点火起燃，不仅与煤种的着火温度有关，还与分解炉的热环境有关。炉温要比实测的着火温度高150～200℃才能保证完全、稳定着火，一般的着火温度见表6-2。总趋势是挥发分降低，着火温度升高。

**表6-2 我国不同煤种的着火温度范围**

| 煤种 | 褐煤 | 烟煤 | 无烟煤 | 焦煤 | 贫煤 | 长焰煤 | 不黏煤 | 弱黏煤 | 肥煤 |
|---|---|---|---|---|---|---|---|---|---|
| 着火温度[①]/℃ | 250～450 | 400～500 | 600～700 | 350～370 | 370～420 | 275～320 | 280～300 | | 320～360 |
| 看火温度[②]/℃ | 267～300 | | 365～420 | 355～385 | 360～390 | 275～330 | 278～315 | 310～350 | 340～365 |

① 见参考文献 [10]、[11]。

② 见参考文献 [1]。

② 燃尽度。燃尽度 $\psi$ 是指在一定条件下，燃烧掉煤粉中可燃性组分的百分数。易燃性指数 $\psi_{\gamma}$ 是指在同样条件下（900℃），达到燃尽度85%（人为设定）所需的时间（s），该值与煤质有很大关系。燃尽度对生产的影响很大，生产线上要求煤粉到预热器前全部燃尽，未燃尽的煤粉到预热器中燃烧会造成结皮、堵塞不良的后果。

③ 燃尽时间。燃尽时间为完成燃烧所需总时间，要求可燃物在炉内的平均停留时间大于可燃物的燃尽时间。煤粉的燃尽时间与反应类型、煤种、煤粉细度、环境氧含量和助燃空气温度有关，随挥发分含量的降低而延长，煤粉细燃尽时间短，见表6-3。一般认为气体在炉内的停留时间大于3.5s（物料停留时间比气体停留时间长）才能保证煤粉完全燃尽。在相同的燃烧环境下（氧气含量、煤粉细度、环境温度等），煤种与着火温度高低和燃尽时间长短关系为：无烟煤＞低挥发分煤＞烟煤。高海拔地区，因大气压下降，使燃烧速率减慢，燃尽时间延长。

《国际水泥工艺资料集》中列出用格姆兹（Gumz）依据煤粉燃烧时间公式而绘制的线形图，在常压下碳粒的燃尽时间与颗粒大小的关系见表6-3。

表6-3　常压下不同粒径煤粉的燃尽时间　　　　　　　　　　　单位：s

| 粒径/$\mu m$ | | 30 | 40 | 50 | 60 | 70 | 80 | 90 | 100 | 200 | 300 | 400 |
|---|---|---|---|---|---|---|---|---|---|---|---|---|
| 温度/℃ | 900 | 0.14 | 0.24 | 0.34 | 0.41 | 0.58 | 0.67 | 0.80 | 0.97 | 3.0 | 5.9 | 9.5 |
| | 1500 | 0.10 | 0.17 | 0.23 | 0.30 | 0.40 | 0.48 | 0.57 | 0.69 | 2.1 | 4.2 | 6.6 |

## 2. 分解炉内煤粉的燃烧特点

煤粉在分解炉内的燃烧环境是低温（炉内温度<1000℃）、低氧（$O_2$ 14%~16%）、高粉尘的环境，进行边燃烧、边传热的过程。煤粉燃烧特点如下。

① 悬浮态燃烧和传热。悬浮态下燃料燃烧快，放热快，生料分解也快。

② 无焰。煤粉颗粒进入分解炉内，浮游于气体中，燃烧后形成一个个小火星，满炉发光，不存在有形火焰而呈辉焰燃烧。

③ 炉温平稳。煤粉燃烧放出的热量立即被生料所吸收，要求燃烧放热速率和生料吸热速率相适应，抑制分解炉温度过热，保持在850~950℃，碳粒在此温度下燃尽。

④ 炉内不进行固相反应。因炉内生料在悬浮态进行分解，生料间固相反应不易进行。

⑤ 炉内大量生料存在，对煤粉起燃、着火过程不利。从煤的煅烧角度看，低温生料的涌入使炉温降低，燃烧条件变差，对低挥发分煤燃烧着火更为不利，若用无烟煤要尽可能使燃料提前入炉，确保燃料在较高温度下预燃。分解炉中煤的燃烧与$CaCO_3$分解的动力方程见表6-4。

表6-4　分解炉内动力方程

| 动 力 方 程 | | 符 号 说 明 |
|---|---|---|
| 化学控制方程 | $q_c = Q_{net,ad} S_C c_C \beta K_c$ | $Q_{net,ad}$——煤粉的发热量，$J/kg$； |
| | | $S_C$——煤粉的比面积，$m^2/kg$； |
| | | $c_C$——煤粉浓度，$kg/m^3$； |
| 扩散控制方程 | $q_{cd} = Q_{net,ad} S_C c_C K_d$ | $\beta$——氧碳比，$kg/kg$； |
| | | $K$——反应常数； |
| | | $c$——碳粒表面氧气浓度，$kg/m^3$； |
| 煤粉与气流间传热方程 | $q_{c-1} = \alpha_1 c_C S_C (T_C - T_g)$ | $K_d$——扩散速率，$kg/(m^2 \cdot s)$； |
| | | $\alpha_1$——煤粉与气体间综合换热系数，$J/(m^2 \cdot s \cdot K)$； |
| | | $T_C, T_g, T_{Ca}$——碳粒、气体和生料表面温度，℃； |
| | | $Q_{Ca}$——$CaCO_3$分解吸热，$kJ/kg$； |
| 碳酸钙分解吸热方程 | $q_{Ca} = Q_{Ca} c_{Ca} S_C \rho_{CaCO_3} \omega$ | $c_{Ca}$——生料粉浓度，$kg/m^3$； |
| | | $S_{Ca}$——生料粉比面积，$m^2/kg$； |
| | | $\rho_{CaCO_3}$——$CaCO_3$密度，$kg/m^3$； |
| | | $\alpha_{1-Ca}$——$CaCO_3$与气流间综合换热系数，$J/(m^2 \cdot s \cdot K)$； |
| 碳酸钙与气流间传热方程 | $q_{1-Ca} = \alpha_{1-Ca} c_{Ca} S_{Ca} (T_g - T_{Ca})$ | $\omega$——$CaCO_3$分解速率，$kg/(m^2 \cdot s)$ |

## 3. 燃无烟煤的技术特点及措施

我国煤炭资源丰富，但分布不均，西北地区烟煤多，南方无烟煤多。在技术进步的今天，已可能利用当地无烟煤资源，但要采取一些相应措施才能正常用于生产。

**(1) 燃无烟煤的特点** 无烟煤含极少的挥发分，且固定碳燃尽时间是挥发分燃烧时间的10～20倍。因此无烟煤的燃烧特点是起燃温度高（烟煤 480～510℃，无烟煤 630～800℃），燃烧速率慢，燃尽时间长，细度对燃烧性能影响很大。悬浮燃尽试验表明，在中等温度下无烟煤的燃尽时间约为烟煤的 3 倍。所以生产上需解决无烟煤起燃条件差和燃尽时间长的技术问题。

**(2) 措施** 针对无烟煤的燃烧特点和上述难题，在分解炉系统和操作管理方面主要采取的措施有以下几方面。

① 提高炉温。煤粉中挥发分的析出燃烧和固定碳的燃烧两过程都与炉内温度有关，据资料介绍，炉温每升高 70℃，残余焦炭的燃烧速率提高 1 倍，在不发生烧结的情况下尽量提高炉温，如使用高效箅冷机和从窑头罩抽热风，以提高助燃的三次风温。

② 延长停留时间或缩短煤粉燃尽时间。煤粉必须在炉内燃尽后才能提供足够热量满足生料分解的需要，并能保证预热器系统正常运行。如采取增大炉容或延长炉-筒联结管道长度，以增加停留时间，还可采用增加喷腾和漩涡效应的结构形式，以增大固气滞留时间比。也可将煤粉磨得更细，加快燃烧速率，缩短燃尽时间。

③ 燃点设在高氧含量处。碳燃烧时，增加氧浓度可以加快反应速率，燃无烟煤时，可选用离线式分解炉或设置预燃室，改善环境条件，使煤粉在氧含量高的情况下先期燃烧。

④ 调整下料点和下料量。生料分解吸热越大越不利于无烟煤的燃烧，降低某区域、某时间内生料分解的吸热量，以提高煤的燃烧速率。因此煤和生料下料点在位置上和时间上应错开，避免煤粉过早与大量生料接触。下料点：下煤点在前，生料落料点在后，或采取分步多点喂料。

⑤ 选用高效燃烧器。分解炉用无烟煤作燃料，也可选用大推力高效喷煤燃烧器。

## 三、分解炉结构形式

目前投产使用的分解炉种类很多，各设计部门、制造厂家围绕"分散是前提、换热是基础、燃烧是关键、分解是目的"总要求，开发出各具特色的炉型结构，从形式上基本认为是管道延长型和管道扩大型，按流化床类别划分有：

① 喷腾床——以喷腾式为主，如 FLS；

② 旋流床——以旋流为主，如 RSP；

③ 密相流化床——以密相流化为主，如 MFC；

④ 悬浮输送床——以稀相输送床特点为主，如管道式分解炉；

⑤ 复合床式——以上各类基本流动形式的组合，如喷-旋 KSV、旋-喷 NSF、密相-悬浮 NMFC。

单纯喷腾有利于物料纵向分散功能的发挥，旋流有利于延长物料在炉内的停留时间，两者配合，使炉内燃料燃烧和换热状况良好，分解炉功能发挥得比较充分，因此，新型分解炉形式应相互借鉴、趋同存异，采用综合效应。

### 1. 基本型

各类分解炉结构见图 6-2 及表 6-5。

表 6-5　不同分解炉形式的工艺参数

| 炉型 | 喷腾式 | 旋流式 | 管道式 | 流态化床 |
|---|---|---|---|---|
| 截面风速/(m/s) | 5.5~9.5 | 5~20 | 8~18 | 稀相 3.5~5.5,浓相 7.5~12 |
| 物料停留时间 $\tau_m$/s | 8~17 | 7~18 | 8~20 | 45~140 |
| 炉温/℃ | 870~920 | 860~910 | 880~920 | 855~875 |
| 分解率/% | 85~95 | 85~92 | 85~90 | 60~75 |
| 过剩空气系数 $\alpha$ | 1.05~1.23 | 1.05~1.25 | 1.10~1.20 | 0.95~1.05 |
| 阻力/Pa | 588~883 | 588~883 | 392~785 | 785~1030 |
| 缩口风速/(m/s) | 26~40 | — | — | — |

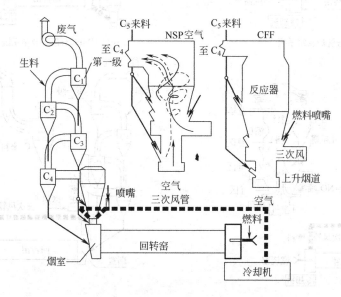

(a) NSF 分解炉及其窑系统示意

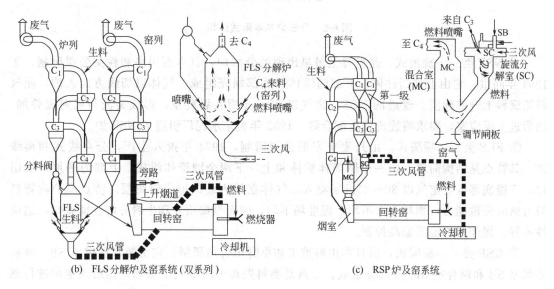

(b) FLS 分解炉及窑系统(双系列)　　　　(c) RSP 炉及窑系统

图 6-2

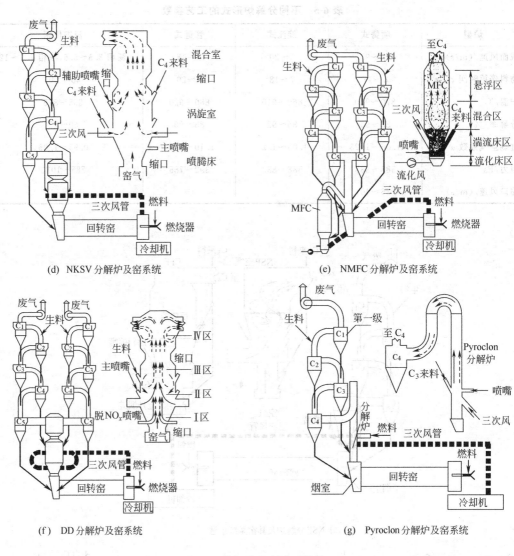

图 6-2　分解炉基本形式结构

① NSF 类——旋流式，是世界上最早出现的分解炉，日本石川岛和秩父公司研制，于 1991 年问世，它由上部圆柱体、下部圆锥体和底部蜗壳组成。气体以切线方向入炉，使气料流旋转上升或旋流。改进的 NSF，窑气以 30m/s 喷入涡旋室，形成旋流与喷射流叠加，然后进入反应室，要求喷旋流强度配合好。1983 年冀东水泥厂引进了 NSF 炉。

② FLS 类——喷腾式，由丹麦史密斯公司研制，1974 年投入生产，分在线式和离线式。其特点是结构简单，由一个圆筒体炉体和上、下两个圆锥体组成，上部为平顶切线出口，下锥底部喉管窑气以 30～45m/s 喷入，气体在炉内缩口形成喷腾层。特点是炉内物料只有纵向分散能力，物料分布不均，温度场不均，因而当煤质差和生料分解性能差时，适应性不好，操作时炉温要偏高控制。

③ RSP 类——旋喷式，由日本川崎重工和小野田公司研制。它由漩涡预燃室 SB、漩涡分解室 SB 和混合室 MC 三部分组成。特点是燃料先在干净空气中预燃，然后入主炉进行燃烧使物料分解，故对煤质的适应性好，但结构复杂，系统通风平衡调节（窑与 MC 室、三次

风与 SB，SC 导入）和通风阻力大。江西水泥厂曾采用此形式的分解炉。

④ NKSV 类——旋流喷腾式，由日本川崎重工公司研制，1973 年投入使用。经过改进后的 NKSV 由下部喷腾层、旋流室、辅助喷腾床和混合室组成，这种炉型物料分散情况好，但均布性差，形成中稀边浓现象。本溪水泥厂曾采用此形式的分解炉。

⑤ NMFC 类——流化床式分解炉，1971 年投入使用。它由流化床空气室及燃料室组成流化带、涡旋带和悬浮带三部分。由于燃料在流化区沸腾滞留时间长，故适用于颗粒粗、低热值的燃料。宁国水泥厂 1# 窑引进了 NMFC 炉。

⑥ DD 炉——双喷腾式，由日本水泥公司和神户钢铁公司研制，1976 年使用。按作用将炉分为四个结构区（从下到上）：还原区（可脱硝）、混合区（燃料燃烧、生料分解）、主燃烧区和完全燃烧区。有两个缩口区，形成二次喷腾延长物料停留时间，使得燃料燃烧更充分。此炉型在耀县水泥厂曾引进使用。

⑦ 管道式炉——悬浮式，以 Pyroclon 为代表，气流速度大大超过粉体终端速度，使物料与燃料悬浮在气流中不作旋流及喷腾运动，形成高度湍流，进行分散、换热和分解。设备本身结构简单，但布置较为复杂，这种炉型可以烧块煤、加工后的垃圾和工业废料等。新疆水泥厂采用 Pyroclon 炉。

### 2. 国产分解炉

我国水泥设计研究部门和制造厂家，经过多年消化、吸收、冷模试验和实践，开发出了各具特色的分解炉，采用复合效应和预燃技术，提高燃尽率，增强炉对低质煤的适应性，以下分别加以简要介绍，列于表 6-6 中。

表 6-6 部分国产分解炉简介

| 项 目 | | 炉 型 | | | | |
|---|---|---|---|---|---|---|
| | | TDF | TWD | TSD | TFD | TSF |
| 窑炉相对位置 | | 同线式 | 同线式 | 半离线式 | 半离线式 | 半离线式 |
| 组合结构 | | 类似 DD 炉容积增大，三次风双路切线入炉，顶部径向出炉 | 下置式，类似 NSF 与 TDF 炉组合 | 旁置式，类似 RSP 预燃室与 TDF 组合 | 旁置式，类似 NMFC 与 TDF 组合 | 旁置式，类似 NMFC 经鹅颈管与上升烟道下部连接 |
| 入料风点 | 三次风 | 从锥体与圆柱体结合处的上部切线吹入 | 切线入下蜗壳 | 进预燃室 | 从炉内流化区上部吹入 | 从炉内流化区上部吹入 |
| | 窑气 | 底部喷入 | 底部喷入 | 底部喷入 | 入上升烟道 | 入上升烟道 |
| | 煤 | 从三次风入炉口的两侧喷入 | 从蜗壳上部多点加入 | 从预燃室上部喷入 | 从流化床区上部喷入 | 从流化床区上部喷入 |
| | 生料 | 从三次风入炉口喷入 | 从蜗壳及炉下部加入 | 从三次风入口加入 | 从流化床区上部喷入 | 从流化床区上部喷入 |
| 断面风速 | /(m/s) | 8～10 | | 主炉 8.5 左右，预燃室 10～12 | | |
| | /[m³/(t/d)] | 0.17 | | 主炉/总＝0.21/0.49 | | |

| 项 目 | 炉 型 | | | | |
|---|---|---|---|---|---|
| | TDF | TWD | TSD | TFD | TSF |
| 流场效应 | 双喷腾及喷顶效应 | 涡旋及双喷腾 | 涡旋及双喷腾 | 炉下为流态化,上部为悬浮流场 | |
| 煤种适应性 较好/一般 稍逊 | ①/②、③、④、⑤ | ③/②、④、⑤ | ③、⑤/①、②、④ | ③、⑤/①、②、④ | ①/②、③、④、⑤ |
| 主要特点 | 容积大、阻力低 | 料气停留时间比最大 | 料气停留时间比中等 | 阻力高,物料停留时间长 | |
| 设计单位 | 天津水泥工业设计研究院 | | | | |
| 图形 | 接预热器 物料 煤粉 三次风 ↑窑气 | 接预热器 物料 煤粉 三次风 ↑窑气 | 物料 煤粉 三次风 接预热器 ↑窑气 | 接预热器 物料 窑气 物料 三次风 煤粉 流化风 | 接窑尾上升烟道 物料 三次风 煤粉 流化风 |

| 项 目 | 炉 型 | | | |
|---|---|---|---|---|
| | CDC-I | CDC-S | NSC-I | NSC-S |
| 窑炉相对位置 | 同线式 | 半离线式 | 同线式 | 半离线式 |
| 组合结构 | 类似NSF,上部为反应室,设缩口 | 旁置式,类似RSP预燃室和反应室 | 类似喷腾型炉,出口设鹅径管 | 类似喷腾型炉,出口设鹅径管与上升烟道连接 |
| 入料风点 三次风 | 切线入下蜗壳 | 进预燃室 | 从下锥体切线入 | 从炉低喷入 |
| 入料风点 窑气 | 从炉底喷入 | 入上升烟道 | 从炉底喷入 | 入上升烟道 |
| 入料风点 煤 | 从蜗壳上部及反应室下部多点加入 | 从预燃室上部喷入 | 从三次风入炉口两侧喷入 | 从三次风入炉口两侧喷入 |
| 入料风点 生料 | 反应室下部及上升管道 | 从三次风入口处加入 | 从炉侧加入 | 从炉侧加入 |
| 断面风速 /[m³/(t/d)] | 0.137 | | 0.147 | |
| 流场效应 | 旋流与双喷腾流复合 | 涡旋与双喷腾复合 | 喷腾与涡旋复合 | 喷腾与涡旋复合 |
| 煤种适应性 | ①、③ | ①、③、④ | ①、③、④ | ①、③、④ |
| 主要特点 | 炉出口长热风管道,起第二分解炉作用 | | 炉容大 | |

| 项　目 | 炉　型 | | | | 图　例 |
|---|---|---|---|---|---|
| | CDC-I | CDC-S | NSC-I | NSC-S | |
| 设计单位 | 成都建材工业设计研究院 | | 南京水泥工业设计院 | | |
| 图形 | 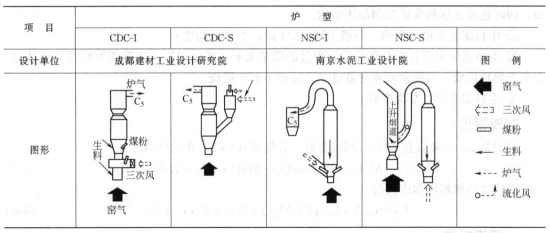 | | | | |

注：①烟煤；②褐煤；③低挥发分；④低热值；⑤无烟煤。

# 第四节　回　转　窑

由于系统组合不同，回转窑所完成的功能也有差异。在预分解系统上，水泥回转窑主要完成少量最终分解及熟料矿物形成。其功能如下：

① 提供燃料燃烧和气料进行热交换的空间；

② 给予物料一定的停留时间完成化学反应；

③ 提供燃料燃烧的停留时间；

④ 完成物料从窑尾到窑头的输送；

⑤ 降解利用废弃物中的有害物质。

## 一、生料煅烧性能指数

### 1. 易烧性

易烧性是指生料在窑内煅烧时 f-CaO 达到目标值的难易程度。生料易烧性好，熟料煅烧温度低，热耗也低。生料易烧性由实验室测定。

生料易烧性试验是常用方法，标准规定：先将试样压块成型，在 $1000℃$ 预热后再分别放入 $1350℃$、$1400℃$、$1450℃$ 下恒温煅烧 $30min$，测其 f-CaO 的百分数，作为生料易烧性的评价指标。按中国水泥发展中心制定的划分标准和相关资料，得出生料易烧性划分等级，见表 6-7。

表 6-7　生料易烧性等级划分

| 生料易烧性等级 | 易烧 | | 一般 | | 难烧 | | 易烧性评价 | 较好 | 一般 | 较差 |
|---|---|---|---|---|---|---|---|---|---|---|
| | A | B | C | D | E | F | | | | |
| f-CaO$_{1400℃}$/% | ≤0.5 | 0.5~1 | 1~1.5 | 1.5~2 | 2~2.5 | ≥2.5 | f-CaO$_{1450℃}$/% | ≤1.5 | 1.5~2.5 | >2.5 |

影响生料易烧性的因素很多，具体如下。

① 原料性能是关键因素，如石灰石中含泥晶的 $CaCO_3$ 比例越高，配制的生料易烧性越

好，生料中石英含量增多则易烧性差。所以选择和评价原料时，不仅要注重其化学成分品位，同时还要注意所含矿物和晶体结构。

② 生料配料率值的影响，一般 KH、SM 高，生料易烧性差。

③ 生料成分中含有次要氧化物和少量的微量元素、矿化剂等，适量使生料的易烧性好，有利于熟料形成，但微量元素含量过高，反而不利于煅烧。

④ 生料细度好，易烧性好。

### 2. 液相量

液相量 $L_P$ 一般以在 23%～28% 为好，计算见式（6-5）和式（6-6）：

$$L_{P1450} = 3Al_2O_3 + 2.2Fe_2O_3 + MgO + SO_3 + R_2O \quad (\%) \tag{6-5}$$

掺烧劣质原燃料和废料时：

$$L_P = C_3A + C_4AF + MgO + SO_3 + R_2O \quad (\%) \tag{6-6}$$

### 3. 窑皮指数

窑皮指数 $A_w$ 的计算见式（6-7）和式（6-8）及表 6-8。

$$A_w = L_P + 0.2C_2S + Fe_2O_3 \quad (\%) \tag{6-7}$$

掺烧劣质原燃料和废料时：

$$A_w = C_3A + C_4AF + 0.2C_2S + 2Fe_2O_3 \quad (\%) \tag{6-8}$$

表 6-8　窑皮指数与窑皮情况

| 窑皮指数 $A_w$/% | <30 | 33～40 | >40 |
|---|---|---|---|
| 窑皮情况 | 窑皮难于形成 | 好挂窑皮 | 易结大块 |

## 二、回转窑的特点

回转窑（预分解窑）是水泥熟料煅烧不可缺少的热工设备，随着预分解技术的实施，预热器和分解炉结构不断优化，使入窑物料分解率提高到 85%～95%，不仅有利于缩小窑长径比，而且使回转窑的功能发生变化。与传统回转窑相比，预分解窑技术特点概括如下。

① 窑内热负荷低。由于窑内只有 5%～15% 的分解任务，窑只需完成少量分解热量和保证阿利特等矿物形成所需的高温热便可，故热负荷大大减轻，对延长窑衬寿命有利。

② 熟料在烧成带停留时间短、窑皮长。一般传统湿法窑和干法窑，物料在烧成带停留时间为 15～20min，烧成带长度为 $4.9D_内$，而预分解窑在烧成带停留时间一般为 10～12min，烧成带长度为 $(5～5.5)D_内$。

③ 单位容积产量高、窑速快。预分解窑转速为 3～4r/min，形成薄料快转（填充率为 6%～10%），物料在窑内翻滚速度加快，有利于料气之间的传热和物料温度均匀，为提高产量和质量创造了条件，其单位容积产量 $G_V$ 高于其他类型水泥窑，见表 6-9。

表 6-9　回转窑的单位容积产量

| 窑别 | 湿法窑 | 余热锅炉窑 | 传统干法窑 | 旋风预热器窑 | 预分解窑 |
|---|---|---|---|---|---|
| $G_V$/[t/(m³·d)] | 0.45～0.79 | 0.50～0.79 | 1.7～2.1 | 1.5～2.2 | 3.0～5.6 |

④ 窑体短、支点少。由于入窑物料分解率高，温度高，因此窑内只需很短的分解带。窑的长径比为 10～15，而传统干法窑为 20～30。因窑短，一般用三支承或两支承。

⑤ 筒体和窑尾温度高。在 820～860℃ 的入窑生料，在窑内堆积态继续完成碳酸盐分解时，要求物料温度约为 950℃，尾温在 1050～1100℃。随着二次风温升高及采用多风道燃烧器以及火焰集中等因素，窑头筒体表面温度在 470℃ 以上（一般窑 <350℃）。

## 三、窑内工艺带的划分

由前所知，由于入窑物料的分解率及温度特定条件，使预分解窑的工艺带与传统湿法窑大不相同，一般预分解窑主要有三个带：过渡带、烧成带、冷却带（有的划分为四个带：分解带、过渡带、烧成带、冷却带）。水泥熟料形成的热反应式见表 6-10。窑内工艺反应所需热量较少，但矿物形成所需的高温和滞留时间，特别是物料在高温烧成带的停留时间应达到 10～12min。

表 6-10　硅酸盐水泥熟料的形成温度和热反应

| 反应带 | 反应温度/℃ | 反应式 | 热量/(kJ/kg) |
|---|---|---|---|
| 干燥带 | 100 | 游离水蒸发 | 2675 |
| 预热带 | 450 | 高岭土脱水　$Al_2O_3 \cdot 2SiO_2 \cdot H_2O \longrightarrow Al_2O_3 + 2SiO_2 + 2H_2O \uparrow$ | 1097 |
| 分解带 | 600～700 | 碳酸镁分解　$MgCO_3 \longrightarrow MgO + CO_2 \uparrow$ | 815 |
| | 650～900 | 碳酸钙分解　$CaCO_3 \longrightarrow CaO + CO_2 \uparrow$ | 1656 |
| | 800 | 中间矿物形成　$CaO + Al_2O_3 \longrightarrow CA$ | |
| | | $CaO + Fe_2O_3 \longrightarrow CF$ | |
| | | $CaO + CF \longrightarrow C_2F$ | |
| | 900～950 | $3CA + 2CaO \longrightarrow C_5A_3$ | |
| | 1000 | 熟料矿物形成　$2CaO + SiO_2 \longrightarrow C_2S$ | −602 |
| | 1200～1300 | $3C_2F + C_5A_3 + CaO \longrightarrow 3C_4AF$ | −38 |
| | | $C_5A_3 + 4CaO \longrightarrow 3C_3A$ | −109 |
| 烧成带 | 1280～1400 | $C_2S + CaO \longrightarrow C_3S$ | −447 |

### 1. 过渡带

过渡带一般占窑总长的 45%～55%。过渡带主要承担固相反应任务和少量的物料分解。入窑物料温度高，料温差小，加上窑内物料呈堆积态，传热速率低，故过渡带相当长。在此带进行堆积态固相反应时，由于入窑料中主要是大量的"新生态"微晶型 f-CaO 和 f-SiO₂，加上气流温度高（950～1000℃），物料迅速升温，反应生成的 $C_2S$、CaO 晶体尺寸小，表面积大，晶格缺陷多，活性强，反应能力强。

### 2. 烧成带

预分解窑的烧成带承担使 $C_3S$ 形成和 f-CaO 吸收的任务，约占窑总长的 40%，比传统窑相对要长些。为使入窑后堆积料层中 $CaCO_3$ 继续分解，尾温需控制 950℃ 以上（以窑烟室不结皮为准），因而烧成带要延长。在高温下，$C_2S$ 与 f-CaO 逐步溶解于液相中，形成 $C_3S$，随着时间延长和温度升高，CaO、$C_2S$ 不断溶解扩散，$C_3S$ 晶核形成、发育，逐渐完成熟料的烧结、矿物形成的全过程。

### 3. 冷却带

冷却带一般占窑总长的 5%～10%，主要将熟料中部分 $C_3A$、$C_4AF$ 及少量的 $C_5A_3$ 重结晶（有的仍为液相），当温度低于1200℃时，液相消失形成玻璃体。由于熟料量多，而单位熟料入窑风量小，二次风温高，因此预分解窑出窑熟料温度相当高，熟料冷却任务和回收热量主要由后续冷却机完成。

## 四、窑头燃无烟煤的技术措施

预分解窑的煤粉燃烧点有两处：窑头和分解炉。窑内燃烧条件好，煤粉通过燃烧器喷出，在高温下有焰燃烧，氧含量高，火焰温度高，可以保证火焰稳定，煤粉燃烧形成火焰的构成分析见表6-11。为适应燃无烟煤时的高着火温度并提高燃尽度，着重要提高窑内温度和煤粉浓度，采取的措施有以下两点。

表6-11　燃烧火焰构成分析

| 温度/℃ | 阶　段 | 时间/s | 火 焰 构 成 | 外 界 条 件 |
|---|---|---|---|---|
| 450 | 干燥及预热 | 0.03~0.05 | | 窑内焰面温度影响黑火头长短 |
| 450~870 | 挥发分析出与燃烧 | 0.01~0.03 | 挥发分分解出的气体薄膜包在煤粒周围（燃烧生成 $CO_2$ 和 $H_2O$） | 挥发分燃尽时间与挥发分含量、流速和焰面温度高低有关 |
| 870~1400 | 固定碳燃烧 | 0.2~0.4 | 挥发分所产生的薄膜燃尽后，焦化的固定碳与氧再次燃烧产生高温能量 | 煤粉颗粒越细，燃烧速率越快，燃尽率越高 |

### 1. 采用多风道燃烧器

① 选用大推力短火焰的高效喷煤燃烧器。无烟煤需要高的焰面温度，一要火焰短；二要尽量少用一次风，多用二次风。火焰长度短，燃料的能量在较小的体积内释放出来，因而火焰温度高，对加速无烟煤燃烧是有利的。采用高风速大推力的多风道燃烧器，可以实现一次风少和保持理想的短火焰。多风道燃烧器带有火焰调节装置，实现快速起燃和燃尽，对燃无烟煤和低挥发分煤完全可获得理想的火焰长度。

② 强化燃烧器。强化措施主要是采用热回流技术（将已着火的高温烟气卷吸到喷口处，使未着火的煤风流迅速被加热，快速着火）和浓缩燃烧技术（提高一次风中的煤粉浓度）。多风道燃烧器，内风旋流可以使中心形成回流，以便卷吸高温烟气；煤风流由高压输送，煤粉浓度高，速度低，风量小，具有良好的着火性能；外风采用直流风，具有很强的穿透力，使着火后流体末期湍流强度增加，大大强化了固定碳的燃烧。还可设置拢焰罩以提高煤粉燃尽率（见表6-12）。

表6-12　不同煤粉浓度与煤粉着火温度以及拢焰罩长度与煤粉燃尽率的关系

| 项　目 | 无 烟 煤 | | | 烟 　煤 | | | 拢焰罩长度/cm | 0 | 50 | 100 | 150 |
|---|---|---|---|---|---|---|---|---|---|---|---|
| 煤粉初始浓度 /(kg/kg) | 0.51 | 5.0 | 10 | 0.43 | 3.0 | 5.0 | 煤粉燃尽率 /% | 94.66 | 98.12 | 98.83 | 99.35 |
| 着火温度/℃ | 1200 | 800 | 730 | 540 | 370 | 325 | 窑内温度/℃ | 2277~2004 | 2243~1776 | 2238~1965 | 2222~1949 |

### 2. 加速煤粉燃烧和提高燃尽率

① 提高二次风温，采用新一代厚料层篦冷机，使入窑风温大于1200℃。

② 提高煤粉细度，加快燃烧速率使煤粉在窑内燃尽。

新型干法水泥生产工艺读本 （第三版）

# 第五节　煤粉燃烧器

　　煤粉燃烧器是熟料煅烧系统中的一个组成部分，它承担燃料燃烧的重要任务，在水泥窑中煤粉的喷射、点燃以及二次风的卷吸都由燃烧器来完成。随着预分解技术的发展和无烟煤、低质煤在水泥窑系统中的应用，对燃烧器提出了新的要求，即必须符合可持续发展战略要求，具有节能型（尽可能低的一次风比率）、环保型（低 $NO_x$）和资源利用型（可以使用低质煤、低挥发分煤、无烟煤或替代燃料）特点。燃烧器技术和设备有了新的进展，燃烧器已由早期的单风道发展为三风道、四风道。预分解窑使用的旋流式四风道煤粉燃烧器是当前世界上最先进的回转窑煤粉燃烧器。分解炉内温度较回转窑燃烧带低得多，多数采用单风道新型燃烧器。20 世纪 80 年代末期 Pillard 公司分解炉上采用具有燃烧快、燃尽率高和对无烟煤适应性强等优点的三风道燃烧器。如今我国分解炉也配置了多风道燃烧器，如在冀东二线的 NSF 炉和北京琉璃河水泥厂二期燃烟煤和无烟煤的 TSD 炉等上采用了三风道燃烧器。三风道和四风道燃烧器头部结构分别如图 6-3 和图 6-4 所示。

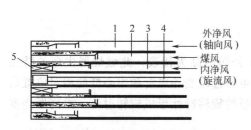

图 6-3　三风道煤粉燃烧器头部结构
1—外净轴流风道；2—煤风道；3—内净旋流风道；
4—燃油点火装置；5—螺旋叶片

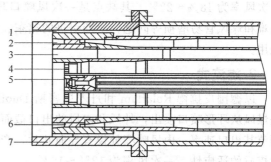

图 6-4　四风道煤粉燃烧器头部结构
1—轴向外净风；2—旋流内净风；3—煤风；
4—火焰稳定器（中心风道）；5—燃油点火
装置；6—螺旋叶片；7—拢焰罩

## 一、燃烧器各风道作用简介

　　新型燃烧器采取煤风和净风从各自通道分别喷入窑的方式，利用风、煤之间的方向差和速度差，加快风煤之间的混合，以提高煤粉的燃烧速率和火焰温度。燃烧器采用外风、煤风和内风、中心风（四风道时）同轴套管结构形式。三股或四股风在出口处的湍流强度和径向速度梯度大均可使火焰传播速度加快，对着火温度高、燃烧速率慢的煤种起强化作用。最外层的外风采用高速直流风，它具有很强的穿透性和卷吸二次风的能力；第二层为煤风，采用低速（接近输送煤粉的速度 20～30m/s）高压输送，因风量小、浓度大，故具有很好的着火性能；第三层为内风，采用高速旋流风，强度大、混合强烈、传热迅速，并在喷嘴前形成一个回流区，有利于稳定火焰，同时也为火焰中心提供氧气以强化煤粉燃烧；四风道的内层中心风风量小，主要是克服中心部位的回流风可能引起的煤粉堵塞或为避免回火烧坏燃烧器而设置能为火焰中心供氧的装置，以强化煤粉燃烧。

## 二、结构形式

　　在 20 世纪 70 年代以前均用单风道燃烧器，煤风以 50～70m/s 的低速从喷燃管喷出，煤风混合率低,黑火头较长,卷吸二次风能力很弱,一次风量较高(20%~30%),火焰温度不易提高也不易调节,故要燃烧低质煤相当困难,甚至不可能,难以满足生产要求。1990年以来相继研发出双风道、三风道和四风道的煤粉燃烧器,虽然它们的结构形式不一,但都具有以下特点:

① 低的一次风率;

② 可灵活调节的一次风量和各风道风量比;

③ 对煤种适应性强;

④ 火焰稳定,火焰射流具有热烟气返混功能;

⑤ 煤粉燃烧不需要过多的过剩空气,四风道与三风道燃烧器的主要区别是多了一股中心风和拢焰罩,拢焰罩使用后,火焰长度增长,避免了高温,有利于保护窑皮和提高煤粉燃尽率。

燃烧器结构的基本形式如下。

### 1. 分割式

以日本窑炉工业株式会社(NFK)为代表,这种早期燃烧器形式采用煤风分割结构,一次风率为18%~22%。其缺点是一次风喷口环形通道易变形,又由于通道间隙小,加工困难和煤风管易磨损等问题,早期引进的冀东、宁国水泥厂采用这种三风道形式,现在已不采用。

### 2. 旋流式

以德国皮拉德 Rolaflam 和丹麦史密斯 Duoflex 公司产品为代表,此燃烧器主要的特点是煤风从环形喷口喷出,外风和内风的出口截面积可通过改变外风管和中心杆的相对位置来调节其出口速率;内风喷嘴处设有导向叶片,产生强的旋转特性形成旋转射流,提高燃烧器对煤质的适应性,一次风率为12%~16%。

### 3. 高速离散射流式

以德国洪堡和英国燃料技术公司生产的 PYRO-JET 为代表,这种燃烧器主要的特点是外风采用离散喷嘴组成的直流风喷口结构,它由8~18个小股喷射流喷出(有利于将高温二次风卷向喷嘴,既可降低一次风量又能保持较高的动量,加速煤粉燃烧),各小股流之间和小股流与二次风之间形成许多漩涡,这种混合效果高于剪切型,另外在煤风管内表面衬了厚度为1.5mm的陶瓷保护层,延长了喷燃器的使用寿命,一次风率为6%~9%。

我国相关设计部门、设备制造厂家陆续开发制造出了各具特色的煤粉燃烧器(见表6-13),主要有天津水泥工业设计研究院的 TC 型、南京水泥工业设计院开发的 NC 型、天津市博纳建材高科技研究所开发的 TJB 型和合肥水泥研究设计院开发出的 HP 型,还有郑州奥通热力工程公司生产的 HJGX 型多风道煤粉燃烧器等。

表6-13 部分国产四通道燃烧器性能简介

| 项目 | 型　　号 | | | | |
|---|---|---|---|---|---|
| | HJGX | EPIC | NC | TC、TJB | HP |
| 制造厂家 | 郑州奥通热力工程公司 | 武汉理工大学 | 南京建安公司 | 天津水泥工业设计研究院、天津博纳建材高科技研究所 | 合肥水泥研究设计院 |
| 风道排列方式 | 外风、煤风、内直风、内旋风 | 外风、煤风、内旋风、中心风 | | | |

| 项目 | 型 号 | | | | |
|---|---|---|---|---|---|
| | HJGX | EPIC | NC | TC、TJB | HP |
| 配置能力/(t/d) | 700~10000 | 170~5000 | ≤5000 | ≤5000 | ≤3000 |
| 一次风比例/% | <7 | 5~7 | <8 | <8 | 7~9 |
| 外风风速/(m/s) | | 160~250 | | 100~400 | |
| 内风风速/(m/s) | | 120~245 | | 80~180 | |
| 煤道风速/(m/s) | | 20~35 | 20~40 | 20~30 | |
| 中心风风速/(m/s) | | | | 40~60 | |
| 煤质 | V≥5%,热值18000kJ/kg | | V≥5% | 烟煤、无烟煤、替代燃料 | 烟煤、无烟煤、低质煤 |
| 特点 | 无中心风 | 外风用离散小喷嘴技术 | 内风设可更换旋流叶片,内外风道面积可调 | 设拢焰罩,中心风由数个小孔喷出,外风用小喷嘴喷出 | 外风设可更换喷嘴 |

# 第六节　篦式冷却机

水泥熟料冷却机将由回转窑卸出的高温熟料冷却,同时进行热回收(入窑、入炉和余热利用),以提高整个烧成系统的热效率和熟料质量,并降低热耗。熟料冷却机主要有三种形式:单筒、多筒和篦式。三种冷却机各有优缺点,经历了长期共存、三足鼎立的竞争局面。预分解窑问世后,由于炉用三次风的抽取,和预分解窑系统对二次风、三次风温度增高的需求,推动式篦式冷却机成为目前熟料冷却最佳的匹配设备。从表6-14可以看出篦冷机能满足冷却功能(熟料骤冷,防止 $C_2S$ 晶体转变,提高熟料质量,提高二、三次风温度,有利于燃料燃烧、对出窑熟料热回收和热风的利用,降低系统热耗等)要求和实现大型化目标。

表6-14　不同冷却机的工艺特性

| 项目名称 | 单筒 | 多筒 | 篦冷机 | LTBF | TC-三代 | NC-Ⅲ |
|---|---|---|---|---|---|---|
| 产量/(t/d) | <2000 | <3000 | 700~10000 | 5000 | 5000 | 5000 |
| 单位面积负荷/[t/(d·m²)] | 1.6~2.0(冷却筒表面) | | 20~55(篦床) | 41~46 | 42~44 | 36~40 |
| 进口熟料温度/℃ | 1200~1300 | 1100~1200 | 1300~1400 | 1300~1400 | | |
| 出口熟料温度/℃ | 200~400 | 200~300 | 70~120 | 环境温度+65℃ | | |
| 冷却机热效率/% | 50~70 | 60~80 | 60~83 | 70~75 | 72~75 | |
| 二次风温(一般)/℃ | 500~800 | 500~650 | 900~1000 | 1050~1100 | | |
| 二次风温(最高)/℃ | 850~900 | 730~780 | 1100~1300 | | | |
| 单位风量(标况)/(m²/kg) | 0.8~1.1 | 0.8~1.0 | 1.9~2.2 | 2.0~2.2 | 1.9~2.1 | <2.0 |
| 抽取二次风 | 可　以 | | | | | |
| 抽取三次风 | 可以 | 不可以 | 可　以 | | | |
| 余热烘干利用 | 不可以 | | 可　以 | | | |
| 低温余热发电 | 不可以 | | 可　以 | | | |

## 一、冷却机评价

### 1. 冷却机热效率 η

冷却机热效率为从熟料中回收的热量（余热利用和用于煅烧过程的热量之和）与熟料出窑时热含量的比值，可用式(6-9) 计算：

$$\eta = (Q_1 - Q_2)/Q_1 \tag{6-9}$$

式中　　$\eta$——冷却机热效率，%；

　　　　$Q_1$——熟料出窑带入的热量，$kJ/kg_{熟料}$；

　　　　$Q_2$——冷却机的散热损失、余风排出及熟料出机带走的热量，$kJ/kg_{熟料}$。

### 2. 入窑二次空气温度

二、三次空气温度越高，带入窑和分解炉的热量越多，冷却机热效率就越高。篦冷机结构的改进和抽取位置的变动，提高了二、三次风的温度。二次风温度值与三次风抽取部位有关，一般当三次风从篦冷机抽取时，二次风温度为 950～1200℃；而从窑头罩抽取时二次风温为 900～950℃。用低质煤或低挥发分煤时，为有利于煤粉燃烧，需要提高入分解炉的空气温度，往往从窑头罩抽取三次风。

### 3. 出机熟料温度

熟料离开冷却机的温度越低越好，表示冷却机的冷却效率高。目前篦冷机设计的出机熟料温度为室温＋65℃。

## 二、推动式篦式冷却机

篦冷机是骤冷式冷却机，出窑熟料在篦板上铺成一定厚度的料层，靠鼓入的冷空气穿过熟料层使之骤冷。按篦子运动方式分推动式、回转式和振动式篦冷机，回转式和振动式使用效果不太好，没有推广。自 1937 年美国福勒公司发明第一代推动式篦冷机以来几经改造，分别于 20 世纪 70 年代初和 80 年代后期研发出了第二代、第三代篦冷机，20 世纪 90 年代末，研发出了推动棒式第四代篦式冷却机。我国 20 世纪 60 年代设计制造出了第一代推动式篦冷机，主要用于湿法窑，70 年代开发了第二代并用于川沙、江西等水泥厂，随后第三代篦冷机也被开发出来。随着我国节能指标要求提高，烧成系统技术进步，第三代篦冷机已经难以满足水泥窑生产工艺和节能要求，新研发出具有高热效率，无漏料的第四代篦冷机，已投入生产使用。各代篦冷机的结构情况如表 6-15 所列。

表 6-15　各代篦冷机的结构及技术指标简况

| 代　　别 | 第一代 | 第二代 | 第三代 | 第四代 |
|---|---|---|---|---|
| 年度 | 1950～1975 | 1975～1985 | 1986 以后 | 2000 年至今 |
| 主要特点 | 薄料层 | 厚料层 | 控制流厚料层 | 输送与冷却结构独立；无漏料 |
| 料层厚/mm | 进口 180～200 | 进口 400～500 | 进口 700～800 | 650～700 料层厚稳定 |
| 篦床 | 分段,有固定和活动之分 | | | 整体、固定式 |
| 篦板 | 长孔低阻 | 圆孔低阻 | 高阻力 | 固定阻力篦板 |
| 供风方式 | 统一供风 | 分室供风 | 分区供风 | 风量自动控制,分区供风 |
| 熟料输送方式 | 依靠活动篦板推动料床前进 | | | 靠推动棒等往复推料[①] |

| 代　　别 | 第一代 | 第二代 | 第三代 | 第四代 |
|---|---|---|---|---|
| 单位面积产量/[t/(m²·d)] | 25～27 | 32～43 | 40～50 | 45～55 |
| 二次/三次风温/℃ | 600 | >900/>600 | >1000/>800 | >1000/>800 |
| 冷却标况风量/(m³/kg) | 3.5～4.0 | 1.9～2.3 | 1.7～2.2 | 1.5～2.0 |
| 热效率/% | <50 | 65～70 | 70～75 | 72～76 |

① 第四代篦冷机中，推动棒式采用推动棒输送熟料；S形篦冷机采用SCD摆扫式输送装置，往复摆扫运动，推动熟料前进；步进式篦冷机，各输送列分组进行梭式运动，推动熟料向破碎机方向卸料。

### 1. 结构简介

篦冷机除机壳外内部结构主要由篦床、篦板、支承装置、供风设施和破碎机等组成，简介如下。

**(1) 篦床和篦板** 篦床和篦板是篦冷机最重要的零部件，它决定了篦床上熟料层的厚度、单位篦床面积产量和冷却机的供风系统以及冷却机的回收效率。篦板有传统篦板、阻力篦板和低漏料篦板等。第三代篦板在进口区和热回收区采用高阻力篦板，非热回收区采用传统第二代篦板，使用效果好。富勒公司开发出了低泄漏篦板，大大降低了熟料的漏料率，使用于第四代篦冷机上。

**(2) 供风系统** 第一代、第二代篦冷机均采用分室鼓风，第三代、第四代利用支承篦板的空气梁作为供风系统，由专门的管道脉冲分区供风并可自动调节控制。

**(3) 破碎机** 我国原建的篦冷机大多采用锤式破碎机，新建的篦冷机开始采用允许熟料温度高、运转时扬尘少、使用寿命长、能与篦冷机宽度匹配的辊式破碎机，该辊子质量很好，使用了几年的辊子还能破碎出均匀细小的熟料，为后续篦床冷却创造了条件。

### 2. 国产第三代篦冷机简介

我国已有多家设计研究单位进行篦冷机开发，采用厚料层、阻力篦板、控制流技术和液压传动，其内部构件如阻力篦板具有自主知识产权。天津水泥设计研究院的 TC 型，一段全部为高阻力篦板，高温区为固定式充气梁篦床；高温布料区为活动式充气梁，中温区采用阻力篦板，低温区采用普通篦板。南京水泥工业设计研究院 NC-Ⅲ型（见图6-5），第一段篦床倾斜3°，篦床的高温淬冷区采用高效节能的高阻力凹槽篦板；第二段篦床水平布置，采用低漏料凹槽篦板；第三段篦床水平布置，采用孔式篦板。为防止"堆雪人"，入口采用活动篦床。成都建材工业设计研究院 LBTF 型篦冷机，倾斜3°，第一高中温区即骤冷区和热回收区，由固定阶梯阻力篦板和固定空气梁组成。高温区防"堆雪人"和大块熟料堆积，端部机壳加装了一组空气炮，按需间断"开炮"，第二中温区即热利用区由低漏料篦板组成，活动

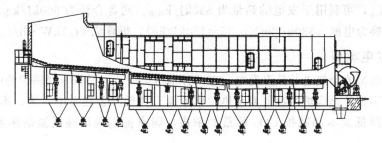

图6-5　国产第三代 NC 型篦冷机结构

篦板与固定篦板隔行布置；第三低温区采用改进型普通篦板。

# 第七节　低温余热发电技术

水泥窑、分解炉既是燃烧器又是反应器的热工设备。燃料在其中燃烧生成热烟气，与入窑的生料进行气固热交换，将热量提供给生料进行物理、化学反应变化，形成熟料，剩余热量以热烟气形式排出。出窑熟料需要冷却，热熟料经过冷却机与送入的冷空气进行热交换，使空气被加热后，除入窑（二次风）、入炉（三次风）和烘干原材料外，剩余的含热量的热风以余风方式排走。致使由窑头、窑尾废气带走的热约占热支出的 30% 左右。从节能角度需要采取措施，将这部分热再回收利用，可以降低系统单位熟料热耗。

## 一、余热回收

在预分解窑生产线上，普遍采取窑磨一体化流程，将窑尾热废气用于原燃材料烘干粉磨上；窑头冷却机空气与炙热熟料热交换后的热风，主要用于预热入窑、入炉二、三次风和煤烘干上。从理论上分析，出 $C_1$ 筒风所含的热量和冷却机内部热交换风所含有的热量，供系统内生产烘干用还有富余，可以再回收，用于余热发电，以进一步降低吨熟料热耗。

### 1. 再回收热量

废气含热量由温度、成分和废气量构成。预热预分解窑系统中子系统的温度：出预热器的废气温度视其级数而定，一般五级预热器出 $C_1$ 筒温度为 260～320℃，四级 300～360℃；其中 0～100℃温度段废气无法利用，100～（150～210)℃温度段的废气用于烘干原燃料水分，(100～210) ～ (210～320)℃温度段的废气可以再利用；篦冷机各部位废气温度与抽气点位置有关，靠窑头温度高，末端温度低，热端高温热气，作为二、三次风入窑入炉。后部直接从篦冷机机壳抽取的废气温度一般为 220～450℃；其中 0～100℃温度段废气无法利用，100～210℃温度段的废气用于原燃材料烘干，(150～210) ～ (220～450)℃温度段的废气可以再利用于发电。废气成分影响热量，窑尾废气主要组成为 $CO_2$、$NO_x$、$O_2$、水蒸气，窑头热风成分主要是 $O_2$ 和 $N_2$。废气量与操作和煅烧有关，通常出 $C_1$ 筒废气为 1.4～1.5 $m^3$/$kg_{sh}$（标况），篦冷机冷却风量与篦冷机结构有关，三代和四代的冷却风量 1.5～2.2 $m^3$/$kg_{sh}$（标况）。

热量：据参考文献 [7] 介绍，一般预热器废气热量为 500～800kJ/$kg_{sh}$，取 670kJ/$kg_{sh}$，扣除用于烘干原料和不可利用的 400kJ/$kg_{sh}$，可利用于发电的热量为 270kJ/$kg_{sh}$。冷却机中部取风，废气热量为 300～550kJ/$kg_{sh}$，取 450kJ/$kg_{sh}$，扣除用于烘干原料和不可利用的 120kJ/$kg_{sh}$，可利用于发电的热量为 330kJ/$kg_{sh}$。两者合计为 600kJ/$kg_{sh}$。按照 25% 的废气热量转换为电能（330kJ/kg×0.25＝150kJ/kg），折算成 41.7kW·h/$t_{sh}$。

### 2. 余热发电类型

利用预分解窑的余热进行低温发电，有两种基本类型：一是带补燃锅炉的中低温余热发电系统，二是不带补燃锅炉的纯低温余热发电系统。纯低温余热发电系统，不需要再燃煤，成为水泥企业降低成本和减排 $CO_2$ 的重要举措，国家提倡采用纯低温余热发电系统，见图 6-6。

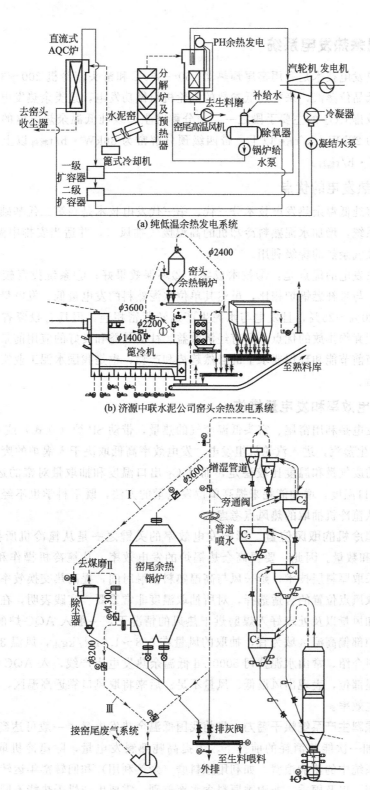

(a) 纯低温余热发电系统

(b) 济源中联水泥公司窑头余热发电系统

(c) 济源中联水泥公司窑尾余热发电系统

图 6-6  纯低温余热发电系统

Ⅰ—指在 $C_1$ 出口设置入煤的烘干取风管路；Ⅱ—指在余热锅炉排气出口设置旁路，接到
煤磨除尘器出口的风管；Ⅲ—指在余热锅炉出风管设置接到高温风机进风口的管路

## 二、低温余热发电系统

纯低温余热发电技术是利用窑尾预热器 260～360℃ 和窑头篦冷机 200～300℃ 的中低温的废气，产生低品位蒸汽，来推动低参数的汽轮机组做功发电，这类余热发电已成为水泥企业降低热耗和减排 $CO_2$ 的主要手段之一。预分解窑生产线纯低温余热发电的发电指标：带五级预分解窑为 28kW·h/t$_{熟料}$ 以上，带四级预分解窑为 38kW·h/t$_{熟料}$ 以上，国际先进水平达 40～45kW·h/t$_{熟料}$。

### 1. 低温余热发电的优点

我国水泥窑纯低温余热发电技术分三代。第三代发电技术是在第二代基础上进一步优化余热发电热力系统，增加水泥熟料冷却机的高温废气抽风口，并适当安排中温废气抽风口，做到窑头锅炉废气余热的梯级利用。

纯低温余热发电的优点是：①技术成熟；②环保效果好；③系统投资较低；④操作运行、管理简单。与带补燃锅炉相比，虽然其单位水泥熟料的发电量低，发电量只够满足水泥生产用电量的 20%～25%，且发电与水泥生产运转紧密相连，但具有投资省、生产过程中不增加粉尘等废弃物排放的优点，具有经济效益、社会效益和良好的应用前景，符合我国的产业政策，是当前节能和环保要求下的必然趋势和产物，也是我国水泥工业实现可持续发展的一项重要举措。

### 2. 提高发电效率和发电量措施

低温余热发电是利用窑尾、窑头低温废气的热量，带动 SP 炉（立式）或 HP 炉（卧式）和 AQC 锅炉产生蒸汽，进入汽轮机组发电。发电效率高低取决于入锅炉的废气量和废气温度。一般窑尾的废气量和温度比较稳定，而且 $C_1$ 出口温度和抽取量对窑的运行影响很大，通过提高 $C_1$ 出口温度，增加能耗来提高单位发电量的方法，既不科学也不经济。通常要提高发电效率宜从篦冷机抽取的热风点考虑。

**(1) 窑头篦冷机的取风位置**　影响发电效率的关键之一是从篦冷机所抽取的热风入 AQC 炉的温度和数量。因此，要提高余热锅炉的发电效率，从篦冷机操作和取风点着手。首先操作上要采取厚料层技术，延长风与高温熟料接触时间，提高热交换效率，从而热风温度高。其次是取风点位置的合适选择，对所抽取温度非常重要。实践表明，在确保窑炉用二次、三次风温和风量以及处理好入煤磨烘干热风的情况下，一般入 AQC 炉的取风口位置，选择在篦冷机中部偏高温区域为宜，抽取的风量在 0.8～1.0m³/kg$_{sh}$，风温 380℃ 左右，风速 10m/s。资料介绍，常山水泥公司 5000t/d 低温余热发电生产线，入 AQC 炉取风口在篦冷机中部偏低温部位，表现出风温低、风量不足。后来将取风口靠近高温区，提高风温和风量，提高了发电效率。

**(2) 挖掘原料生产系统烘干潜力**　目前我国低温余热发电量，一般可达到 35～40kW·h/t$_{sh}$，在不增加一次能源消耗的前提下，为提高吨熟料发电量，除篦冷机取风口部位外，还可减少生产系统中的热能浪费。如利用原料磨（余热利用）和回转窑年运转率差，停磨窑尾热未能被利用，以及雨季、非雨季原料含水率差别，需要生产烘干热能不同等。将这部分所浪费的生产废热也利用起来，以增加年低温余热发电量。有人建议采取"原料粉磨旁路热风系统余热利用"方案［详见《水泥工程》2014（1）：79～81］，即 $C_1$ 出口废气经 SP 炉换热后温度降低至 200～250℃，通过高温风机，一路直接入原料磨，另一路经旁路余热锅炉

（RMGB炉）换热至125～135℃后送至窑尾除尘器。

**（3）优化煅烧管理操作**　在同样设备配置条件下，操作是否合理对发电量有一定影响。根据冀中能源股份公司水泥厂（5000t/d配置余热发电生产线）经验，调试投产以来，发电量低，通过查找原因［$C_1$出口温度相对偏低，只有300～310℃；窑头系统操作运行中温度波动大（350～550℃）等］，针对这些问题，采取相应技术措施，如对预热器系统漏风点采取堵漏措施；调整窑尾空气炮的程序控制减少吹风次数；稳定投料量、稳定篦冷机篦床推动速度和保证篦冷机的维护检修质量等，措施详见回胜科文献《优化熟料煅烧操作，提高余热发电量》［《水泥工程》2015（1）：47，49］，使吨熟料平均发电量有了提高：2012年为28.81kW·h/t，2013年提高为33.00kW·h/t。而且避免窑头风冷罩的烧损，提高其使用寿命。

**（4）采用ORC系统，新增利用150℃左右烟气余热**　详见第九章第一节新技术中四、ORC技术所述。

### 3. 余热回收应注意问题

**（1）树立系统全面衡量的观点**　在能源管理中，先要提高设备热效率，减少烟气的热排放量，后考虑利用、回收方法，即企业余热回收的注意力，首先要放在如何提高现有设备的热效率上，尽量减少生产线上的能量损失。如果强调将单位发电量作为考核余热发电项目生产指标，则会误导操作者为此而不惜提高$C_1$出口温度来提高单位发电量。通过生产实践证明，提高$C_1$出口温度来提高单位发电量后，降低企业的经济效益和环境效益，是不可取的方法。以内蒙古YHSS水泥厂为例，经过企业的效益对比（在$C_1$出口温度325℃和385℃下的年发电量、耗煤量和生产费用）测算，提高出$C_1$温度虽然年多发电876.92×10^4 kW·h，但因年多耗标煤0.9万吨，年生产费用增加346.72万元，使企业的经济效益和环境效益都受到影响。从环境层面，每年多消耗0.9万吨标煤，因而燃烧后增加向大气排放$CO_2$2.35万吨、$SO_2$76.5吨、$NO_x$66.6吨。

**（2）余热再回收处理上要采用"梯级利用"原则**　从工艺、经济角度来看，采用余热利用的"梯级利用"原则为宜，即把余热首先用于生产工艺流程上满足生产线的需求，再用于其他部位（发电、取暖）上，这样运作比较合适，投资少、效益高。不宜将其剩余的热能回收重点放在余热发电指标上，余热发电还存在能量转换效率、二次热效率问题，同样会降低热能回收利用效率。对于废气中余热，也需要分析其品位，确定其二次回收的方式。篦冷机的余风梯度利用：高温用于二、三次风入窑、入炉，而后的中低温用于烘干和发电。

# 第八节　煅烧生产操作中常用算式

面对原燃材料成分变化和熟料质量要求，作为有预见性的中控操作员，需要心中有数，有超前思路，才能应对操作。窑操作员通过检验部门提供的入窑物料成分，将这个基本的"量"，化为使用概念进行操作，参数介绍如下。

## 一、需要的烧成温度 $T_{sh}$

烧成温度是操作核心参数，烧成温度高低直接影响熟料质量。温度过低熟料矿物无法形成；过高熟料死烧，熟料质量差。烧成温度还直接影响单位熟料热耗和耐火材料的使用寿命。适宜的烧成温度，能均齐地烧制出优质熟料，而不伤害窑皮和耐火材料，故操作者必须要掌握煅烧温度。判断烧成带温度，在生产中一可采用比色高温计、窑头摄像头和主机电流显示来观察判断，此法受窑内气氛影响和仪表精度影响，虽有误差，但依然有指导意义可供参考；二可到现场观察熟料外观情况来判断烧出和冷却后的熟料质量，属于"马后炮"方法，可供操作者思考操作合适与否；三是用计算方法，让操作者在得知要烧制的熟料矿物组成的情况下，有"预知操作"能力，成为提倡的"预知操作员"。其算式：

$$T_{sh} = 1300 + 4.51C_3S - 3.74C_3A - 12.64C_4AF \quad (6-10)$$

式中　$T_{sh}$——理论烧成需要温度，℃。不同水泥熟料和不同熟料矿物组成的烧成温度理论值见表6-16和表6-17。

表 6-16　不同水泥熟料品种的烧成温度范围　　　　　　　单位：℃

| 水泥品种 | 硅酸盐熟料 | 铝酸盐熟料 | 硫铝酸盐熟料 | 氟铝酸盐熟料 | 白水泥熟料 | 贝利特熟料 | 掺矿化剂 |
|---|---|---|---|---|---|---|---|
| 烧成温度 | 1300~1450 | 1300~1330 | 1300~1400 | 1150~1250 | 1500~1600 | 1200~1350 | ≈1350 |

表 6-17　不同水泥熟料矿物的烧成温度范围

| 矿物名称 | $C_3S$ | $C_2S$ | $C_3A$ | $C_{12}A_7$ | $C_4AF$ | $C_{11}A_7 \cdot CaF_2$ | $C_4A_3 \cdot SO_3$ | CA |
|---|---|---|---|---|---|---|---|---|
| f-CaO/% | 73.7 | 65.1 | 62.2 | 48.4 | 46.2 | 43.7 | 36.7 | 35.7 |
| 大量形成温度/℃ | 1400 | 1300 | 900~1100 | 800~900 | 1100 | 1200 | 1200 | 800 |

注：资料摘自《水泥工程》2014（2）：8。$C_3S$、$C_3A$、$C_4AF$分别表示熟料矿物组成，硅酸三钙、铝酸三钙、铁铝酸四钙。

## 二、物料停留时间 $T$

窑内物料停留时间是指生料从入窑到煅烧成质量合格的熟料排出窑口的时间。窑操作员必须使物料在烧成温度下，有足够的滞留时间。正常生产下，为保证出窑熟料质量合格，预分解窑物料在窑内停留时间参考表6-18。停留时间不够（欠烧）或过长（过烧），均影响熟料的产量和质量。因而它是企业窑操作者在窑运转时需要掌握的参数之一，需借助于"计算停留时间"，做到心中有数，以便进行窑速控制预知性操作。其算式见公式（6-11）。

简易计算式：

$$T = \frac{11.4L_i}{nD_iS}(min) \quad (6-11)$$

式中　$T$——物料在窑内停留时间，min；

　　$L_i$，$D_i$——窑有效长度和有效内径，m，对特定窑为已知数；

　　$S$——窑斜度，（°），对特定窑为已知数；

　　$n$——窑转速，r/min，为操作参数，由窑操作员控制。

表 6-18　预分解窑物料在窑内滞留时间（正常生产）　　　　　单位：min

| 项目 | 分解带 | 过渡带 | 烧成带 | 冷却带 | 合计 |
|---|---|---|---|---|---|
| 一般 | 2 | 15 | 12 | 2 | 31 |
| 短窑 | 2 | 6 | 10 | 2 | 20 |

## 三、质量检测合格率 $K$

生产检测质量指标的合格率，既是统计需要，又是对生产操作者、管理者操作、运行的考核与经济奖惩依据。生产者个人的生产控制质量考核项目有出磨生料 CaO 含量、$Fe_2O_3$ 含量、细度、水分、出窑熟料 f-CaO 含量、出磨水泥 $SO_3$ 含量、混合材料掺加量、包装袋重等，合格率的计算公式见式(6-12)。

$$合格率 K = (合格个数/检测个数) \times 100\% \qquad (6-12)$$

合格个数依据质检部门制定的分项目控制指标——控制值±波动范围的合格指标区间取值。如果确定的控制指标发生变动，则应分段计算。

## 附表 6-1　回转窑内耐火材料配置（参考）

### 附表 6-1-1　新型干法回转窑对耐火材料性能的要求

| 部位 | 损毁原因 | 对耐火材料要求 | 窑内耐火材料主要损坏应力 |
|---|---|---|---|
| 冷却带 | ①熟料磨损<br>②温度变化引起的热剥落<br>③出料口周围的机械剥落 | ①耐磨性<br>②耐热剥落性<br>③应力释放能力 | 热应力<br>①熔融凹槽侵蚀：当火砖热面上窑皮脱落后，火焰接触砖表面，形成熔体，呈凹槽状 |
| 烧成带 | ①与熟料起化学反应<br>②由外来成分引起的热剥落<br>③高温引起的侵蚀 | ①提高挂窑皮附着性<br>②抗结构剥落性<br>③抗侵蚀性 | ②液相渗透侵蚀：高温熟料液相渗入砖表面，侵蚀砖内部结构，形成共熔体黏附在砖面上<br>③过热损坏：当火焰温度超过 1700℃ 时，镁质砖没有窑皮，形成砖面上结构性晶格损坏 |
| 过渡带 | ①热剥落<br>②热损失<br>③结构剥落 | ①抗剥落<br>②低气孔率和低透气性<br>③耐结构剥落性 | 机械应力<br>①热膨胀损坏：膨胀力超过砖强度而损坏<br>②铁板应力损坏，温度过高板膨胀砖破裂 |
| 分解带 | ①原料造成的磨损<br>②热剥落和结构剥落<br>③耐火材料脱落 | ①耐磨损<br>②耐热剥落和结构剥落<br>③低热膨胀性 | 化学侵蚀<br>①碱盐侵蚀：碱盐渗透内部，使砖损坏 |
| 窑口 | 受炽热熟料、二次风及火焰热辐射及熟料磨损化学侵蚀 | ①抗磨蚀性<br>②抗温度急变性 | ②氧化还原侵蚀：在还原性气氛下，砖内 $Fe^{3+}$ 还原成 $Fe^{2+}$，体积膨胀，使砖结构损坏 |
| 斜坡 | 受高温粉尘和碱侵蚀及磨损 | 耐热耐碱隔热砖浇注料 | |
| 资料来源 | 李红霞等.水泥窑用碱性耐火材料无铬化的技术进展.中国水泥,2004,(10) | 陈友德.实施 ISO 强度标准对窑用耐火材料的影响.新世纪水泥技术导报,2001,(6) | |

### 附表 6-1-2　预分解窑对耐火浇注料性能的要求

| 工艺部位 | | 工 作 层 | 保 护 层 |
|---|---|---|---|
| 不动设备 | 燃烧器 | 刚玉质耐火浇注料 | 轻质耐火浇注料 |
| | 预热器、联结管道 | 普通耐碱砖、耐碱浇注料 | 隔热黏土砖、硅酸钙板 |
| | 分解炉 | 抗剥落高铝砖、耐碱砖、耐碱浇注料 | 轻质隔热黏土砖、硅酸钙板 |
| | 三次风管 | 高强耐碱砖、耐碱浇注料 | 轻质隔热黏土砖、硅酸钙板、硅藻土砖 |
| | 箅冷机 | 碳化硅复合砖、抗剥落高铝砖、磷酸盐耐磨砖、高铝质浇注料、高铝砖、耐碱浇注料 | 轻质隔热黏土砖、硅酸钙板、硅藻土砖 |
| | 窑门罩 | 抗剥落高铝质砖、高铝质耐火浇注料 | 隔热黏土砖、硅钙板、轻质耐火浇注料 |

131

| 工艺部位 | | 工 作 层 | 保 护 层 |
|---|---|---|---|
| 回转窑 | 前、后窑口 | 刚玉质耐火浇注料、耐碱砖、碳化硅、复合砖、钢纤维增强高铝质浇注料 | |
| | 烧成带 | 碱性砖、直接结合镁铬砖 | |
| | 过渡带 | 碱性砖、抗剥落高铝质砖、尖晶石砖 | |
| | 分解带 | 碱性砖、抗剥落高铝质砖、隔热黏土砖 | |
| | 预热带 | 抗剥落高铝质砖、耐碱隔热砖 | |

**附表 6-1-3　《水泥回转窑用耐火材料使用规程》（JC/T 2196—2013）的配置建议**

### 1. 常规原燃材料条件下耐火材料的配置建议

| 工作部位 | | 工作层材料 | 隔热层材料 |
|---|---|---|---|
| 预分解系统 | | 耐碱耐火材料、抗剥落高铝砖、硅莫系列耐火砖、耐碱浇注料或喷涂料、抗结皮浇注料或喷涂料 | 硅酸钙板、陶瓷纤维制品、铝质浇注料、隔热砖 |
| 窑门罩 | | 高铝质浇注料或喷涂料、莫来石浇注料或喷涂料、抗剥落砖、硅莫系列耐火砖 | |
| 三次风管 | | 耐碱砖、耐碱浇注料、高耐磨浇注料、复合砖、喷涂料 | |
| 冷却机 | | 高铝质浇注料或喷涂料、莫来石浇注料或喷涂料、高耐磨浇注料 | |
| 燃烧器 | | 刚玉质浇注料、刚玉莫来石质浇注料、刚玉碳化硅质浇注料、红柱石质浇注料 | |
| 回转窑 | 出料段 | 刚玉质浇注料、刚玉莫来石质浇注料、刚玉碳化硅质浇注料、红柱石质浇注料、硅莫系列耐火砖 | |
| | 过渡带（窑头端） | 镁铁尖晶石砖、镁铁铝尖晶石砖、镁铝铁尖晶石砖、镁铝尖晶石砖、硅莫系列耐火砖 | |
| | 下过渡带 | 镁铁尖晶石砖、镁铁铝尖晶石砖、镁铝铁尖晶石砖、镁铝尖晶石砖 | |
| | 烧成带 | 镁铁尖晶石砖、镁铝尖晶石砖、镁铝铁尖晶石砖、烧成带用镁铝铁尖晶石砖、白云石砖、镁白云石砖、镁钙锆砖 | |
| | 上过渡带（热端） | 镁铁尖晶石砖、镁铝尖晶石砖、镁铝铁尖晶石砖、镁铝尖晶石砖 | |
| | 下过渡带（冷端） | 镁铁尖晶石砖、镁铝尖晶石砖、镁铝铁尖晶石砖、镁铝尖晶石砖、硅莫系列耐火砖 | |
| | 分解带 | 抗剥落高铝砖、硅莫系列耐火砖、耐碱砖 | |
| | 入料段 | 莫来石浇注料、刚玉莫来石质浇注料、抗剥落高铝砖、硅莫系列耐火砖 | |

注：配置材料满足不了生产过程中所出现的应力需求，可作调整。

## 2. 协同处置废弃物条件下耐火材料的配置

在《水泥回转窑用耐火材料使用规程》中，对协同处置废弃物水泥回转窑系统衬里设计，主要根据原燃料性能、生产工艺、装备配置及操作条件来确定，应满足水泥熟料煅烧过程中不同工况对衬里所产生的热、机械应力和化学侵蚀的要求，在"1. 常规原燃材料条件下耐火材料的配置建议"基础上予以相应调整。

### 3. 余热发电系统用耐火材料的配置

| 工艺部位 | 工作层材料 |
|---|---|
| 冷却机取风口 | 高耐磨浇注料 |
| 冷却机至沉降室风管 | 耐磨可塑料、耐磨捣打料 |
| 沉降室 | 耐磨可塑料、耐磨捣打料、高耐磨浇注料 |
| 沉降室至锅炉风管 | 耐磨可塑料、耐磨捣打料 |

附表 6-1-4　5000t/d 预分解系统工作层浇注料配置品种示例

| 位置 | 部位 | 工作层耐火材料品种 |
|---|---|---|
| 预热器 | $C_1 \sim C_5$ 级旋风筒 | 高强耐碱耐火材料浇注料/砖 |
| | $C_3 \sim C_5$ 级旋风筒锥体 | 抗结皮耐火浇注料 |
| | $C_1 \sim C_5$ 级旋风筒撒料盘 | 抗结皮耐火浇注料 |
| | $C_1 \sim C_5$ 级旋风筒下料管 | 抗结皮耐火浇注料 |
| 分解炉 | 主炉 | 高强耐碱耐火材料浇注料/砖 |
| | 鹅颈管 | 高强耐碱耐火材料浇注料/砖 |
| | 缩口 | 抗结皮耐火浇注料 |
| 烟室 | 本体 | 抗结皮耐火浇注料 |
| | 缩口 | 抗结皮耐火浇注料 |
| | 下料斜坡 | 抗结皮耐火浇注料 |

注：优化的耐火材料配置，为一层工作层（拥有较高的耐压强度、耐碱性）、双层隔热层（拥有较低的热导率）。配置后，降低筒体表面温度 30℃ 左右，减少热损失约 15%。

附表 6-1-5　耐火材料制造厂家的配置方案示例

| 窑规格 | $\phi 4.3m \times 64m$ | | | $\phi 4.8m \times 72m$ | | | 说明 |
|---|---|---|---|---|---|---|---|
| 方案 | 使用区间 /m | 砌筑长度 /m | 耐火材料名称 | 使用区间 /m | 砌筑长度 /m | 耐火材料名称 | |
| 低成本 | 0.0~0.8 | 0.80 | 窑口浇注料 | 0.0~0.6 | 0.60 | 窑口浇注料 | 低成本方案 |
| | 0.8~1.6 | 0.80 | 硅莫砖 | 0.6~1.6 | 1.00 | 硅莫红砖 | 单次采购费用低 |
| | 1.6~22.0 | 20.40 | 镁钙锆砖 | 1.6~24.0 | 22.40 | 镁钙锆砖 | 维修费用高 |
| | 22.0~35.0 | 13.00 | 硅莫砖 | 24.0~28.0 | 4.00 | 镁铁尖晶石砖 | 维修次数多 |
| | 35.0~45.0 | 10.00 | 硅莫砖 | 28.0~35.0 | 7.00 | 硅莫红砖 | 吨熟料砖耗量高 |
| | 45.0~63.4 | 18.40 | 抗剥落高铝砖 | 35.0~40.0 | 5.00 | 硅莫砖 | 对工艺操作影响大 |
| | 63.4~64.0 | 0.60 | 防爆浇注料 | 40.0~71.4 | 31.40 | 抗剥落高铝砖 | |
| | | | | 71.4~72.0 | 0.60 | 防爆浇注料 | |

| 窑规格 | φ4.3m×64m | | | φ4.8m×72m | | | 说明 |
|---|---|---|---|---|---|---|---|
| 方案 | 使用区间/m | 砌筑长度/m | 耐火材料名称 | 使用区间/m | 砌筑长度/m | 耐火材料名称 | 说明 |
| 高性价比 | 0.0~0.8 | 0.8 | 窑口浇注料 | 0.0~0.6 | 0.6 | 窑口浇注料 | 高性价比方案 |
| | 0.8~1.6 | 0.8 | 硅莫红砖 | 0.6~1.6 | 1.00 | 硅莫红砖 | 单次采购费用中等 |
| | 1.6~3.6 | 2.00 | 镁铁尖晶石砖 | 1.6~28.0 | 26.4 | 镁铁尖晶石砖 | 维修费用中等 |
| | 3.6~18.0 | 14.40 | 镁钙锆砖 | 28.0~38.0 | 10.00 | 镁铝尖晶石砖 | 维修次数中等 |
| | 18.0~35.0 | 17.00 | 镁铝尖晶石砖 | | | 硅莫红砖 | 吨熟料砖耗量中等 |
| | | | 硅莫红砖 | 38.0~50.0 | 12.00 | 硅莫砖 | 对工艺操作影响中等 |
| | 35.0~45.0 | 10.00 | 硅莫砖 | 50.0~71.4 | 21.4 | 硅莫砖 | |
| | 45.0~63.4 | 18.40 | 硅莫砖 | 71.4~72.0 | 0.60 | 氧化铝浇注料 | |
| | 63.4~64.0 | 0.60 | 氧化铝浇注料 | | | | |
| 高可靠性 | 0.0~0.8 | 0.8 | 窑口浇注料 | 0.0~0.6 | 0.60 | 窑口浇注料 | 高可靠性 |
| | 0.8~1.6 | 1.6 | 硅莫红砖 | 0.6~1.6 | 1.00 | 硅莫红砖 | 单次采购费用高 |
| | 1.6~35.0 | 33.4 | 镁铁尖晶石砖 | 1.6~28.0 | 26.40 | 镁铁尖晶石砖 | 维修费用低 |
| | 35.0~63.4 | 28.4 | 硅莫砖 | 28.0~38.0 | 10.00 | 镁铝尖晶石砖 | 维修次数少 |
| | 63.4~64.0 | 0.6 | 氧化铝浇注料 | 38.0~71.4 | 13.40 | 硅莫砖 | 吨熟料砖耗量低 |
| | | | | 71.4~72.0 | 0.60 | 窑口浇注料 | 对工艺操作影响小 |

注：表中为重庆良友窑炉工程公司介绍的配置方案。

## 附表 6-2　硅酸盐水泥熟料颜色对应烧成状况的初步判断

| 熟料颜色 | 形态 | 判断 | 煅烧情况 | 内部颜色和结粒 |
|---|---|---|---|---|
| 黑灰色 | 圆面光滑,砸开后结构致密微有小孔 | 正常、理想水泥熟料 | 煅烧正常 | 深灰色,颗粒均齐、细粉少 |
| 深墨绿色 | 表面粗糙,稍有摩擦出现小颗粒脱落 | 黏散料、飞沙料 | 煅烧温度不够 | 灰黄棕褐色、细粉多 |
| 灰色 | 表面光滑,砸开后结构致密,质重 | 质量好,但煅烧温度偏高 | 过烧 | 灰白色,大块多 |
| 灰绿色 | 致密,砸开后内呈棕色 | 燃烧不完全 | 还原气氛 | 结粒正常,棕黄色 |
| 灰绿色 | 致密,砸开后内呈灰绿色 | 有游离石灰包心 | | |
| 白色 | 致密,砸开后内呈白色 | 窜生料,质量差 | 煅烧温度不够 | |
| 灰绿色 | 砸开后内部粉化 | 熟料饱和比低,冷却不好 | | |
| 黑色 | 表面光滑,无晶体闪烁 | 烧成温度不够,熟料强度低 | | |
| 灰绿色 | 颗粒表面粗糙,砸开后孔多不致密 | 煅烧温度不够,质量差 | | |
| 黄白色 | 粉状物 | 生烧是废品 | 煅烧温度不够 | |

注：熟料颜色除受煅烧温度影响外,还与原料成分及其含量有关。

## 参 考 文 献

[1] 陈全德.新型干法水泥技术原理与应用 [M].北京：中国建材工业出版社，2004.

[2] 胡宏泰等.水泥的制造和应用 [M].济南：山东科学技术出版社，1994.

[3] 陈友德.水泥回转窑用耐火材料的设计 [J].水泥技术，1997，2.

[4] 江旭昌.水泥回转窑用煤技术进步及其燃烧器的发展 [J].新世纪水泥技术导报，2002，2.

[5] 熊会思.新型干法烧成水泥熟料设备设计、制造、安装与使用 [M].北京：中国建材工业出版社，2004.

[6] 王燕谋等.硫铝酸盐水泥 [M].北京：北京工业大学出版社，1999.

[7] 陈友德，水泥厂废热利用的最新趋势 [J].水泥技术，2014，1.

[8] 赵应武等.预分解窑水泥生产技术与操作 [M].北京：中国建材工业出版社，2004.

[9] 马保国等.水泥热工过程与节能关键技术 [M].北京：化学工业出版社，2010.

[10] 沈慧贤等.硅酸盐热工工程 [M].武汉：武汉工业大学出版社，1991.

[11] 陈文敏等.煤质及化验知识问答 [M].北京：化学工业出版社，2008.

第六章 熟料煅烧

# 第七章　水泥包装和散装

## 第一节　水泥包装

### 一、回转式包装机

水泥包装机是袋装水泥必备的设备，其类型有回转式和固定式。在大中型水泥企业大多用袋重合格率高、工作环境条件好、劳动强度低的回转式包装机（见图 7-1）。回转式包装机靠气力充料，机内的水泥在压缩空气作用下，松动、气化，在料位差作用下，通过出料嘴灌入水泥袋。插袋→灌袋→称重→推袋→计数→码包等都能按程序自动控制，自动化程度高，生产能力也大。包装系统流程上应用喷码技术，使水泥袋上的数码清晰、规范。

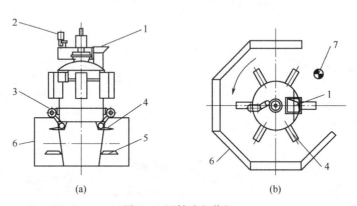

(a)　　　　　　　　　　　　(b)

图 7-1　回转式包装机

1—进料口；2—主传动电机；3—叶轮传动电机；4—出料喷嘴；5—包座；6—保护罩；7—插袋点

### 二、数控水泥包装机

数控水泥包装机主体是回转式包装机，主要在部分结构和控制系统上创新改进。传统水泥包装机使用复杂的机械传动实现袋装水泥，故障率高，计量精度难以保证，包装作业无法实现远程监控。忠义机械公司新设计、制造的 BHYW8S 型数控包装机，将智能驱动、精确定位的伺服数控技术用于包装领域。通过数字技术，实现压袋、开启闸板、推袋等动作，并

新型干法水泥生产工艺读本（第三版）

对其位置、速度加以实时控制，完成水泥灌装全过程。

### 1. 技术突破点

**（1）计量更精确** 计量精确是水泥包装机的核心指标，国家标准中，要求每袋水泥净重 50kg，且不得小于 49.5kg，抽检 20 袋总重不得少于 1000kg。新型数控水泥包装机，采用悬臂梁称重传感器，使之刚性和稳定性大幅提高，有效地提高了计量精度和长期稳定性。

**（2）提高台时产量** BHYW8S 数控水泥包装机仓体的主体高度增加 90cm，料位随之增高，出料压力增加，提高单位出灰量和灌装效率，相应提高包装机台时产量。

**（3）降低故障率** 数控水泥包装机采用伺服电机直接驱动闸板，压袋、推袋部分也去掉了复杂的机械联动，使灌袋、推袋时，不产生振动和冲击，故障率随之降低。

**（4）系统更环保** 数控水泥包装机在系统上，对给料机加装了耐磨、耐高温的聚氨酯胶板，下设蝶阀，防止因给料机漏灰对地面污染；采用滚笼式接包机，刷辊滚笼清包机，使水泥袋进入输送带前，清理袋子表面水泥浮灰。同时由于使用伺服电机控制开关闸门，有效地降低了环境噪声。

**（5）实现智能化远程控制** BHYW8S 数控水泥包装机配置了远程监控系统，不仅可以实时监控每个料嘴的生产运行情况，还可以随时查看并可以记录，自动形成 Excel 报表，供查阅和远程掌握工厂包装机生产运行情况。

### 2. 使用效果

BHYW8S 数控水泥包装机为自主研发技术，获得 9 项国家技术专利。合格率为单袋质量 50kg，总体单袋质量范围为 49.8～50.2kg，连续 20 袋总质量 1000～1004kg。经优化设计，生产制造的数控水泥包装机，在冀东水泥公司使用后，台时产量达到 120t/h 以上，称量精度达到 95% 的袋数单袋误差 50kg±0.2kg，设备故障率大大降低。

BHYW8S 数控包装机结构简图见图 7-2，其工艺流水线见图 7-3。

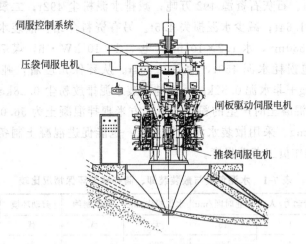

图 7-2　BHYW8S 数控包装机结构简图

回转水泥包装机→滚笼接袋机→正包输送机→刷辊滚笼式清包机→皮带输送机→移动式袋装水泥装车机

图 7-3　BHYW8S 数控水泥包装工艺流水线（由 BHYW8S 公司提供）

# 第二节 水泥散装

水泥散装化关系到资源、环保及劳动者的身心健康。散装水泥是配合大中型建筑部门，实现城市限期取消现场混凝土、砂浆搅拌的需要，也成为建筑行业发展预拌混凝土和预拌砂浆产业（或工序）的助力器。现代散装水泥发展既要提供散装水泥，又要向使用领域、流通领域拓展、延伸。如介入混凝土预制构件产业、预拌混凝土产业、预拌砂浆产业和水泥预制构件产业，并向散装水泥专用设备制造产业和现代物流配送产业拓展，做好散装水泥服务。

## 一、我国散装水泥的发展

我国于1937年建设丰满水电站曾使用吉林松江水泥厂生产的散装水泥，20世纪50年代中后期，新安江和三门峡水利枢纽工程也使用散装水泥。如今散装水泥已普遍应用于施工工地、商品混凝土、水泥砂浆、预制混凝土制品。我国水泥散装发展有四个阶段：①1955～1972年为试点起步，散装水泥率0%～6%；②1972～1978年全面推行，散装水泥率6%～14.8%；③1978～1990年冲出低谷，散装水泥率14.8%～7.9%～10.5%；④1991年至今快速发展，步入轨道，散装水泥率12.8%～46.27%（2009年）～58%（2015年）。

## 二、推广散装水泥的好处

水泥散装是指不用纸袋、塑编袋等包装物，水泥直接通过专用装备出厂、运输、储存和使用的一种形式。推行散装水泥，对建设节约型社会具有重要意义。从流通角度看，使用散装水泥优于袋装水泥，见表7-1。散装水泥在装、卸、运中能减少水泥耗损；又因取消水泥包装袋，所以节约木材等资源，并由此引申环境效益。据参考文献资料测算：万吨水泥散装折合节约标准煤222t，石灰石资源492万吨；减排水泥粉尘492t；二氧化碳607t；二氧化硫1.86t；氮氧化物1.64t；减少水泥损失4.5t。另有资料介绍：散装水泥1万吨可节约包装袋纸60t，折木材330$m^3$，水1.2×$10^4m^3$，电7.2×$10^4$kW·h，煤78t，烧碱22t，还能节约棉纱0.4t，破包损耗水泥450t，油墨0.054t。从环保角度看，吨包装水泥排放粉尘4.48kg（水泥3.96kg＋非水泥0.52kg），而吨散装水泥排放粉尘0.28kg（水泥0.13kg＋非水泥0.15kg）；搅拌混凝土时产生的粉尘，每立方米现拌混凝土为56.0mg，而每立方米预拌混凝土仅为0.226mg。采用散装水泥供货方式，也能促进混凝土制备业，生产采用自动化、机械化，减轻操作员工劳动强度。

表7-1 水泥包装与散装装卸、储存环节环保情况比较

| 装卸方式 | | 劳动力/人 | 作业时间/min | 水泥损失/kg | 气候制约 | 劳动环境 | 劳动强度 | 成本 |
|---|---|---|---|---|---|---|---|---|
| 汽车<br>（20t/次） | 散 | 1 | 15 | 无 | 无 | 优 | 小 | 小 |
| | 袋 | 4 | 180 | 200 | 有 | 差 | 大 | 大 |
| 火车<br>（60t/次） | 散 | 2 | 45 | 无 | 无 | 优 | 小 | 小 |
| | 袋 | 8 | 180 | 600 | 有 | 差 | 大 | 大 |
| 船舶<br>（60t/次） | 散 | 1 | 60 | 无 | 无 | 优 | 小 | 小 |
| | 袋 | 8 | 240 | 600 | 有 | 差 | 大 | 大 |

| 储存方式 | 占地面积/m² | 储库造价/元 | 周转使用 | 破包损失 | 储存时间 | 受潮变质 | 使用先后 |
|---|---|---|---|---|---|---|---|
| 50t 水泥散装 | 9 | 1800(钢) | 10 年以上 | 无 | >3 月 | 不会 | 先储先用 |
| 50t 水泥袋装 | 50 | 10000(棚) | 不能 | 有 | 3 月 | 容易 | 后储后用 |

注：摘自《中国水泥协会会刊》2001 年第 8 期。

据河南散装水泥"十二五"成效报道，通过建立散装水泥、预拌混凝土、预拌砂浆（水泥制品/预制构件）三位一体机制，改善水泥散装工作：年完成散装率 57.73%，实现 9563.90 万吨散装水泥，形成年节约标准煤 219.34 万吨，水 1.43 亿吨，电 6.87 亿千瓦·时，减少粉尘排放 95.54 万吨、二氧化碳 570.30 万吨、二氧化硫 1.86 万吨，创造综合效益 42.96 亿元。

## 三、水泥散装率

水泥散装率是衡量散装水泥发展水平的基本指标，泛指水泥制造企业（包括粉磨站）散装水泥供应量占水泥总量的百分比，也可按水泥出厂的散装量占总水泥输出量的百分比来表示。如今随着预拌混凝土产业转型加速、预拌砂浆产业生机勃勃、农村散装水泥使用量持续增长，2015 年全国散装率达到 58%，为国家节能减排、保护环境做出新贡献。

# 第三节　水泥的存储性

众所周知水泥不宜长期存放，属于存储性差的建筑材料，表现在以下方面。

## 一、长期储存强度下降

### 1. 原因分析

水泥长期储存强度会下降，主要是水泥细粉与空气中的水蒸气及 $CO_2$ 发生化学反应所造成的，此反应虽慢，但时间长了也会发生质变。一般 3 个月强度降低 10%～20%，6 个月强度下降 15%～30%，一年强度下降 25%～40%。国投海南水泥公司用袋装水泥进行存储性试验，初期标准稠度用水量变化不大，但存放时间过长，标准稠度用水量增大、凝结时间明显延长。水泥存储性差的原因：一是水泥本身，如水泥的矿物组成、细度和水分；二是水泥储存环境，如空气湿度、环境温度、空气流动状况、储存时间和水泥与空气接触面积等。

### 2. 改善措施

水泥的可存储时间与存储条件有很大关系。通过对物理强度的试验研究和实践，认为：①要存放在密闭环境中，在密封桶中，封存样三个月后其凝结时间和强度基本上无变化，不接触大气的袋中样强度无明显下降；②存放在干燥的库内或库房中，强度下降幅度小。

### 3. 水泥存放时间对混凝土施工的影响

据资料介绍，新鲜水泥在生产后 12d 内，因干燥度高，早期水化快，对外加剂吸附量大，流动度变小，使混凝土需水量增大，坍落度损失快，凝结时间短，但在 15d 后使用趋于正常。按此研究观点，在混凝土施工使用的水泥，还需要有适当的存放时间。

## 二、水泥结块现象

### 1. 结块原因分析

水泥在存储期间会吸收水分和 $CO_2$ 而逐渐结块，最后无法使用。水泥结块的原因很多，主要有：①水分是引起结块的必要条件，石膏脱水和环境水分与水泥中某些组分发生反应引起结团；②由空气中 $CO_2$ 引起，碱的氧化物吸收 $CO_2$ 转变为碱的碳酸盐，既影响凝结时间，又易使水泥产生结团；③水泥中的成分如碱或 $C_3A$ 含量高，与熟料中的 $CaSO_4$，在水分存在的条件下，生成针状晶体的钾石膏或钙矾石，对水泥结块具有引发作用；④其他如水泥磨得过细、水泥存在静电，因吸附引起细粉结团，或水泥磨内水泥温度 $>100℃$，二水石膏变成无水石膏也易结团等。

### 2. 控制结块的措施

水泥结块会大大影响水泥的使用，所以要采取措施防止结块：①利用适量的 f-CaO 与游离水生成 $Ca(OH)_2$ 以抑制吸潮结块；②改善磨内通风或适量喷水以降低出磨水泥温度和储存温度以及减少二水石膏脱水；③粉磨时使用助磨剂，解决静电吸附问题，改善水泥的流动性能和吸湿性能；④控制硫碱比或碱的硫酸盐饱和度，让熟料中的碱尽量与 $SO_3$ 化合成硫酸碱，它对 $CO_2$ 的稳定性比碱的氧化物高。

## 三、常用水泥包装袋的防潮性能

GB 9774—2010《水泥包装袋》标准中规定包装袋质地，有纸袋、覆膜塑编袋、复合袋三大类，不同制袋材料，其防潮性能不同。对水泥包装袋的材料适应性要求是，在包装时，它应具有一定的透气性，便于灌装；在存放时，它应具有防潮性。防潮性能是反映水泥包装袋的质量和其对包装物是否起到保护作用的一个重要指标。中国建材院对6种袋型（A 带衬纸的覆膜塑编袋、B 无衬纸的覆膜塑编袋、C 带衬纸的纸塑复合袋、D 不带衬纸的纸塑复合袋、E 预压力复合袋、F 纸袋）一个月、两个月、三个月的抗拉、耐压强度降低保持率进行试验，其结论是：①以带衬纸的覆膜塑编袋最好，纸袋最差；②所有试验的新型常用袋防潮性能均比纸袋强；③存储期两个月、三个月常用袋防潮性能 A>B>C>D>E>F。

## 四、熟料露天存放后对质量的影响

出窑熟料不宜直接入磨，经储存降温，可防止石膏脱水，消解 f-CaO，改善熟料易磨性，提高粉磨效率。储存方式有储库、堆棚，个别在露天存放。河北金牛水泥厂（2500t/d）、奎山水泥厂（2500t/d）、鑫磊建材公司（1000t/d），曾对熟料露天存放时间对质量的影响进行了试验，试验表明熟料也不宜长期露天存放。回转窑熟料存放 $1～4$ 个月对化学成分变化影响不大，但对强度和凝结时间影响较大，基本上存放时间越长，强度下降越大，强度随存放时间的延长呈下降趋势，凝结时间随存放时间的延长呈上升趋势；f-CaO 随存放时间的延长呈下降趋势。另外，熟料存放时间过长时，因外观失去光滑、油亮而影响商品熟料价格。

**参考文献**

[1] 蒋尔忠，崔源声.面向可持续发展的水泥企业 [M].北京：化学工业出版社，2004.

新型干法水泥生产工艺读本（第三版）

[2] 刘耀，杨子林，刘守宽等.我国北方地区冬春季节水泥长期贮存的探讨 [J].水泥，2001 (01)：14-17.

[3] 陆有明.袋装水泥贮存对水泥物理性能的影响 [J].水泥，2001，(08)：12.

[4] 江丽珍，张大同，白显明等.常用水泥包装袋实际防潮性能的研究 [J].水泥，2002，(04)：10-11.

[5] 陈汉民.水泥结块质量问题的技术诊断与对策 [J].水泥，1999，(02)：14-17.

[6] 乔龄山.水泥结团的原因分析和解决措施 [J].水泥，2004，(5)：74.

[7] 张占民，宋利平，王素成.露天存放对回转窑熟料质量的影响 [J].水泥，2003，(06)：23-25.

[8] 梁朝明，阮建庆.发展水泥现代物流 挖掘水泥业节能减排潜力 [J].水泥技术，2008，(06)：31-34.

# 第八章　节能与环保

能源和环境是当今世界上最关注的两大问题，也是工业发展由于忽视环境所带来的问题。企业要在能源日趋紧缺、原燃材料价格不断攀升和环境容量有限的挑战形势下，生存和发展，需要综合应用技术管理手段和节能降耗手段，搞好节能减排工作。

水泥企业是能源消耗和烟尘污染排放大户，虽然多年来用先进的工艺和设备，在降低生产能耗和余热利用上，取得很大成绩，但越来越严格的能耗限额和排放标准值，要求水泥工作者，还应继续创新攀高峰，实现节能减排目标。

## 第一节　节　能

节能是我国能源核心战略，是企业生存和发展的需要。随着工业化进程，能源需求量增大，而不可再生能源供应量日趋紧张。综观我国水泥生产的能耗，不仅与世界先进水平有差距，而且能达到设计能耗要求的生产线不多，有的还有较大距离。说明我国水泥行业节能上有潜力、有提高空间，需要把节能和提高能源效率工作抓紧抓好，增强企业效益。

### 一、节能意义

早期认为节能只是减少能源消耗，这是不完美的狭义观点，如今从提高能源的使用效率和降低单位产品的能耗出发，深化了对节能含义的认识：一是在保证产品质量的前提下，尽可能地减少能源消费量，生产出与原来同样数量、同样质量的产品，或是用原来同样数量的能源消耗量，生产出比原来数量更多或数量相等而质量更好的产品；二是提倡利用可燃性废物，作为替代燃料（动力和煅烧）能源，减缓对不可再生能源的需求消耗。

#### 1. 缓解能源紧张

节约能源对能源紧张起缓解作用。随着工业化进程，用能的领域扩大、数量增多。节能是面对不可再生能源日益减少的一种应对战略选择。若各工业领域做好本身节能，无疑是为社会持续发展需要的能源尽一份责任，可缓解社会能源紧张的状况，也有助于缓解生产在资源、能源上的压力。

#### 2. 实现减排二氧化碳目标

"节能必然减排"，我国水泥生产能源结构以煤炭为主，通过节能（节约热能和减少电力消耗）来降低煤炭消耗量，从而减少燃煤时向大气排放的 $CO_2$ 量，响应"巴黎气候大会"的控温承诺，树立良好形象。

### 3. 提高企业利润

众所周知，企业需要利润来维持生存和发展生产，利润靠高价格、低成本和高销售量支撑。如今水泥（熟料）产能过剩，水泥价格上涨空间不大和销售低迷，随着煤、电等能源价格攀升，能耗在生产成本中的比例越来越大，水泥（熟料）的利润越发微薄。但可以用降低能源消耗成本等技术创新来提高企业利润。自 2016 年 1 月 14 日起实施《关于水泥企业用电实行阶梯电价政策有关问题的通知》，对达不到《水泥单位产品能源消耗限额》（GB 16780—2012）要求的通用硅酸盐水泥，实行不同阶梯加价政策，视其电耗超标程度，加码 0.1元/kW·h 或 0.2元/kW·h，这种惩罚性电价，直接增高了企业能耗成本，倒逼企业必须重视节能，通过减少能量消耗，达到或低于"能源限额"降低成本，实现提高利润的目的。

### 4. 衡量企业技术管理水平

产量、质量、运转率和能耗是水泥企业四大技术经济指标，生产实践表明，能耗可作为其核心指标。降低能耗是最不容易达到的指标：因它不是单靠"有规模、有钱、有料、有设备"就能实现的，而是需要将"产量、质量、运转率"指标恰当地组合，企业采取技术上可行、经济上合理以及环境和社会可以接受的一切措施，制止浪费，来提高能源的利用率，还要有高素质的员工以及精细化管理和操作配合，才能实现。同样是先进工艺和设备，为什么企业的节能效果不一样？这是由于能源技术管理上的差距造成的，企业要低能耗需要在技术管理上下工夫。人们在评价企业运营水平时，首先观察其产量、热耗和电耗。高产量、高运转率，如果能耗也高，则认为不是高管理水平的企业。

## 二、节能方向

节能并不是指简单地、盲目地少用能量，而是要在科学指导下，一要充分有效地发挥能源潜力，如提高燃料的燃烧效率、能量转换效率；二要提高能源的使用效率，如粉磨效率、热工设备的热效率和冷却效率。用同样的能，可以提供更多的有效能，生产出更多、更好、有价值的产品，创造出更多的产值和利润。水泥企业节能方向按能耗属性归纳为降低热耗和节约电耗。热耗主要产生于烘干和煅烧工序，电耗主要产生于设备运转，其中以粉磨和煅烧工序的耗电量所占的比例高。

### 1. 节煤

主要从降低散热损失和利用或回收余热来实现。节煤方向如下。

**(1) 煅烧工艺** 采用先进的预分解窑生产工艺，利用气固接触面积大的悬浮态传热和回转窑薄料快转，增加传热次数，实现高传热效率，来降低烧成热耗。采用篦式冷却机冷却熟料，不仅熟料质量高，而且其冷却效率高，热回收好，热能循环利用，节约系统热耗。

**(2) 窑衬配置** 以隔热降低散热损失来实现节能。预分解窑系统，其散热部位多，且散热面积大，单位熟料散热面积约为 $1.3m^2/(t \cdot d)$。一般预分解窑系统的散热损失占热耗 11% 左右，因而需要内砌低导热的耐火砖和保温设施，来降低系统散热损失。5000t/d 生产线回转窑筒体实测其散热量占总散热 40% 以上，其各散热点的散热损失比例见表 8-1。

**表 8-1 5000t/d 生产线各散热点表面散热损失占比**

| 部位 | 回转窑 | 窑头罩 | 窑尾烟室 | 分解炉 | 三次风管 | 冷却机 | 预热器 |
|---|---|---|---|---|---|---|---|
| 散热损失占比/% | 45.19 | 2.10 | 0.80 | 13.23 | 6.71 | 3.56 | 28.41 |

**(3) 余热利用** 窑尾和冷却机排出的热烟气，一是通过烘干兼粉磨工艺设备（如风扫磨、辊式磨）作为原燃材料烘干的热源，实现节约烘干用煤效果。二是用于原燃材料烘干回收后还有剩余的热能，再用于余热发电。这种热循环利用工艺，因充分回收热烟气中的热能而节能。此外，还可回收窑筒体散热作为生活用热水等。

**(4) 窑安全运转** 水泥窑是水泥生产系统中的"心脏"，业内人士都清楚地知道抓"窑长期安全运转"的重要性。不仅因停窑而影响熟料产量和增加换砖检修费用，而且是产生高热耗因素。在开、停窑过程中，停窑系统需冷却，无为地产生热损失，开窑又需点火，系统重新蓄热，而增加生产用煤量，无疑提高窑运转周期，减少停窑次数，也是生产上节煤的措施之一。为此，需在耐火衬料选择上和操作稳定上，为延长衬料使用寿命保驾护航。

**(5) 操作参数** 据生产统计和资料介绍：生料易烧性相差一个等级，窑系统的台时产量会降低 10%，熟料热耗会增加 83.60kJ/kg$_{sh}$ 以上；入窑生料水分（一般控制在 1% 以内）增加 0.1% 熟料热耗会增加 3.760kJ/kg$_{sh}$ 左右；设置旁路放风时，每放风 1% 风量，熟料热耗会增加 8.36～12.54kJ/kg$_{sh}$；窑头一次风用量每增加 1%，熟料热耗会增加 54.34kJ/kg$_{sh}$；分解炉用三风道燃烧器，三次风每多用 1%，熟料热耗会增加 7.106kJ/kg$_{sh}$；废气中 CO 含量每增加 0.1%，由于化学不完全燃烧熟料热耗会增加约 17.974kJ/kg$_{sh}$；预热器出口温度，每升高 10℃，熟料热耗会增加 25.08kJ/kg$_{sh}$；窑表面温度，每降低 30℃ 散热损失降低 29.26kJ/kg$_{sh}$，短窑 20.90kJ/kg$_{sh}$；篦冷机表面温度每降低 30℃ 散热损失降低 8.36kJ/kg$_{sh}$。

### 2. 节电

节电从使用节能设备和选择合适的工艺参数着手，节电方向如下。

**(1) 工艺** 主要采用多功能组合一体化设备和工艺短流程。如石灰石破碎采用一次破碎工艺；原燃料烘干采用烘干兼粉磨工艺；粉磨工艺采用预粉碎工艺、预粉磨工艺、圈流粉磨工艺；对易磨性差别大的物料采用分别粉磨工艺，达到系统节能。

**(2) 工艺参数** 在工艺流程和配置已定的情况下，通过制定操作参数进行节能。与能耗直接有关的工艺指标参数主要是台时产量和粉磨细度，对此参数进行重点探讨。

① 台时产量。不能说窑、磨主机设备的台时产量越高能耗越低。理论上，设备台时产量与单位能耗存在 U 形曲线，低产能耗高，越过经济产量则又呈上升趋势，说明系统存在适度的和经济的设备台时产量，此时能耗最低。企业在设备配置已定的情况下，生产管理者、操作者，根据生产实践、统计和测试，寻求最低能耗范围下，提出台时产量定额值。

② 粉磨细度。因粉磨工序的粉磨细度影响磨机的产量和电力消耗，而且粉磨越细电耗越高，所以需要合理控制粉磨细度，在不影响产品质量和下一道使用的情况下，放粗细度；要求细度细的物料，应用助磨剂技术等工艺措施，以提高磨机产量，降低电耗。对球磨机系统，生料 $R_{0.080}$ 筛余值，每降低 1%，则磨机粉磨电耗增加 3% 左右；对辊磨机系统，生料 $R_{0.080}$ 筛余值，每降低 1%，则磨机粉磨电耗增加 2% 左右。一般根据生料易烧性试验和磨机形式，在满足熟料煅烧质量的前提下，确定控制生料 $R_{0.080}$ 和 $R_{0.200}$ 筛余值；煤粉细度一般主要根据煤的挥发分含量和使用地点（窑或分解炉）以及安全性来确定。水泥粉磨细度

的控制，以生产水泥品种、等级而定。

**（3）设备**　配置节能设备。如预分解窑系统，采用低阻型的悬浮预热器，预分解窑系统压损每降低 500Pa，可节电 $0.66\sim0.77kW \cdot h/t_{sh}$；粉磨设备采用料床粉磨设备。由于历史原因，未配置的节能设备，企业通过节能改造或与调整工艺操作参数配合，提高节能效果；提高设备运转率，运转率低，系统开停次数增多，辅助设备空转时间必定增多，从而导致系统用电量增加，系统频繁开停，投料、止料，影响产量，低产单位电耗自然升高。这里值得提出的是，所谓提高设备运转率，不是用"带病状态"来换取指标上的高设备运转率。因"带病"运转的设备，其生产结果是产量低、运行电负荷高，起不到降低电负荷的效果。

**（4）配置电机容量**　在配置电机容量上要选配合适（因电机的最高效率在满负荷前），避免大马达拉小车和要减少空转时间（电机能耗＝功率×运转时间），避免做无用功。虽然设计时容量合理匹配，但企业在更新设备，或因工艺改造用电量减少时，若忽略核实合理电机容量匹配，将导致电机的效率降低，能耗增加。

## 三、节能途径

节能分直接节能（指通过节能技术改造及采用先进的节能技术、设备，提高能源有效利用率）和间接节能（指通过提高产品质量、节省原燃材料和调整产业结构、淘汰高耗能设备，降低能耗）。节能途径分技术节能、结构节能、管理节能和操作节能。水泥行业的节能降耗管理重点由粗放型节能向精细化节能转变，手段上既要行政节能政策扶持，又要有重视操作节能思维。

### 1. 技术节能

技术节能是指采取先进技术，通过提高能源的利用效率和效益，实现节约能源目的的一种手段。设计上受当时技术水平限制，所采用的节能技术、配备设备，与现时先进的节能指标和要求有差距。企业通过使用后的生产统计、测试，和能源浪费情况分析，进而采取对应的先进低能耗工艺和设备，进行节能技术改造，降低系统能源消耗。

### 2. 结构节能

结构节能是指调整产业结构、产品结构、企业结构以及工业布局、生产规模等，使"费能型"经济结构逐步变为"省能型"结构，间接地收到节能效果。

**（1）产业结构**　如贯彻淘汰耗能高的落后生产线产能，控制盲目扩大产能等举措，积极地提高新型干法生产线比例，实现行业整体的节能减排目标。

**（2）产品结构**　重点提高熟料质量（以熟料强度为主），实施"以质代量"方式节能。发达国家水泥熟料强度一般在 70MPa 以上，我国平均熟料强度约为 60MPa。提高熟料强度，在不改变水泥强度等级下，生产水泥中可多掺混合材料而节能；或通过提高水泥强度等级，减少混凝土中水泥用量，而节约混凝土制备成本；或因减少社会上水泥用量，从而降低水泥生产企业熟料生产过程的分解耗热，起到间接节能效果。

根据用户使用的环境条件生产和使用特种水泥，提高使用的适应性和耐久性而节能。

### 3. 管理节能

管理节能是通过加强用能管理的一种节能措施。如通过制定法规、条例、标准、规章制度和政策措施，以法律和行政干预手段，对能源、资源进行合理开发和节约利用。

**（1）应用智能化管理**　运用厂矿企业与科研院校合作机制，建立生产信息化和智能化生产控制系统，优化生产管理体系，取得增产节能效果。如富阳南方水泥公司与浙江邦业科技公司合作，采用智能控制系统（CAM），实现企业生产信息化、智能化，跟踪生产全过程，生产信息及时采集，生产控制参数稳定、精确的能源管理系统，对企业系统能耗下降起促进作用。其生产指标前后对比见表8-2。

表8-2　采用 CAM 控制系统前后生产煤耗考察结果对比

| 项　目 | 单位 | CAM 未投入 | CAM 投入 | 熟料煤耗变化量 | 百分比/% |
|---|---|---|---|---|---|
| 生料喂料量 | t/h | 390.0 | 392.2 | +2.2 | +0.56 |
| 分解炉喂煤量 | t/h | 27.85 | 27.16 | −0.69 | −2.47 |
| 窑头喂煤量 | t/h | 9.40 | 9.47 | +0.07 | −0.74 |
| 系统煤耗 | kg/$t_{sh}$ | 153.8 | 149.4 | −3.8 | −2.23 |

**(2) 能效对标**　不断寻找和研究企业生产能耗与国内外一流水泥企业先进能耗指标、管理的差距，通过技术改造实现企业管理水平和能源绩效的提升。

**(3) 精细生产管理**　净作业、有效作业能直接带来经济效益和节能效益，而作业过程中无效动作，则无为地增加能耗，可以从细微管理着手，通过精细生产管理消除企业生产环节中不增值运作，成就节能效果。如在原燃材料、成品质量管理上，以"均质稳定"为前提，避免出现大波动（为稳产）、超标号（为保质）、超袋重（为成本）；又如窑磨主机停运后，应从管理上制止辅机无休止运转现象；还可用预知维修管理、提高巡检人员技术技能等，多方面、多渠道强化管理，提高设备运转率。无疑可以通过精细化管理，充分发挥人、物、设备的能力和价值，来提高生产效率，实现节能。

**(4) 政策推动**　标准助推节能、政策倒逼节能。实施阶梯电价，通过价格杠杆作用，推动企业重视节能，效果好。

### 4. 企业节能举措

2016 年 6 月 30 日起实施的《工业节能管理办法》中明确规定"工业企业是工业节能主体"，做好企业节能是兑现《工业节能管理办法》的行动。工业企业除加强节能技术创新和技术改造，开展节能技术应用研究，开发节能关键技术，促进节能技术成果转化，采用高效的节能工艺、设备外，企业节能举措如下。

**(1) 从操作上着手**　操作节能是指生产操作上产生的节能效果。生产实践表明：即使措施再好，操作没有跟上，一样达不到节能效果。一是加强对耗能设备的维护，通过对用能设备的保温，消除"跑、冒、滴、漏"等现象，投资不大，却能减少能源损失；二是在生产运行过程中，中控操作员对其他操作工种提供的信息进行思考、判断，合理操作控制，实现喂料量"均质稳定"、系统工况"运行稳定"和热工参数"合适准确"，保持设备在最佳状态下运行，同时尽量减少主机设备开停次数，节能效果明显。

**(2) 从能源回收着手**　对现有耗能设备进行改造，实行能源的综合利用，回收工业余热、化学反应热、进行余热发电等。节能措施从初期单个热流回收利用，如窑系统废气余热用于烘干原燃料；单个设备节能，如预热器从 4 级增加到 5 级、采用料床粉磨设备等。发展到如今节能目光从单体移向工艺线组合体的节能，把整个系统集成作为一个有机组合体看待，即系统综合节能。考虑过程一条龙节能，使生产系统能耗最小、费用最低和环境污染最小。如对余热进行发电的项目，要求既不提高熟料烧成热耗，又能有适宜的单位熟料发电量，降低单位熟料热耗，达到综合节能效果的低温余热发电，成为推广项目。

**(3) 提高能源利用率着手** 从能源进厂、加工损耗、储运，到最终使用环节通盘考虑如何减少损耗。在生产时，为提高能源利用率，制定出各生产工序质量合格、产量合理、节能效果高的工艺操作参数。此方式技术工作量大，需要做好前期可行性研究、评估，而且所需投资高。

水泥生产节能途径很多，企业根据自身情况将先进的节能技术和实践经验与能源管理相结合，以更少的能源消耗，实现高效率、低污染、高产出的企业节能目标。

## 四、能耗指标

表示能耗的指标包括单位能耗、综合能耗和可比能耗，其概念分别如下。

### 1. 单位能耗

单位能耗是指单位产量所消耗的某种能源的量，是考核企业能源利用经济效益的指标。水泥企业单位分步能耗统计范围见表 8-3。单位熟料烧成热耗是指每煅烧 1kg 熟料所消耗的实际热量，$kJ/kg_{sh}$；单位熟料热耗是指制备 1kg 熟料所消耗的实际热量（$kJ/kg_{sh}$）；单位熟料电力消耗是指生产 1kg 熟料所消耗电量（$kW \cdot h/t_{物料}$）或生产 1kg 熟料所消耗的标准煤量（$kg_{ce}/t$）；单位水泥的电力消耗，是指生产 1kg 水泥所消耗的电量（$kW \cdot h/t_{物料}$）或生产 1kg 水泥所消耗的标准煤量（$kg_{ce}/t_{物料}$）。

### 2. 综合能耗

综合能耗是指按规定的耗能体，在一段时间内实际消耗的各种能源实物量。水泥企业综合能耗统计范围见表 8-4。

### 3. 可比能耗

可比能耗是指在一定可比条件下的单位能耗或综合能耗，以便本企业或同行业，在相同产品和基本生产条件时进行能耗值互比，找差距，利改进。水泥企业可比能耗的折算基数：熟料以熟料强度等级 52.5 为基数进行换算；水泥以水泥强度等级 42.5 为基数进行换算。换算系数：

熟料强度换算系数 $d_A = \sqrt[4]{\dfrac{52.5}{A}}$；

水泥强度换算系数 $d_B = \sqrt[4]{\dfrac{42.5}{B}}$

式中 $A$、$B$——在统计期内熟料平均 28d 抗压强度（按 GB16780—2012 标准附录 A 规定计算）和水泥加权平均强度，MPa。

水泥企业分工段电耗统计范围见表 8-5，能效评价核心指标定义与范围见表 8-6。

表 8-3　水泥企业单位分步能耗

| 项　　目 | 统　计　范　围 |
|---|---|
| 原料破碎电耗 | 在统计期内，用于石灰石、砂岩、铁矿等各种原料的电力消耗，$kW \cdot h/t_{物料}$ |
| 原料预均化电耗 | 在统计期内，用于原料预均化的电力消耗 |
| 原料烘干煤耗 | 在统计期内，用于原料烘干的燃料消耗 |
| 生料粉磨电耗 | 在统计期内，用于生料粉磨的电力消耗 |

| 项　　目 | 统　计　范　围 |
|---|---|
| 生料均化电耗 | 在统计期内,用于生料均化的电力消耗 |
| 燃料烘干煤耗 | 在统计期内,将进厂的块状燃料,包括热风炉和其他烘干设备用油折算的标准煤消耗 |
| 燃料制备电耗 | 在统计期内,将进厂块状燃料进行预均化、破碎和粉磨的电力消耗 |
| 废气处理电耗 | 在统计期内,用于对出窑、出磨的废气进行降温和除尘等处理的电力消耗 |
| 熟料烧成电耗 | 在统计期内,用于熟料烧成的电力消耗 |
| 熟料烧成煤耗 | 在统计期内,用于熟料烧成的燃料消耗,$kg_{ce}/t_{物料}$ |
| 熟料储存与输送电耗 | 在统计期内,用于熟料储存与输送出厂或输送至水泥库的电力消耗 |
| 辅助生产电耗 | 在统计期内,用于空压机、循环水泵与辅助生产设备的电力消耗 |
| 其他应计入电耗 | 在统计期内,用于生产办公室、化验室、机修和车间照明以及厂区线路损失的电力消耗 |
| 混合材料烘干煤耗 | 在统计期内,用于混合材料烘干的燃料消耗 |
| 混合材料制备电耗 | 在统计期内,用于混合材料破碎、烘干的电力消耗 |
| 水泥粉磨电耗 | 在统计期内,用于水泥粉磨的电力消耗 |
| 水泥袋散装及输送电耗 | 在统计期内,用于水泥袋散装和水泥在厂区输送过程的电力消耗 |

**表 8-4　水泥企业综合能耗**

| 项　　目 | 统　计　范　围 |
|---|---|
| 熟料综合煤耗 | 从原燃材料进入生产厂区开始,到水泥熟料出厂的整个熟料生产过程消耗的燃料量,包括烘干原燃材料和烧成熟料消耗的燃料。如果水泥企业采用替代燃料,应单独统计替代燃料消耗量,但替代燃料不包括在熟料综合煤耗范围内 |
| 熟料综合电耗 | 从原燃材料进入生产厂区开始,到水泥熟料出厂的整个熟料生产过程中消耗的电量,不包括用于基建、技改等项目建设消耗的电量。采用废弃物作为替代燃料和替代原料时,处理废弃物消耗的电量应单独统计,并且不包括在熟料综合电耗范围内 |
| 水泥综合能耗中标准煤耗统计范围 | 从原燃材料进入生产厂区开始,到水泥出厂的整个水泥生产过程消耗的燃料量,包括烘干原燃材料和水泥混合材料以及烧成熟料消耗的燃料。如果水泥企业采用替代燃料,应单独统计替代燃料消耗量,但替代燃料不包括在水泥综合煤耗范围内 |
| 水泥综合电耗 | 从原燃材料进入生产厂区开始,到水泥出厂的整个水泥生产过程消耗的电量,不包括用于基建、技改等项目建设消耗的电量。采用废弃物作为替代燃料、替代原料和水泥混合材料时,处理废弃物消耗的电量应单独统计,并且不包括在水泥综合电耗范围内 |
| 水泥粉磨企业综合电耗 | 从水泥熟料、石膏和混合材料等进入生产厂区到水泥出厂的整个水泥生产过程消耗的电量 |

注:摘录自《水泥单位产品能源消耗限额》(GB 16780—2012)。

**表 8-5　水泥企业分工段电耗统计范围**

| 工　段 | 项　目 | 统　计　范　围 |
|---|---|---|
| 水泥粉磨企业 | 综合电耗 | 从水泥熟料、石膏和混合材料等进入生产厂区到水泥生产过程消耗的电量 |
| 生料制备工段 | 电耗 | 从原材料进入生产厂区开始,到生料出生料库和废气出高温风机到窑尾烟囱的整个生料制备和废气处理过程消耗的电量,包括原料破碎、原料预均化、生料粉磨、生料均化消耗的电量 |

| 工段 | 项目 | 统计范围 |
|---|---|---|
| 熟料烧成工段 | 电耗 | 从生料出库到熟料入熟料库,原煤入煤磨到煤粉入煤粉仓的整个熟料烧成过程消耗的电量,包括燃料制备及生料预热分解、熟料煅烧及熟料冷却和废气处理消耗的电量 |
| 水泥制备工段 | 电耗 | 从水泥熟料、石膏及混合材料出调配库到水泥出厂的整个水泥制备工段消耗的电量,包括水泥包装及散装消耗的电量 |

注：摘录自《水泥单位产品能源消耗限额》(GB 16780—2012)。

### 表 8-6　能效评价核心指标定义与范围

| 项目 | | 内容 |
|---|---|---|
| 可比熟料综合煤耗 | 定义 | 在统计期内,生产 1t 熟料的综合燃料消耗,包括烘干原燃材料和烧成熟料消耗的燃料,经强度和海拔高度修正后的综合煤耗 |
| | 统计范围 | 从原燃材料进入生产区开始到水泥熟料出厂的整个生产过程中消耗的燃料量,包括烘干原燃材料和烧成熟料消耗的燃料(不包括点火用油或气)。如果水泥企业采用废弃物为替代燃料,应单独统计替代燃料消耗量,但替代燃料不包括在熟料综合煤耗范围内 |
| 可比熟料综合电耗 | 定义 | 在统计期内生产 1t 熟料(包括熟料生产各过程)的电耗和生产熟料辅助过程的电耗,经强度和海拔高度修正后的综合电耗 |
| | 统计范围 | 包括熟料工序(包括废气处理、生产煤粉)用电,以及生料电力消耗,即生产水泥熟料全部用电,但不包括矿山石灰石和其他辅助原料的破碎和输送至厂区的电耗。对只生产水泥熟料的企业,熟料生产综合电力消耗量还应包括水泥熟料发送工序的电力消耗,不包括用于基建、技改等项目建设消耗的电量。采用废弃物作为替代燃料和替代原料时,处理废弃物消耗的电量应单独统计,并且不包含在熟料综合电耗范围内 |
| 可比熟料综合能耗 | 定义 | 在统计期内,生产 1t 熟料消耗的各种能源,按熟料 28d 抗压强度等级修正到 52.5 等级及海拔高度统一修正后并折算成标准煤所得的综合能耗 |
| | 统计范围 | 包括电力、煤炭(不包括油品、天然气、煤气、液化气、蒸汽)的消耗。企业自备锅炉、自备发电机组生产的蒸汽、电力,由本企业消耗,只计算第一次能源消耗,不再重复计算蒸汽和电的消耗。水泥厂利用余热发的电,同样不再重复计算 |
| 可比水泥综合电耗 | 定义 | 在统计期内,生产 1t 水泥的综合电力消耗,包括水泥生产各过程的电耗和生产水泥的辅助过程电耗(包括厂区线路损失以及车间办公室、仓库的照明等消耗)。按照强度和海拔高度修正后的综合电耗 |
| | 统计范围 | 水泥生产消耗的电力应包括水泥工序电耗,以及水泥所消耗的熟料、石膏、混合材料的电力消耗量,还包括水泥出厂时进行包装或者散装所消耗的电力。为生产水泥的各种辅助用电,如机修、供热、供水、化验等辅助用电和变电、配电、线路损失的电力,厂区办公室、仓库的照明用电。除生产水泥,还有其他产品生产时,各种辅助用电应合理分摊。采用废弃物作为替代原燃料和水泥混合材料时,处理废弃物消耗的电量应单独统计,并且不包含在水泥综合电耗范围内 |
| 可比水泥综合能耗 | 定义 | 在统计期内,生产 1t 水泥消耗的各种能源折算成标准煤,经统一修正后并所得的综合能耗(按水泥 28d 抗压强度等级修正到 42.5 等级及海拔高度 1000m 修正) |
| | 统计范围 | 水泥综合能源消耗包括电力和原煤。企业自备锅炉、自备发电机组生产的蒸汽、电力,由本企业消耗,只计算第一次能源消耗,不再重复计算蒸汽和电的消耗。水泥厂利用余热发的电,同样不再重复计算 |

注：资料来自国家节能中心编著的《能效评价技术依据（一）》,中国发展出版社,2014 年 4 月。所有能耗的计算公式,见该书籍有关篇章。

第八章　节能与环保

# 第二节 减 排

极端气候和雾霾现象频发，告诫人类大气的承载能力接近上限，需要"减负、缓压"，要求全球共同应对大气环境污染问题，为守护蓝天和生存大地而"减排"。"减排"总体上是指从源头使用清洁能源和原料，减少污染物含量；在生产过程中实施工艺新技术，控制和减少有害污染物的产生；末端上采用高效除尘设备，实现达标排放。污染物排放总量为污染物浓度与废气量的乘积，为此，要降低排放总量，可从减排各子项（废气量、颗粒物和废弃物中污染物浓度）着手。

## 一、废气量减排

废气量减排是指在满足水泥生产基本需要的空气或烟气量前提下，通过循环利用或阶梯利用，减少进入系统的新鲜空气量而实现废气量减排。在排放浓度不变的情况下，减少排放的废气量，就可以有效地降低污染物的排放总量，实现环境容量要求。

### 1. 废气量减排的要求和作用

**(1) 要求** ①要满足进入工艺生产设备基本需要的用风量，如携带热能、悬浮能。在此前提下，通过废气循环利用，可以减少热风气进入量，进而实现废气量直接减排；或通过余热利用减少系统耗煤量，间接实现废气减排；②应保障废气利用后，对后续整体工艺不会造成不利影响。

**(2) 作用** ①废气量减排是污染物总量减排的两个因素（废气量、污染物浓度）之一，在浓度不变情况下，则污染物总量下降；②废气量减排是实现发展经济的同时保护环境的途径之一；③采用废气循环和梯度利用方法，可实现节能与环保统一；④废气量减排可能引起颗粒物排放浓度增高，因而必须提高除尘设备效率。

### 2. 废气量减排途径

**(1) 密闭堵漏** 这是常规的办法。水泥生产的通风系统、热工系统基本上采用负压操作，采取密闭堵漏措施，可以防止因冷风掺入系统而增加排风量。为此，在设备设计、制造、安装等和操作检查时，都需要加大密封性，防止产生漏风力度。

**(2) 节能减排** 燃料燃烧产生的废气量，通过节能以减少燃料消耗量，实现废气减排。

**(3) 废气循环技术** 废气循环技术包括废气循环利用和梯度利用技术。工业废气循环利用是指用于有废气产生的生产过程自身设备系统中，如水泥厂煤磨的循环风，见图8-1。阶梯利用技术是指回用于其他生产设备，如水泥烧成系统中篦式冷却机向回转窑提供二次风、向分解炉提供三次风等，见图8-2。

图8-1　循环利用模式

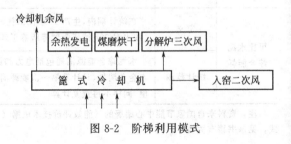

图8-2　阶梯利用模式

**(4) 掺加混合材料** 在提高水泥熟料强度和混合材料的活性，应用细化技术等基础上，生产同一水泥等级时，多掺混合材料，降低水泥中熟料比例，而减少单位水泥废气排放量。以我国典型新型干法工艺生产 1t 水泥为例，水泥全过程主要废气排放情况见表 8-7。

表 8-7 水泥生产过程废气排放量概值估算

| 处理物料名称 | 工艺过程 | 单位废气量 /(m³/t水泥) | 处理物料量/t水泥 | | 总废气量/(m³/t水泥) | |
|---|---|---|---|---|---|---|
| | | | 熟料比例 84% | 65% | 84% | 熟料比例 65% |
| 石灰石 | 破碎 | 350 | 1.100 | 0.851 | 385 | 298 |
| 其他原料 | 烘干 | 3000 | 0.250 | 0.193 | 749 | 580 |
| 生料 | 粉磨(烘干) | 2000 | 1.350 | 1.045 | 2700 | 2089 |
| 熟料 | 烧成(窑尾) | 4500 | 0.840 | 0.650 | 3780 | 2925 |
| | 冷却(窑头) | 2500 | 0.840 | 0.650 | 2100 | 1625 |
| 混合材料 | 烘干 | 3000 | 0.310 | 0.310 | 1202 | 930 |
| 石膏 | 破碎 | 350 | 0.040 | 0.040 | 18 | 14 |
| 燃料 | 粉磨(烘干) | 3000 | 0.210 | 0.163 | 631 | 488 |
| | 粉磨 | 1000 | 1.000 | 0.774 | 1000 | 774 |
| 水泥 | 包装 | 200 | 1.000 | 1.000 | 258 | 200 |
| | 均化 | 50 | 2.600 | 2.012 | 131 | 101 |
| | 转运 | 50 | 20.000 | 15.476 | 1000 | 774 |
| 合计 | | | 29.540 | 23.164 | 13954 | 10798 |

## 3. 循环利用及阶梯利用

工业废气应用循环利用及梯度利用的设备工艺，其模式分别见图 8-1 和图 8-2。

① 当废气中含氧量与空气接近时，可作为助燃空气。

② 当废气中含氧量较低时，可作为固体废物、生活垃圾、生物质等热解气源。

③ 当废气中含有一定可燃物时，可作为窑炉、锅炉的燃烧介质。

④ 当废气中具有一定的余热时，可回收用于物料烘干或发电。

## 4. 预分解窑废气循环梯度的利用

预分解窑生产线，将热废气进行合理循环梯度利用，如下所述。可减少废气量，从中取得节能环保效益。

① 窑尾高温废气循环梯度利用：水泥窑高温废气（约 1100℃）→窑尾烟室→分解炉（出口温度约 900℃）→预热器（$C_1$ 出口温度约 300℃）→窑尾余热锅炉→生料磨→窑尾除尘器→排放。

在分解炉下部完成一次高温废气梯度利用；对入窑生料进行多级预热完成二次梯度利用；进入窑尾余热锅炉完成第三次梯度利用。

② 窑头高温废气循环梯度利用：

篦冷机 ——→ 高温 → 入窑二次风、入炉三次风 → 中温 → 窑头余热锅炉（发电）

内部热风 ——→ 入煤磨热风 → 窑头除尘器 → 排放

——→ 低温(余)风 → 窑头除尘器 → 排放

③ 水泥窑协同处置固体废物时，废气利用的框架示意：

窑尾废气→生活垃圾热解气化→分解炉→窑尾废气处理系统→排放

无组织排放废气→窑头废气→生活垃圾、市政污泥焚烧

旁路放风→余热发电→除尘器→排放

## 二、温室气体 $CO_2$ 减排

温室气体具有两重性，适量是需要的，超量则具有危害。自然产生的温室气体，其所产生的温室效应，因能保存地表的热量，使地球表面温度平均在 $15℃$ 左右，适宜人类居住。然而人类使用化石燃料，向大气释放大量的 $CO_2$、$NO_x$ 等温室气体，超过植物光合作用所吸收的量，使大气中温室气体含量增高，导致全球气候变暖，对人类、动植物有害。从水泥行业统计的概值：吨标煤排放 $2.6t$ $CO_2$、$24kg$ $SO_2$、$7kg$ $NO_x$。本文侧重于探讨温室气体中 $CO_2$ 的减排。

### 1. 直接排放源

水泥企业 $CO_2$ 排放源，分直接和间接两种。直接排放源系指企业拥有或可控制的排放源，水泥企业直接排放的 $CO_2$ 其主要来自以下方面。

**(1) 原料** 熟料煅烧过程由生料（包括原料和替代原料）中碳酸盐矿物分解产生的 $CO_2$。该值与熟料矿物组成中钙值比有关，钙值比越高，其排放 $CO_2$ 也越高，一般硅酸盐水泥熟料 $CO_2$ 排放量 $0.5\sim0.6kg_{CO_2}/kg_{sh}$，见表8-8。

表 8-8　水泥熟料主要矿物二氧化碳排放量

| 熟料矿物 | $C_3S$ | $C_2S$ | $C_4A_3 \cdot SO_3$ |
|---|---|---|---|
| $CO_2$ 单位排放量/$(kg_{CO_2}/kg_{sh})$ | 0.578 | 0.511 | 0.216 |

**(2) 燃料** 系指化石燃料、替代燃料和协同处置可燃物燃烧时释放出的 $CO_2$。水泥企业的生产工序中：熟料煅烧和原燃材料烘干，使用燃料而排放 $CO_2$。$CO_2$ 排放量与燃料（包括煤与替代燃料）中的含碳量与燃烧完全程度有关，还和熟料煤耗、能源类型有关。预分解窑热耗低，由燃料煤燃烧产生的 $CO_2$ 一般为 $2.6t_{CO_2}/t_{ce}$。

**(3) 其他** 由窑灰、旁路放风粉尘中的碳酸盐矿物分解，以及运输需要的汽油、柴油等燃料燃烧排放少量的 $CO_2$。

### 2. 间接排放源

水泥企业间接排放 $CO_2$，主要源于生产中净外购电力和其他物料（如外购熟料、外购矿渣粉、钢渣粉等）的 $CO_2$ 排放。熟料煅烧系统和粉磨系统、包装散装系统等需要消耗电力，其排放的 $CO_2$ 量与需要外购电力数量（工厂消耗电力，扣除本厂余热发电量提供的电量）折算成 $CO_2$ 量。外购电力的 $CO_2$ 排放因子，与火力发电行业的单位发电量所消耗的燃煤量有关，由年度、地区电力网提供数值。

按照相关标准方法计算单位水泥熟料 $CO_2$ 排放量，其中原料碳酸盐分解、煤的燃烧和生产中电力消耗所排放的 $CO_2$ 占排放总量比例，大致为 $57.5\%：31.8\%：9.7\%$。燃煤的排放成分数值，与煤质（含硫、含氮量）和煅烧温度有关。

### 3. 减排途径

减排就是减少污染物排放，减排在环境保护和节约成本方面更具优势。其主要途径如下。

**（1）节能减排**　从第一节节能中看出，企业通过节能（降低热耗、电耗）渠道，能够达到降低 $CO_2$ 排放的目的。对耗能高的生产工艺或设备，通过技术改造，节能减排。

**（2）质量减排**　质量减排系通过提高熟料质量，降低用户使用水泥量或提高水泥中混合材料掺加量，实现降低社会总体排放 $CO_2$ 量。

**（3）管理减排**　管理减排一是指职能部门对环境执法监督、执行检查，加强环境质量监督和控制，提高企业的实际治理污染能力和效果，对违反规定的企业实行严厉处罚；二是提出国家产业政策，通过调整和优化产业结构规定对那些能源消耗高、环境污染高的难以治理或不进行治理的企业，予以关、停、并、转，进而实现整体行业主要污染物减排。

## 4. 企业减排对策

生产硅酸盐水泥废气排放中，主要成分 $CO_2$ 来源于原料碳酸盐分解、燃料燃烧和生产中电力消耗。为实现排放达标要求，减排 $CO_2$ 主要采用的技术路线如下。

**（1）原料选择**　这是从源头实施的减排 $CO_2$ 措施，水泥企业选用不含碳酸盐矿物或含碳酸盐少的矿石、工业废渣，作为替代原料，如电石渣 $Ca(OH)_2$、碱渣 $CaO$ 等。它们在高温化学反应中不释放 $CO_2$，且其中含有部分硅酸盐矿物成分，降低煅烧需热量，节能减排。

**（2）降低熟料烧成热耗**　一般每千克生料 $CO_2$ 生成量约为 $0.346kg$；每千克煤粉燃烧生成 $CO_2$ 量约为 $2.42kg$，因此，降低熟料烧成热耗是减少水泥工业生成量及排放量的关键措施。

**（3）改变燃料结构**　燃料所产生的 $CO_2$ 量，与燃料消耗量和能源类型有关。资料介绍：每产生 $1GJ$（$10^9J$）能量放出的 $CO_2$ 量：煤 $92.43kg$，石油 $69.4kg$，天然气 $49.4kg$。水泥熟料生产普遍采用煤炭资源，其吨硅酸盐熟料排放 $CO_2$ 一般在 $0.8\sim0.9t$。若使用石油、天然气等 $CO_2$ 排放因子低的燃料，则可降低水泥熟料生产 $CO_2$ 排放量。使用替代燃料，减少 $CO_2$ 排放的潜力很大，尤其是使用生物质燃料（柴薪、沼气、有机废物等），因燃烧时，排放的 $CO_2$ 等于生长过程中吸收的 $CO_2$ 量，属于一种 $CO_2$ 零排放的能源资源。

**（4）开发生产低钙水泥熟料**

① 低钙水泥熟料减排特点。低钙水泥熟料中 $CaO$ 含量低，用它制备的水泥属于低钙节能水泥。生产低钙水泥熟料，一方面生料中石灰石配比下降，由石灰石分解的 $CO_2$ 也相应减少。另一方面烧成温度低，用煤量少，由燃煤而排出的 $CO_2$ 量减少。硫铝酸盐水泥熟料烧成温度 $1300\sim1350℃$，硫铝酸盐水泥比硅酸盐水泥可减排 $CO_2$ 约 $30\%$；高贝利特水泥，其熟料矿物组成属于低钙（$C_2S$ $45\%\sim60\%$、$C_3S$ $20\%\sim30\%$）型，烧成温度为 $1350℃$，比硅酸盐水泥可减排 $CO_2$ 约 $10\%$。

② 开发研究低钙水泥熟料。有关低钙水泥熟料，除高贝利特水泥熟料和硫铝酸盐水泥熟料外，侯贵华等研究资料介绍，由于 $CaO$ 与 $SiO_2$ 比值不同可以形成 $C_3S$、$C_2S$、$C_3S_2$、$CS$ 和 $CS_2$ 五种钙质熟料矿物。以新型低钙水泥熟料 $C_3S_2$ 矿物的形成热焓最低，并具有 $CO_2$ 低排放量和自粉化特点：其形成温度 $1300\sim1460℃$，故耗煤量较高钙硅比低；采用碳化方法（碳化反应而非水化反应）可使 $C_3S_2$ 发生硬化，3d、7d 试样强度分别达到 $32MPa$ 和 $43MPa$，其碳化的产物为 $CaCO_3$，而且在碳化硬化过程需要消耗大量 $CO_2$，故 $C_3S_2$ 熟料矿物具有低 $CO_2$ 排放量特点；$C_3S_2$ 熟料矿物中 $CaO$ 含量比常规硅酸盐水泥低，按推算约为 $50\%$（硅酸盐水泥熟料 $CaO$ 含量一般为 $65\%$），生产 $1t$ $C_3S_2$ 熟料，碳酸钙分解产生 $CO_2$ 为 $0.39t$（硅酸盐水泥熟料为 $0.51t_{CO_2}/t$），从而将减少 $CaCO_3$ 的分解耗热能；$C_3S_2$ 具

有自粉化特点。$C_3S_2$ 碳化反应后体积增加幅度 89.3%，$3\sim7d$ 体积膨胀率为 2.4% 左右，因而能改善矿物易磨性，降低熟料粉磨电力消耗，故具有显著的节能特点，起到减排 $CO_2$ 效果。

**（5）技术改造，降低能耗**　早期建设生产的水泥厂，当时技术水平装备限制和排放标准指标要求较低，面对如今越来越严格的排放要求，对那些能耗高的落后生产设备，采取淘汰方式或用先进技术设备进行节能技术改造，实现行业整体和企业节能降耗。

① 调整配置，降低能耗。不同窑磨装备形式的能耗情况见表 8-9～表 8-12。如在配置的预分解窑生产线，可利用先进新技术，对系统落后设备进行提产节能改造；采用料床粉磨方式的磨机改造，降低电耗进而减排。

② 降低电耗，减排 $CO_2$。据参考文献 [8] 介绍：每降低 $1kW\cdot h$，约折标准煤 0.4kg，可减少 $CO_2$ 排放 0.997kg。

**表 8-9　不同生产线规模设计能耗**

| 规模/(t/d) | 2500 | 5000 | 8000 | 10000 | 国际 | | 国内 | |
|---|---|---|---|---|---|---|---|---|
| | | | | | 先进 | 一般 | 先进 | 一般 |
| 熟料热耗/(kJ/$kg_{sh}$) | 3135 | 3010 | 2926 | 2884 | 2863 | 3093 | 2984 | 3218 |
| 熟料标准煤耗/($kg_{ce}$/$t_{sh}$) | 107 | 103 | 99.8 | 89.4 | 98 | 105 | 102 | 110 |
| 熟料单位电耗/(kW·h/$t_{sh}$) | 63 | 57 | 55 | 52 | 52 | 62 | 54 | 65 |
| 水泥综合电耗/(kW·h/$t_{sn}$) | 88 | 85 | 83 | 82 | 82 | 85 | 82 | 85 |

**表 8-10　不同水泥粉磨工艺设备单位水泥的电耗 [产品 P·O42.5 (350m²/kg)]**

| 粉磨设备 | 球磨闭路 | 辊压机联合粉磨 | 辊式磨 | 筒辊磨 | 辊压机终粉磨 |
|---|---|---|---|---|---|
| 电耗/(kW·h/$t_{sn}$) | 34～36 | 28～30 | 26～28 | 24～26 | 22～24 |

**表 8-11　不同形式磨机粉磨钢渣时的电耗**

| 粉磨设备 | 筒辊磨 | 辊式磨 | 辊压机联合粉磨 |
|---|---|---|---|
| 规格 | CFB3800 | $\phi$4600mm | $\phi$1.6m×1.6m+$\phi$3.2m×13m |
| 比表面积/(m²/kg) | 440～450 | 420～450 | 350～360 |
| 台时产量/(t/h) | 115～145 | 90～95 | 约160 |
| 主机电耗/(kW·h/t) | 15.6～16.5 | 21～22 | 27.5 |

**表 8-12　$CO_2$ 减排和碳减排节约用能统计概数**

| 项　目 | 减排 $CO_2$/kg | 碳减排/kg | 说　明 |
|---|---|---|---|
| 节约 1kW·h 电 | 0.997 | 0.272 | 减排 $CO_2$ 量，即以 $CO_2$ 计 |
| 节约 1kg 标准煤 | 2.493 | 0.68 | 碳减排，即以 C 计 |
| 节约 1kg 原煤 | 1.781 | 0.486 | 减排 1t 碳相当于减排 3.67t $CO_2$ |
| 节约 1L 汽油 | 2.3 | 0.627 | 电的折标准煤按等价值，1kW·h 电=0.4kg 标准煤；|
| 节约 1L 柴油 | 2.63 | 0.717 | 1kg 原煤=0.7143kg 标准煤，推算火力发电燃煤 |
| 节约 1kg 汽油 | 3.15(0.73kg/L) | 0.86(0.73kg/L) | 每节约 1kW·h 电，减少污染排放 0.272kg 碳粉尘、|
| 节约 1kg 柴油 | 3.06(0.86kg/L) | 0.83(0.86kg/L) | 0.997kg $CO_2$、0.03kg $SO_2$、0.015kg $NO_x$ |

**（6）发展低温余热发电** 将预热器排出的 $300\sim400℃$ 和抽取篦冷机冷却熟料热交换后的 $220\sim450℃$ 热风和 $150\sim200℃$ 余风，在利用原燃料烘干后，剩余热能进行发电，降低熟料综合热耗，相应减排。余热发电节省了向电网的外购电，也就减少了电力生产所引起的 $CO_2$ 排放。生产 1t 熟料约可减排 $30kg$ $CO_2$。

**（7）利用工业废渣，替代原燃材料模式** 生产采用含钙质高的工业废渣（见表 8-13），直接降低热耗，或取代熟料用量间接降低企业产品热耗，相应减排，也对改善环境状况有利。如电石渣替代石灰石。按平均替代 60％ 水平，生产 1t 熟料约可减排 $300kg$ $CO_2$。

**表 8-13　使用钙质工业废渣 $CO_2$ 减排率示例**

| 工业废渣 | 电石渣 | 镁渣 | 钢渣 | 高钙灰 | 说　明 |
|---|---|---|---|---|---|
| 钙质主要化学成分 | $Ca(OH)_2$ | f-CaO | f-CaO | f-CaO | ①废渣中钙质主要化学成分不是 $CaCO_3$，故而不产生或产生少量的原料分解的 $CO_2$；②钙质成分的反应热均低于 $CaCO_3$ 分解热，热耗低，相应耗煤少，因而由燃料燃烧排放的 $CO_2$ 也少，起到减排 $CO_2$ 效果 |
| CaO 含量/％ | 63.4 | 51.4 | 40.6 | 16.4 | |
| 生料中掺加量/％ | 40 | 20 | 10 | 10 | |
| 石灰石减少率/％ | 50.2 | 20.1 | 8.25 | 3.97 | |
| 分解热减少率/％ | 50.2 | 20.1 | 8.25 | 3.97 | |
| 煤减少率/％ | 35.1 | 14.1 | 5.8 | 2.8 | |
| $CO_2$ 减少率/％ | 42.8 | 17.2 | 6.9 | 3.4 | |

## 三、大气污染物减排

通常水泥窑生产产生的气态污染物主要是 $CO_2$、$NO_x$，当水泥窑协同处置废弃物后，增加产生的污染物品类，分大气中、固相中和液相中，汇总在附录三中。本节所指大气污染物，系按《水泥工业大气污染排放标准》（GB 4945—2013）中所控制项目：颗粒物、二氧化硫、氮氧化物、氟化物、汞及其化合物、氨，对其减排的论述，见第三节。

# 第三节　环境保护

人类发展如今遇到两大问题：一是发展极限，即资源、能源出现供给不足，影响可持续发展；二是生存极限，环境质量下降，出现极端气候、食品安全问题，影响人类健康和生存空间。需要全社会共同应对，做好环境保护工作。

水泥行业是颗粒物产生和烟尘排放的主要行业，既要治理好自身产生的污染物达标排放，又要利用水泥生产线及设备优势，为社会消纳、协同处置固体废物，减少环境污染。

## 一、强化治理环境排放力度

水泥行业是高能耗、高环境负荷的产业，据测算，水泥行业颗粒物排放量占全国工业总排放量的 $15％\sim20％$；$CO_2$ 排放量占全国工业总排放量的 $3％\sim4％$；$NO_x$ 排放量占全国工业总排放量的 $8％\sim10％$。由于生产基数大，其污染排放总量也高，不容轻视。

### 1. 治理应全过程进行

环境治理是一项基本国策，治理要贯彻"源头防治、过程控制、末端治理"方针：在建设期，设计部门要做好设备配置，要做好环境影响评估和执行"三同时"规定；在运营期间，企业的环境责任是执行《水泥工业大气污染排放标准》（GB 4915—2013）达标排放，要遵守"排污申请登记和排污许可制度、排污收费制度和环境信息披露制度等"，与其他工业部门共同为人类居住地实现"天蓝、地绿、水清"的环境做出贡献。

### 2. 贯彻环境治理政策，强化治理力度

环境治理政策是国家针对环境治理工作，提出的行动准则。随着经济社会的发展，治理政策不断丰富与完善。从提出"三同时原则"（防治污染措施必须与主体工程同时设计、同时施工、同时投产）和污染治理模式由末端治理向全过程控制转变，到如今基本形成以强化管理为主体的环境政策体系，"开发者保护、污染者治理"、"谁污染谁治理"的治理政策体系和"生产发展不能以牺牲环境为代价"的原则。"十三五"期间，环境治理坚持总量与环境质量双重控制，实现源头管控、风险管控与末端治理相结合，加强公众参与和监督，更好地为企业提供了实施环境治理的方向。

在治理政策指引下，通过多年努力，水泥企业的环境污染问题大有改善，随着新《环保法》的出台和实施，《水泥工业大气污染排放标准》（GB 4915—2013）中约束性指标限值越来越严格，也增加了一些新的控制项目，如汞及其化合物、氨等。如今越来越严格的环境质量目标成为企业淘汰落后技术的依据，水泥行业为达到新标准指标，需要提升治理技术，强化治理力度，当然要达到高标准要求不容易，这是一场技术攻坚战，需要艰辛付出。

### 3. 树立零排放思维

所谓"零排放"是指无限地减少污染物和能源排放直至到零（指检测不出）的活动，即是用清洁生产、物质循环和生态产业等各种技术，实现对天然资源的完全循环利用，而不给大气、水和土壤遗留任何废弃物，降低后清理、治理难度和费用。

**(1) 零排放思维和行动**

思维：①地球不是提供给人类"无限的、不会恶化的排放污染物"的场所；②可再生资源的消耗量不能超过其再生量；③开发"不可再生资源、能源的绿色替代物"；④废弃物排放量不能超出自然界的净化能力；⑤推进生物质原燃材料的开发和使用；⑥谋求资源有效、循环使用的方法；⑦促进外部环境成本内部化。

行动：①就其内容而言，一是要控制生产过程中排放减少到零，二是将那些不得已排放出的废物资源化，循环利用于其他工业生产中；②从环境角度来看，减少废弃物产生，意味着环境污染问题得以解决，原材料的再利用，意味着对天然资源减少索取，不可再生资源、能源的可持续利用水平提高；③从企业经济方面而论，通过高效生产方式，来满足企业对原材料供给服务的需求，从中获得利润从而保证企业效益。

**(2) 零排放技术** 主要是应用循环和再生理念以及行动，把 A 产业的废弃物处理后作为 B 产业的原燃材料，加工制成产品，投入市场；也可把消费者排出的垃圾，进行处置再利用，执行 3R 原则"减量、再用、循环"。把产业、消费者在相互关联中，形成一个资源循环，具有零排放废弃物效果。

**(3) "四零一负"理念** 水泥工业"四零一负"理念，由水泥行业资深专家高长明先生提出，并多次撰文论述。"四零一负"理念是指：实现对水泥厂周围生态环境的"零污染"，对外界电能的"零消耗"，对废水、废渣、废料"零排放"，对化石燃料"零消耗"以及对社会上各种废弃物（如矿渣、粉煤灰、电石渣、工业副石膏、城市垃圾、污泥、工业废料、废渣、废油、危险废物等）的"负增长"。在参考文献 [3] 实现绿色低碳水泥中，提出"四零

一负"相关指标要求：①对生态环境的零污染，全面达到国家有关污染物排放标准，$CO_2$ 排放≤860kg/$t_{sh}$（含熟料热耗、电耗和碳酸钙分解），≤580kg/$t_{sn}$（含混合材料掺入及水泥粉磨电耗）；②对外电能的零消耗，吨熟料余热发电量≥31kW·h，水泥综合电耗≤90kW·h；③100%实现对外的废水、废料、废渣零排放；④对化石燃料零消耗，按熟料热耗计算，废弃物对化石燃料的替代率≥10%，熟料热耗≤3220kJ/kg；⑤对全社会废弃物负增长（循环利用）的贡献。吨水泥替代水泥原料≥50kg/t，单位熟料替代化石燃料≥11kg$_{ce}$/t，单位水泥中用作混合材料消纳工业废料废渣≥340kg/t，替代石膏≥30kg/t，熟料系数≤66%，综合利废量≥440kg/t。

## 二、颗粒物减排治理

颗粒物是物料在生产过程中排放、悬浮到烟气中的固体物质。颗粒物质是大气污染物中数量最大、危害较大的一种，尤其是可吸入颗粒物（$PM_{10}$）和微细颗粒物（$PM_{2.5}$），在一定的地理气象条件（温度、湿度、通风）下与大气中细微粒子结合产生雾霾。

### 1.粉尘污染源及其危害

水泥企业在生产、堆存、运输和成品包装发运等生产环节都会产生大量粉尘，降低其排入环境数量，首先需要了解水泥厂的粉尘污染源特性，而后采取相应措施。

**（1）来源、特性**　有组织排放主要产生于破碎、煅烧、粉磨、冷却、烘干和包装等生产过程；无组织排放，来自运输、开采、爆破、储存、散装等过程。有组织排放烟尘的尘源特性如表 8-14 所列（因资料来源和生产条件差异，表中数据供参考）。

表 8-14　水泥烟尘尘源特性

| 排放点及设备 | 烟尘特性 | 烟气量（标况）/(m³/kg料) | 烟气温度/℃ | 露点温度/℃ | 含尘浓度（标况）/(g/m³) | 说明 |
|---|---|---|---|---|---|---|
| 预分解窑 | 烟尘量大、含尘浓度高、粉尘细而黏、电阻率高、飘尘远 | 1.5～1.8 | 300～500 | 25～35 | 40～80 | 未增湿 |
| | | | 90～150（电） | 50～60 | ≤70 | 增湿 |
| | | | <250（袋） | | | |
| 中卸烘干 | 烟气量大、露点高、含尘浓度与除尘流程有关 | 0.8～1.5 | 90～120 | 40～60 | 100 | 热风炉 |
| | | 1.5～2.5 | 90～150 | 40～60 | 100 | 利用余热，有预除尘 |
| | | 1.5～2.5 | 90～150 | 40～60 | 800 | 利用余热，无预除尘 |
| 生料辊式磨 | 烟气温度高、湿度大 | 1.0～2.5 | 90～120 | 40～55 | 600～1000 | 无细粉除尘器 |
| | | 1.5～2.5 | 80～200 | 40～55 | 300～700 | |
| 篦冷机 | 烟气量、温度、含尘浓度变化大、尘粒粗、电阻率高 | 0.7～1.8 | 200～400 | 1.5～1.8 | 10～20 | |
| | | 1.5～2.5 | 60～200 | 1.5～1.8 | 20～30 | |
| 风扫式煤磨 | 烟尘易爆、易燃、易着火、烟气湿度大、易结露 | 1.5～2.0 | 70～85 | 40～50 | 25～80 | 两级除尘 |
| | | 1.5～2.5 | 70～90 | 40～50 | 500～800 | 无细粉除尘器 |
| 尾卸水泥磨 | 粉尘细、电阻率高。磨系统采用高效选粉机时,烟气含尘浓度高 | 2.0～2.5 | 80～100 | 25～40 | 80～150 | 一般磨磨系统 |
| | | 2.0～2.5 | 80～100 | 25～40 | 60～1300 | 采用高效选粉机 |
| | | 2.0～2.5 | 80～100 | 25～40 | <1300 | 辊压机半终粉磨 |
| 烘干机 | 烟气湿度大、易结露。一台设备烘干多种物料,开停次数多且含尘浓度变化大 | 1.3～3.5 | 60～180 | 50～65 | 50～100 | 烘黏土 |
| | | 1.2～4.2 | 70～150 | 50～60 | 40～80 | 烘矿渣 |
| | | — | 60～80 | 55～60 | 10～20 | 烘铁粉 |
| 包装机 | | 0.18～0.20 | 常温 | 40～60 | 20～30 | 回转式包装机 |

注：本表列出入除尘器的含尘气体尘源的概量范围，实物数据因各厂生产条件不同有差异。

物料破碎，破碎部件抢动，物料破碎溅出；熟料煅烧，生料细粉随窑尾排风逸出；烘干阶段，物料随转筒翻滚产生细粉，随热烟气逸出；物料粉磨，物料产生细粉，随通风逸出。

**（2）危害**　悬浮在空气中的水泥粉尘及烟尘（飘尘），随人的呼吸和对皮肤黏膜的长期刺激，可引起各种病症，如萎缩性鼻炎、慢性湿疹、皮肤感染、肺尘埃沉着症等，不仅影响职工及附近居民健康，而且对附近农作物生长也有副作用。

微尘与相对湿度40％～80％的水蒸气黏结，形成溶胶状的雾霾，影响人体呼吸道健康和减弱可见度。一场消除雾霾之战，在我国正在大力进行中。

**（3）水泥生产烟气中 PM$_{2.5}$ 超细颗粒排放情况**　PM$_{2.5}$ 超细颗粒，由于粒径小，运动性强，严重危害着人体健康，对环境危害性很大，2012 年 6 月 29 日，我国发布的《环境空气质量标准》（GB 3095—2012）新增了 PM$_{2.5}$ 指标，要求环境空气中 PM$_{2.5}$ 年平均浓度限值为 35μm/m³ 以下。作为水泥行业《水泥工业大气污染物排放标准》（GB 4915—2013），将水泥窑颗粒物排放浓度 50mg/m³（标准）的限值提高到 30mg/m³（标准）。合肥水泥研究设计院，对我国水泥行业窑、磨除尘后出口粉尘颗粒状况进行现场采样监测，其结果见表 8-15。从测试数据中得出：①水泥在生产过程中，经除尘设备处理后，排放的颗粒物中可吸入的颗粒物排放量，占有较高的比例，且以 PM$_{10}$ 为主；②排放浓度越低 TSP 中 PM$_{10}$ 和 PM$_{2.5}$ 占比越大；③用袋除尘器处理后的烟气中细颗粒 TSP 中 PM$_{10}$ 和 PM$_{2.5}$ 占比要低于电除尘器，但波动范围较电除尘器宽。

表 8-15　我国水泥行业除尘器出口颗粒物中 PM$_{10}$、PM$_{2.5}$ 占比检测数据　　单位：%

| 位置 | 除尘设备 | PM$_{10}$/TSP | | PM$_{2.5}$/TSP | | 说明 |
|---|---|---|---|---|---|---|
| | | 最小值 | 最大值 | 最小值 | 最大值 | |
| 窑头 | 袋除尘器 | 88.4 | 94.90 | 63.90 | 77.90 | 取不同地区 2 条 2500t/d、4 条 3000t/d、5 条 3500t/d、7 条 5000t/d、2 条 10000t/d 规模的 20 条新型干法生产线的窑头、窑尾、煤磨和水泥磨的除尘器出口粉尘排放浓度进行监测,对其粉尘粒度占比情况加以分析 |
| 窑头 | 电除尘器 | 90.2 | 97.40 | 69.20 | 81.10 | |
| 窑尾 | 袋除尘器 | 61.3 | 93.50 | 36.90 | 77.90 | |
| 窑尾 | 电除尘器 | 86.60 | 95.00 | 41.90 | 80.50 | |
| 煤磨 | 袋除尘器 | 84.30 | 90.00 | 62.80 | 73.40 | |
| 水泥磨 | 袋除尘器 | 85.70 | 94.50 | 67.60 | 86.30 | |

注：测试数据来自毛志伟等.水泥行业 PM$_{2.5}$ 超细粒子排放监测调研.中国水泥，2016（05）：71。

### 2.粉尘治理

新型干法生产线重视清洁生产，改变以往"重末端、轻源头、弱循环"的治理方式。

① 对有组织排放的排放源治理方向：a.贯彻"以防为主、防治结合"的原则；b.严格执行环保标准，根据烟尘特性选择和使用具有高效除尘技术的除尘器，大幅度降低粉尘排放；c.重视开发、研究除尘设备和部件技术含量，提高对细粉尘特性的适应性，提高对细颗粒的除尘效率和延长使用寿命；d.运行中维护好除尘系统设备，使之降低事故排放概率，与主机同步运转，控制好振打、清灰等基本操作程序，保持全程在高除尘效率下运行。

② 对无组织排放的污染源，根据生产条件，采用密闭、堵漏、降低落差、喷雾洒水等。

## 三、烟气中有害成分的污染与防治

烟气环境污染，是指烟气中气态污染物的数量超过环境的自净能力引起大气质量变化甚至恶化。水泥企业有害气体排放量最大的来自水泥窑煅烧过程和粉磨过程中使用有机化合物助磨剂时，会出现助磨剂挥发排放。废气排放的主要有害气体成分为 $CO_2$、$SO_2$、$NO_x$，见表 8-16。下面将对除 $CO_2$（已在节能减排一节中论述）外的 $SO_2$、$NO_x$、氨进行简要探讨。

表 8-16　水泥厂废气排放中主要有害气体简介

| 有害成分 | 项目 | 内　容 |
| --- | --- | --- |
| $CO_2$ | 环境危害 | ①温室效应引起全球气候变暖，破坏生态平衡；②引发全球自然灾害频发 |
| | 来源 | ①原料中碳酸盐分解；②燃料燃烧 |
| | 减排措施 | ①采用能降低熟料能耗的技术和措施，如采用窑外分解技术；②利用含有 $CaO$、$Ca(OH)_2$ 的工业废渣作原料，如电石渣等；③开发低能耗的水泥品种，如高贝利特水泥等；④回收窑尾排出的 $CO_2$ 转向生产附加值高的副产品，如鸿鹤化工公司提纯 $CO_2$ 气体，供化工系统生产纯碱，蒙西高新技术集团提纯二氧化碳气体生产全降解塑料产品；⑤减少水泥用量，如提高散装率，以减少水泥总量或提高熟料质量，增加混合材组分比，减少生产熟料量，达到降低窑尾 $CO_2$ 排放量的目的 |
| $SO_2$ | 环境危害 | ①形成酸雨；②形成酸雾；③酸性气体腐蚀设备 |
| | 来源 | ①原料和燃料中硫化物分解；②燃料中硫氧化燃烧形成 |
| | 减排措施 | ①生料吸收法，窑废气作为烘干介质；②水淋法；③废气从 $Ca(OH)_2$ 通过脱硫；④选用低硫燃料 |
| $NO_x$ | 环境危害 | ①形成酸雨和酸雾，降低能见度；②诱发癌症和呼吸道病症 |
| | 来源 | ①燃料 $NO_x$（在 1200℃ 以下，燃料中的氮被氧化形成）；②热力 $NO_x$（1200℃ 以上，空气中的 $N_2$ 被氧化形成） |
| | 减排措施 | ①增加炉/窑燃料比；②采用带有低 $NO_x$ 燃烧器和分解炉；③操作上降低火焰峰值和局部采用还原气氛；④提高燃烧器喷嘴风速，降低一次风量，形成贫氧区；⑤进炉热生料分别从炉上部和下部进入，创造一个高温区；⑥将引入分解炉的燃料分级喷入燃烧；⑦选用减排技术，见表8-18 |

技术链接：

① 温室效应，使全球变暖，导致海水变暖和膨胀，加速极地冰川和冻土融化，海平面上升以及因气候变暖会打破原有生态平衡。气候异常，适应能力差的物种会因此而灭绝。

② 酸雨的危害，主要是破坏森林生态系统，改变土壤的性质和结构，破坏水生态系统，导致水质恶化，对机电设备等造成严重侵蚀，腐蚀建筑物和损害人体的呼吸系统以及皮肤，酸雨渗入地下导致水污染等。

③ 酸雾的危害，影响人体健康，如当空气中 $NO_x$ 含量达 $100 \sim 150 \mu L/L$ 时，人在 $0.5 \sim 1h$ 内会引起肺气肿而死亡，植物叶子枯黄和能见度降低。

## 1. $SO_2$ 减排技术

**(1) $SO_2$ 危害**　$SO_2$ 是大气中的污染物之一，是酸雨的主要成分。它是无色、有刺激性嗅觉的气体，易溶于水。$SO_2$ 对人体的呼吸器官和眼膜具有刺激作用，吸入高浓度的 $SO_2$，可发生喉头水肿和支气管炎。长期吸入 $SO_2$ 会发生慢性中毒，不仅使呼吸道疾病加重，而且对肝、肾、心脏都有危害。大气中的 $SO_2$ 对植物、动物和建筑物也有危害，并使土壤和江河湖泊日趋酸化。

**(2) SO₂来源** 水泥窑系统中排放的 $SO_2$，主要产生于原料中有机硫化物、硫化物（$FeS_2$、$FeS$）形式的硫，在预热器 $300\sim600^{\circ}C$ 段被氧化生成 $SO_2$ 气体。原料中硫酸盐在预热器系统通常不会形成 $SO_2$ 气体；燃料中的硫化物、有机硫或单质硫，在窑炉燃烧后，产生的 $SO_2$ 被窑、分解炉中的碱性氧化物和新生的 CaO 吸收，生成硫酸盐，不造成 $SO_2$ 超标排放。因此，窑尾废气中的 $SO_2$ 主要来源于原料中的硫化物。

**(3) SO₂排放标准限值** 《水泥工业大气污染排放标准》（GB 4915—2013）中规定，现有水泥企业自 2015 年 7 月 1 日开始，熟料生产线 $SO_2$ 排放浓度不得高于 $200mg/m^3$（标准），重点地区不得高于 $100mg/m^3$（标准）。新型干法生产线的脱硫功能显著，一般窑尾排放的 $SO_2$ 含量不会超标。但是在原料中硫含量很高，燃料在还原气氛下或生料易烧性很差，烧成带温度提得很高，或硫碱比明显增高的情况下，$SO_2$ 排放浓度会出现例外。为此，需要对某些超标排放的生产线实施脱硫减排措施，使之达标排放。

**(4) 脱硫机理** 因钙质可以吸收 $SO_2$，使水泥工艺自身具有脱硫功能，尤其是采用预热预分解窑和窑与磨一体化流程其脱硫效果更佳，其原因如下。

① 预热预分解窑生产需要有一定的硫化物，因而具有减硫效果。为了防止碱性氧化物挥发，在窑内循环富集，引起系统结皮堵塞，影响生产，需要有一定的含硫氧化物与之形成硫酸碱，随着熟料离开窑系统，既可减少碱挥发的负面影响，又可减少 $SO_2$ 的排放。值得提醒的是入窑生料中硫含量要控制：在预分解窑生产上，需要控制生料的硫碱比（硫碱比＝$0.6\sim1.0$），硫碱比过高，会有多余的硫化物逸出，增高 $SO_2$ 的排放浓度。

② 生料途经预热器、分解炉、回转窑时产生脱硫效率。原料中挥发性硫（$FeS_2$、有机硫等），随着生料通过预热器时，在 $300\sim600^{\circ}C$ 氧化生成 $SO_2$ 气体，途中除与碱结合外，被生料中的 $CaCO_3$ 吸收。由于气体温度在 $600^{\circ}C$ 以下，没有新鲜的 $CaCO_3$ 表面产生，由分解炉气流中携带少量的 CaO，故而在预热器对 $SO_2$ 的吸收效率很低，虽能脱硫但脱硫效果差。这说明生料中挥发性硫含量过高，出预热器气体中 $SO_2$ 含量高；通过分解炉时，靠分解炉新产生高活性 CaO，与 $SO_2$ 在悬浮态气固接触好，而且温度合适（$800\sim950^{\circ}C$），吸收率高，脱硫反应可以很好地进行，成为脱硫主力。缺氧会降低分解炉的脱硫反应；再进入回转窑内，也能产生脱硫效果。这是利用烧成带燃料燃烧分解出 $SO_2$，与碱形成碱的硫酸盐，比较稳定，随熟料离开窑系统。在温度高于 $1050^{\circ}C$ 的前过渡带，不利于石灰脱硫反应。

③ 燃料燃烧气体在流动途径中脱硫。燃料中的硫在窑炉内燃烧后形成 $SO_2$ 气体，途径回转窑、分解炉、预热器排出。在途中 $SO_2$ 除在窑内与碱结合外，还能与分解炉新生的 CaO 结合，形成硫酸盐矿物而脱硫。

④ 窑磨一体化助力。预热器中 $CaCO_3$ 分解率低，且只有少量的活性 CaO 被烟气从高温部分带上去，加上烟气在预热器停留时间短，当原料中挥发性硫含量高时，单靠 $CaCO_3$ 对 $SO_2$ 的吸收，不可能完全将 $SO_2$ 去除，可能会有较高的 $SO_2$ 逸出，需要进一步脱硫。在新型干法生产线，采用窑磨一体化流程是一种很好的脱硫方式。生料粉磨中 $CaCO_3$ 是在大量水蒸气、高温、氧含量和停留时间下产生的，与预热器中相比，对 $SO_2$ 的吸收速度快、吸收率高，尤其是生料磨采用辊式磨效果更佳。采用此方式进一步降低 $SO_2$ 排放，应尽可能提高窑磨同期运转率。

⑤ 预热预分解窑热耗低，耗煤量少，由煤带入的硫质少，从而 $SO_2$ 的释放程度也低。

整体而言，水泥生产工艺自身具有很好的脱硫功能，生产线的 $SO_2$ 排放浓度不高。

**（5）减排技术**　预分解窑生产工艺具有良好的脱硫功能，采用预分解窑的生产线较其他水泥窑型所排放的 $SO_2$ 低，正常情况下，能达到排放标准要求。但随着标准提升和生产条件变化，如燃料燃烧是在还原状况，或生料易烧性很差，窑烧成带温度被提得太高，或入窑料的硫碱比增高，或原料中含硫化物成分高情况下，仅靠上述的脱硫技术，有可能会出现例外，要进一步降低 $SO_2$ 除了配备预热预分解窑和窑磨一体化外，还需采取减排 $SO_2$ 技术和操作，实现新的排放标准。

① 生料磨采用辊式磨，利用其生料粉磨后拥有较大的反应面积、料气接触时间长和水蒸气相对湿度高的特点，对 $SO_2$ 去除率高。

② 提高窑磨同期运转率。生料磨开、停情况下对 $SO_2$ 排放有影响，据资料介绍，生料磨未运行时，排放 $SO_2$ 浓度为 $182.9mg/m^3$（标准），生料磨运行时，排放 $SO_2$ 浓度为 $96.4mg/m^3$（标准），去除率为 47%。

③ 采用喷洒石灰粉或石灰水工艺。当原料中挥发性硫含量高或企业处于重点地区时，可采用喷洒石灰粉或石灰水工艺，进一步降低 $SO_2$ 含量。

④ 复合脱硫技术。随着石灰石品位降低，当有些水泥厂使用高硫石灰石时，造成水泥窑烟气中 $SO_2$ 严重超标，可以采用复合脱硫技术，实现 $SO_2$ 达标排放，即利用"粉剂前端预热器内固硫、水剂后端烟气脱硫相结合"的复合脱硫技术路线。脱硫机理是所使用的催化固硫剂以钙基为主，包括多种金属氧化物或化合物为辅，并掺入一定量的有机物，经深加工而制成的粉体物质。其中钙基主要起脱硫、固硫作用，其他金属氧化物或化合物，有利于提高生料 $CaCO_3$ 的分解速率及钙基等的反应活性，使得钙基成分参与脱硫反应效率提高，发挥脱除 $SO_2$ 的潜能。

**（6）工程示例**　海螺水泥某公司 5000t/d 熟料生产线，由于石灰石中硫含量较高，在生料磨停磨时 $SO_2$ 排放浓度为 $600mg/m^3$（标准）左右，生料磨开时 $SO_2$ 排放浓度高于 $200mg/m^3$（标准）。企业为达标排放，采取喷洒石灰水方式，即从分解炉出口抽取高活性 $CaO$ 作为脱硫剂，将含料的 800℃ 高温气体，通过稀释冷却器冷却至 400℃、收集、制浆后，通过喷射系统雾化，供生料磨、增湿塔脱硫。试点应用后，测试数据：$SO_2$ 排放浓度由 $450mg/m^3$（标准）下降至 $180mg/m^3$（标准），脱硫效率为 60%~66%。

参考文献 [6] 介绍，复合脱硫技术在浙江长广水泥公司应用效果：$SO_2$ 从本底排放浓度 $860mg/m^3$（标准），使用复合脱硫技术后，降低到 $100mg/m^3$（标准）以下。华南某厂在 5000t/d，因使用高硫石灰石含硫量 0.8%~2.0%，$SO_2$ 排放浓度严重超标，采用生料固硫剂与烟气脱硫剂结合的复合式技术，$SO_2$ 本底排放浓度 200~3600mg/m³（标准）范围内，通过调整粉剂和水剂的添加量，均可实现 $SO_2$ 排放浓度 $100mg/m^3$（标准）以下。

**2. NO_x 减排技术**

在《水泥工业大气污染排放标准》（GB 4915—2013）中，将 $NO_x$ 列入约束性指标，其指标为 $400mg/m^3$（标准）和 $320mg/m^3$（标准）（特别排放值）。其排放类型，按水泥窑生成机理，分为热力型 $NO_x$、燃料型 $NO_x$、瞬时型 $NO_x$，三者对 $NO_x$ 排放贡献以热力型为最大。预热预分解窑生产线，煅烧温度高，窑尾 $NO_x$ 含量高，减排 $NO_x$ 任务十分艰巨。

**（1）来源**　$NO_x$ 主要来源于燃料含氮化合物的燃烧和热力过程中氧原子对空气中氮分子的化合反应。热力型 $NO_x$ 系在高温条件下空气和 $N_2$ 直接反应生成；燃料型 $NO_x$ 系燃料中氮氧化物主要在温度较低的分解炉生成；瞬时型 $NO_x$ 是由空气中的 $N_2$ 在与燃料燃烧反应过程中，中间产物反应产生的。形成 $NO_x$ 主要影响因素是温度、氧含量和反应时间。

**(2) 减排控制技术**

① 燃烧前控制技术。使用含氮量低的原燃料。一般原料中氮含量较少，所以选择低氮煤或低氮的替代燃料，从源头上降低燃料型 $NO_x$，以减轻 $NO_x$ 的排放压力。

② 燃烧过程中减排控制技术。从技术上通常采用低氮燃烧技术，见表 8-17～表 8-19。还可提高生料的易烧性，降低烧成温度，有效减少 $NO_x$ 产生量；也可采取火焰冷却技术，如用喷水方式，降低区域温度减少 $NO_x$ 产生量。从设备上采用低氮燃烧器和低氮型分解炉，如 C-KSV 型低氮分解炉、DD 型低氮分解炉、FLS 型低氮分解炉、P-R 型低氮分解炉等，利用窑尾废气中的 CO 和 $NO_x$，将它还原成 $N_2$ 和 $CO_2$ 或在分解炉采用低氮燃烧器。

③ 燃烧后的减排技术。采用烟气脱硝技术，其控制技术见表 8-17～表 8-19，采用脱硝技术时，要注意氟污染问题。在烟气脱硝技术中采用高效再燃烟气脱硝技术 ERD 应用情况：在枣庄中联水泥公司 2000t/d，运行一年来 $NO_x$ 排放浓度 $\leqslant$ 320mg/m³（标准）；北京水泥公司 2300t/d，运行 30d，入口 $NO_x$ 浓度 1000～1200mg/m³（标准），出口排放浓度 $\leqslant$ 320mg/m³（标准）。

**表 8-17 $NO_x$ 减排技术**

| 技术 | 原理 | 优缺点 | | 脱硝率/% | 一次性投资 | 运行成本 |
|---|---|---|---|---|---|---|
| 低 氮 燃 烧 技 术 | | | | | | |
| 燃料分级燃烧 | $NO_x$ 在遇到 CO、C、$CH_x$、HCN 基团时，会被还原成 $N_2$ | 优点：可减少已形成的 $NO_x$ | 缺点：可能导致飞灰中含碳量 | 约 50 | 中等 | 中等 |
| 低 $NO_x$ 燃烧 | 降低燃烧区内氧气浓度、火焰温度，或缩短烟气在高温区停留时间 | 优点：投资中等，有运行经验 | 缺点：结构较复杂，燃烧效率低 | 约 60 | 中等 | 较低 |
| 高温低氧燃烧 | 高温气流卷吸，让燃料在高温低氧浓度气氛中燃烧 | 优点：提高热效率，降低燃料消耗 | 缺点：炉膛温度高于燃料自燃温度 | 约 20 | 较低 | 较低 |
| 富氧燃烧 | 用氧含量 20.9%（体积分数）的富氧空气作为燃烧介质，降低燃烧空气中的 $N_2$ 含量 | 优点：减少烟气量，延长窑炉寿命 | 缺点：增加电耗 | 约 40 | 中等 | 中等 |
| 烟 气 脱 硝 技 术 | | | | | | |
| SCR | 在催化剂作用下，向 280～420℃ 的烟气中喷入氨，使 $NO_x \longrightarrow N_2 + H_2O$ | 优点：技术成熟，脱硝效率高，二次污染少 | 缺点：催化剂价高，存在氨泄漏 | 60～90 | 较高 | 较高 |
| SNCR | 不用催化剂，在高温区喷射还原剂，影响脱硝效率与反应温度，还原剂与烟气的混合程度、停留时间有关 | 优点：不受煤质影响，成本较低 | 缺点：反应温度和停留时间控制难度大，存在氨泄漏隐患 | 20～40 | 较低 | 较低 |
| SCR+SNCR | 将还原剂喷入炉膛脱除部分 $NO_x$，进行催化还原反应 | 优点：技术优势互补，催化剂用量少 | 缺点：存在还原剂泄漏隐患 | 25～75 | 较高 | 较高 |

表 8-18 不同 $NO_x$ 减排技术对比

| 方法 | 脱硝效率/% | 投资 | 运行费用 | 可实施性 | 说　明 |
|---|---|---|---|---|---|
| 空气分级燃烧 | 25～40 | 较低 | 低 | 较难 | 高效再燃脱硝技术 ERD 是煤粉再燃，与 SNCR 相结合的脱硝技术。在分解炉上用再燃燃烧器，将原燃烧器所需部分煤粉（15%～25%），经再燃燃烧器送入炉内，进行再燃脱硝。补以 SNCR 技术，可提高脱硝效率和降低喷氨量 |
| 燃料分级燃烧 | 25～40 | 较低 | 低 | 难 | |
| 低 $NO_x$ 技术 | 25～40 | 较低 | 低 | 易 | |
| SNCR 技术 | 20～40 | 低 | 中等 | 一般 | |
| SCR 技术 | 最高 90 | 高 | 中等 | 可靠 | |
| 高效再燃脱硝 | 最高 85 | 较低 | 较低 | 一般 | |

表 8-19　不同 $NO_x$ 减排技术的减排水平　　单位：mg/m³（标准）

| 措施 | 一　次　措　施 | | | 二　次　措　施 | | | |
|---|---|---|---|---|---|---|---|
| 方法 | 冷却火焰 | 低 $NO_x$ 燃烧器 | 添加矿化剂 | MSC | SNCR | SCR | SNCR+MSR |
| 能达到排放水平 | 400 | 400 | 400 | <500～1000 | 200～500 | 100～500 | 100～500 |

注：MSC—在分解炉中分级煅烧；SNCR—选择性非催化还原法；SCR—选择性催化还原法；目前正积极开发 SNCR+MSC 技术。

### 3. 氨排放

氨是大气中唯一的碱性气体，可溶于水，能与大气中的酸性气体 $SO_2$、$NO_x$ 反应生成硫酸铵、硝酸铵等，影响空气质量，使环境恶化。在《水泥工业大气污染排放标准》（GB 4915—2013）中作为约束性限值指标。

**(1) 来源**　水泥厂氨排放主要来源，一是生产过程中由于燃料煅烧和替代原料燃烧排放产生的氨，称为"本底氨"；二是在采用 SNCR 脱硝技术后，水泥脱硝过程中排放的氨，称为"氨逃逸"。氨逃逸一部分发生在装载、运输、计量、输送过程中的"无组织排放"，另一部分来源于脱硝烟气中未经反应的氨。

**(2) 减排对策**　对"本底氨"，尽量避免使用含氨量高的原料。由于生料粉具有吸附作用，可降低烟气中氨浓度，故在操作上提高窑、磨同期运转率，减少生料磨停运时间。据研究试验结果，生料磨开启时，氨排放浓度为 30mg/m³（标准），停机时氨排放浓度为 50mg/m³（标准）。生产上"氨逃逸"，其主要原因是使用过量或反应不完全。因此，在采用 SNCR 脱硝技术时，不宜一味追求高脱硝效率而增加氨水投加量，试验认为控制脱硝率在 60%～70% 为好。

## 四、噪声

噪声引起人们烦躁、不舒服，严重危害职工身心健康，如损伤听力、影响人的休息、影响语音清晰度等声环境质量。水泥厂属于原材料加工生产企业，流程上的生产设备运转时会产生噪声，水泥生产线上设备运行产生的噪声超过 85dB（A），是仅次于粉尘的污染源。其具有分布广、强度大、连续性，并在环境中不积累，当声源停止时噪声消失等特点。

### 1. 噪声来源

噪声产生原因分气动性、机械性和电磁性。其来源：气动性噪声——主要指空气流动过程中产生的涡流、冲击和突变引起气体扰动而产生的噪声；机械性噪声——由于设备在运转过程中零部件相互撞击、摩擦产生的振动及设备本身振动而产生的噪声；电磁性噪声——指电磁元件因磁场的振动、电磁涡流等因素产生振动辐射而形成的噪声。水泥生产设备运转时的噪声级见表 8-20。

## 2. 噪声控制与防治

水泥厂正常生产时，设计上采用低噪设备，设备运转时噪声不大；采取降噪措施后，外传噪声不大，但运转不正常时，会产生很大的噪声，特别是夜深人静时噪声格外响。为降低噪声污染影响，为职工创造噪声达标环境的措施如下。

**(1) 从声源上降低噪声** 选用运转时产生噪声低的设备，如粉磨设备采用辊式磨、辊压机取代高噪声的球磨机；提高机电设备的加工精度和装备质量；操作运转时，要维持正常状态，来降低噪声。

**(2) 从声源传播途径上** 利用声波随距离衰减原理，利用地形和设置障碍，如消声、隔振、吸声等控制措施，使声能在传播中消减，见表 8-21 和表 8-22。

**(3) 从改善操作环境上** 在操作岗位设隔声门窗，以降低室内噪声强度或厂区建绿化带亦可降低环境噪声。操作人员在强噪声中从事短期工作时，要有耳塞等劳动保护。

表 8-20　水泥厂区主要设备运转时的噪声级　　　　　单位：dB(A)

| 设备名称 | 噪声级 | 声源位置 | 设备名称 | 噪声级 |
|---|---|---|---|---|
| 石灰石破碎 | 约 100 | | 破碎机 | 98～105 |
| 煤磨 | 85～100 | 煤磨车间内 | 煤磨 | 90～100 |
| 原料辊式磨 | 约 85 | 原料磨车间 | 辊式磨 | 80～90 |
| 窑尾预热器风机 | 90～105 | 窑 | 高压风机 | 90～105 |
| 原料磨风机 | 约 95 | 原料磨 | 中低压风机 | 85～95 |
| 电除尘器排风机 | 约 85 | 窑尾 | 罗茨风机 | 85～95 |
| 罗茨风机 | 约 85 | 均化库底 | 汽轮机发电机组 | 85～90 |
| 篦冷机风机 | 约 105 | 窑尾 | 辊压机 | 65～80 |
| 电除尘器风机 | 约 85 | 窑头 | | |
| 水泥磨 | 约 105 | 水泥磨房内 | 水泥球磨机 | 95～105 |
| 空压机 | 约 85 | 空压机房内 | 空压机 | 80～90 |
| 资料来源 | 赵延. 浅谈水泥厂降噪处理. 水泥技术,2015(5):80 | | 杨锦平等. 总图设计对水泥工厂生态环境保护的意义. 中国水泥,2015(2):85 | |

表 8-21　环境降噪可选的控制措施和效果

| 声源类型 | 建议措施 | 降噪效果/dB(A) |
|---|---|---|
| 破碎机、磨机、大型风机机壳及电机、空压机等 | 建筑隔声、通风消声、室内吸声处理、隔振 | 40～60 |
| 罗茨风机 | 建筑隔声、消声器 | 20～30 |
| 室外设备 | 隔声罩或隔声围墙 | 20～30 |
| 风机进、排气口 | 消声器 | 10～35 |
| 难以封闭的通道(输送机洞口等) | 隔声软帘 | ≤15 |
| 薄板结构撞击声(下料口等) | 阻尼材料 | 3～10 |
| | 隔声 | 10～20 |
| 管道噪声 | 管道隔声 | 10～20 |

表 8-22　水泥生产设备主要噪声源的噪声级值

| 主要噪声源的噪声级值/dB(A) | | | | | 摘自《新世纪水泥技术导报》1993 年 3 月 | | | | |
|---|---|---|---|---|---|---|---|---|---|
| 设备名称 | 破碎机 | 球磨机 | 磨机传动 | 辊式磨 | 煤磨 | 主传动 | 冷却机 | 空压机 | 高压排风机 | 窑鼓风机 |
| 噪声级值 | 80～150 | 95～115 | 95～105 | 90～105 | 100～110 | 85～90 | 80～105 | 100～120 | 110～125 | 75～110 |

| 允许噪声级值/dB(A) | | | | | |
|---|---|---|---|---|---|
| 接触时间 | 8h/d | 4h/d | 2h/d | 1h/d | 水泥生产厂界执行噪声标准Ⅱ类昼/夜 60/50dB(A) |
| 新、扩、改 | 85 | 88 | 91 | 94 | 《工业企业厂界环境噪声排放标准》(GB 12348—2008)规定 |
| 现有企业 | 90 | 93 | 96 | 99 | 资料来源:《新型干法水泥技术》 |

## 五、削减重金属污染

重金属一般指密度大于 $4.5kg/m^3$ 的金属，有的重金属微量元素是人体必需的，有的重金属元素危害人体健康，被称为有毒重金属元素，如"五毒元素——Pb、Hg、Cd、Cr、As"。重金属不能（难以）被微生物分解和污染具有累积性、潜伏性等特点，最终积聚在固态物质中（固体废物、河道底泥、废渣等），故水泥窑协同处置固体废物时，可能出现重金属元素污染，应引起重视。

### 1. 铬污染

铬元素属于不挥发的金属元素，以 +3 价形式存在于原料中，在回转窑的强碱和强氧化条件下，被氧化成 +6 价，形成铬酸盐 $(Na，K)_2CrO_4$ 和 $CaCrO_4$，它们也不挥发，90% 以上结合在水泥熟料中。

**(1) 危害性**　铬属于有毒重金属元素，由于可溶性 $Cr^{6+}$ 能够透过细胞膜，具有强氧化性，通过消化道和皮肤进入人体，具有刺激性，能引起全身中毒、皮炎和湿疹，导致过敏、致癌等，危害人体健康。一旦土壤或地下水受到铬污染，将造成土壤不能耕作，地下水无法饮用的严重后果。如果不采取专门的治理措施，这种污染对生态的破坏将是长期的。

**(2) 标准限值**　在《水泥中水溶性（Ⅵ）的限量及测试方法》(GB 31893—2015) 标准中，规定水泥中铬（Ⅵ）限值为不大于 10.00mg/kg。

**(3) 主要来源**　水泥产品中铬污染主要来源，一是窑内用含铬耐火砖引起的，在水泥熟料煅烧过程中，氧化气氛和碱性氧化物存在时，以及在一定温度下，含铬的耐火材料中 $Cr^{3+}$ 会有部分转化为对人类健康有害的 $Cr^{6+}$，并随剥落的耐火材料混入水泥熟料，导致铬含量超标。二是含铬的废砖处理不合适，被雨水冲刷，流入地下，污染地下水源。三是使用高铬的耐磨材料（研磨体、耐磨件等），其磨屑随物料、飞灰而污染环境。四是原料带入，如泥灰石、石灰石、黏土、铁尾矿等含有微量铬，在熟料煅烧过程中带入熟料中。五是由工业废渣带入，用含有铬的废弃物作为替代原燃料使用，会把铬元素带入水泥成品中。

**(4) 应对措施**　水泥企业在熟料煅烧和物料研磨阶段的生产工序中，会把铬元素带入水泥成品中。为此，研发并采用无铬的耐火材料、研磨体和耐磨材料是降低水泥成品中铬元素的需要。

### 2. 汞污染

水泥生产一般由原燃料带入 Hg 元素很少，在熟料煅烧过程中大多形成高挥发性 $HgCl_2$，不会结合在熟料中，附着在粉尘上排放的量也不高。但在处置高汞废弃物时则可能超标。

**(1) 危害性** 汞是环境中毒性最强的重金属元素之一，它具有持久性、易迁移性和生物积蓄性。汞进入生物体后，很难被排走，随食物链进入人体，先经肺泡膜扩散，再经血液输往各器官组织，并在中枢神经系统、肾内积蓄，造成中枢神经系统严重损害，影响人体健康。

**(2) 标准限值** 在《水泥工业大气污染排放标准》（GB 4915—2013）中，对汞及其化合物要求排放限量 $0.05mg/m^3$（标准）。

**(3) 主要来源** 水泥厂常规生产时，一般汞排放可以达到国家控制标准。但协同处置工业废物时，则加大超标压力，又因废物中汞含量存在差别，所以存在排放量不确定性。

**(4) 应对措施** 对汞在水泥生产过程中排放特征进行研究，目前提出减排技术措施：源头上，将含汞废物清除后入窑；考虑在熟料生产过程中，原燃料带入的汞，循环挥发以及粉尘吸附，将窑灰外排；降低水泥窑排烟温度，利用烟气冷凝方法去汞；采用高效除尘设备协助脱汞等。

## 六、除尘

水泥企业生产是环境污染的产生源，负有污染治理和生态改善的环境责任。除尘是降低颗粒物排放浓度和数量的末端处置措施。预分解回转窑废气含尘浓度为 $60\sim80g/m^3$（颗粒细），箅冷机余风的含尘浓度为 $10\sim20g/m^3$（标准）（颗粒粗），经除尘后，均需要达到标准 $30/20$（特别排放）$g/m^3$（标准）。

### 1. 除尘工作参数

**(1) 除尘器工作参数**

① 处理风量。进入除尘器的含尘气体工况流量，$m^3/h$。在测定中根据温度、压力换算成标况风量；根据烟气中湿含量 $X_W$ 换算成干基标况风量。

② 压力损失。气流通过除尘器的流动阻力，kPa。

③ 漏风率。漏入或漏出除尘器本体的标况风量与入口标况风量的比率。

④ 入口粉尘浓度。入口含尘气体的单位标况体积中所含颗粒物的质量，$g/m^3_{干}$。

⑤ 排放浓度。单位体积的排放气体中所含有害物质的质量，$g/m^3$。

⑥ 除尘效率。除尘器捕集的粉尘量与入口总粉尘量的比率，%。

⑦ 比电阻。每平方厘米面积上高度为1cm的粉尘颗粒，沿高度方向测得的电阻值，$\Omega\cdot cm$。电除尘器处理粉尘比电阻（电阻率）为 $10^4\sim10^{11}\Omega\cdot cm$ 比较合适。

⑧ 过滤风速。袋式除尘器表示含尘气体通过滤料有效面积的表观速度，m/min。

本文对除尘效率和排放浓度作进一步阐述。

**(2) 除尘效率** 除尘效率 $\eta$ 是指除尘器在运行时收下的粉尘量与进口烟气中含尘量的比值，若不考虑除尘器漏风的影响，生产企业可简单地按进口、出口烟气含尘浓度测定值计算。按含尘浓度计算的数学表达式见式(8-1)。

$$\eta=\frac{C_1-C_3}{C_1}\times100\% \tag{8-1}$$

式中　$\eta$——除尘效率，%；

$C_1$、$C_3$——进口、出口烟气含尘浓度，$g/m^3$（标况）；

除尘效率又可分为总除尘效率、分级除尘效率和串联除尘效率。

分级除尘效率 $\eta_i$ 是指除尘器对粉尘某一粒径范围的除尘效率［见式(8-2)］。各种除尘器对粗粒径的分级除尘效率都较高，但对细颗粒却有明显差别，因此只用总除尘效率 $\eta$ 来说明除尘器性能是不全面的。掌握除尘器的分级效率有很大的实际意义和价值，尤其是如今要求将细颗粒 $PM_{10}$、$PM_{2.5}$ 含尘情况列入环境指标范畴。分级效率可看出该机对不同粒径大小粉尘的除尘效率，以便按粉尘粒径大小选择除尘设备形式。

$$\eta_i = \left(1 - \frac{S_2}{S_1}\right) \times 100\% \tag{8-2}$$

串联除尘效率是使用多级除尘器时计算的综合除尘效率，如使用电袋除尘器、多电场电除尘器时有：

$$串联除尘效率 \ \eta_{1-n} = 1 - (1-\eta_1)(1-\eta_2)\cdots(1-\eta_n) \tag{8-3}$$

式中 $\eta_i$，$\eta_{1-n}$——分级除尘效率和串联除尘效率，%；

$S_1$，$S_2$——除尘器进口和出口处某粒径的含量浓度，g/s；

$\eta_1$，$\eta_2$，…，$\eta_n$——第一级，第二级，…，第 $n$ 级除尘器的除尘效率，%。

**(3) 排放浓度** 排放浓度为经除尘后排出烟气中每立方米（标况）所含粉尘量，它既是环保指标，又是衡量除尘器工况运行的指标。以往用除尘器捕集粉尘能力的除尘效率来评价除尘器的性能优劣，不符合当前对环境质量状况要求越来越严格的形势。在国家制定了颗粒物、有害成分的排放浓度约束指标的情况下，需要增加排放浓度作为衡量除尘器运行效果的指标。排放浓度不仅用来衡量除尘器的除尘效果，还用来衡量企业对粉尘产生过程的控制力度和末端治理的工作成效，也成为评价是否属于淘汰落后技术的依据之一。环保部门可依据指标要求，对环保不达标的企业监督其限期治理。

### 2. 除尘器

随着社会对环境质量要求日益严格，促进除尘技术发展的主要内容：一是改进除尘器的结构性能，提高对处理高浓度、高温、大容量等含尘气体的适应性，满足工艺要求，提高捕集细粉能力，满足环保对企业排放细颗粒浓度的要求；二是将不同除尘机理的除尘器组合，成为混合式除尘器，如电-袋除尘器。新型干法生产线常用的干式除尘设备的性能和对各种因素的适应性，分别见表 8-23 和表 8-24。下面重点介绍捕集细粉用袋除尘器和电除尘器。

表 8-23 干式除尘器类型和适应性能范围简介

| 除尘设备类型 | 粉尘粒径 /$\mu m$ | 粉尘浓度 /(g/$m^3$) | 温度 /℃ | 阻力 /Pa | 不同粒径下效率/% | | |
|---|---|---|---|---|---|---|---|
| | | | | | 50$\mu m$ | 5$\mu m$ | 1$\mu m$ |
| 旋风除尘器 | >5 | <100 | <400 | 400~2000 | 94 | 27 | 8 |
| 电除尘器 | >0.05 | <30 | <300 | 200~300 | >99 | 99 | 85/98(高效时) |
| 袋式除尘器 | >0.1 | 3~10① | <260 | 800~2000 | 100 | >99 | 99 |

① 新型袋式除尘器由于结构改进和滤袋材质更新，目前允许入口粉尘浓度可达 1400g/$m^3$。

表 8-24 各种除尘器对各种因素的适应性

| 除尘器 | (1) | (2) | (3) | (4) | (5) | (6) | (7) | (8) | (9) | (10) | (11) | (12) | (13) | (14) |
|---|---|---|---|---|---|---|---|---|---|---|---|---|---|---|
| 旋风除尘器 | √ | △ | × | △ | √ | √ | √ | × | × | △ | △ | △ | × | △ |
| 电除尘器 | √ | √ | √ | △ | △ | △ | × | × | √ | △ | × | × | √ | × |

| 除尘器 | (1) | (2) | (3) | (4) | (5) | (6) | (7) | (8) | (9) | (10) | (11) | (12) | (13) | (14) |
|---|---|---|---|---|---|---|---|---|---|---|---|---|---|---|
| 袋除尘器干 | √ | √ | √ | △ | △ | △ | × | × | √ | △ | × | × | × | × |
| 电袋复合 | √ | √ | √ | △ | △ | △ | × | × | √ | △ | × | × | × | × |

注：(1) 粗粉尘（50%＞75μm）；(2) 细粉尘（90%＜75μm）；(3) 超细粉尘（90%＜10μm）；(4) 相对湿度高；(5) 气体温度高；(6) 气体浓度高；(7) 可燃性气体；(8) 风量波动大；(9) 除尘效率大于99%；(10) 维修量大；(11) 空间小；(12) 投资小；(13) 运行费用小；(14) 管理困难。√——适应；△——采取措施后可适应；×——不适应。

**(1) 袋式除尘器** 袋除尘器的工作原理是靠筛滤、惯性碰撞、钩附、扩散、重力沉降和静电等综合效应，让含尘气体通过过滤介质将粉尘挡住，达到除尘目的。在过滤风速合适、清灰方式得当的情况下，除尘效率一般在99%以上。目前新型袋除尘器允许入口含尘浓度高，且捕集细粉效率高，又可不受粉尘电阻率的影响，因此袋除尘器已广泛用于干法窑尾（注意防烧毁、结露和堵塞）、水泥磨、煤磨、生料磨等热工设备上。

袋除尘器的工艺参数性能指标是过滤风速，用单位时间内每平方米滤布面积上所通过的气体量表示，分全过滤风速（按滤袋总面积计）和净过滤风速（以扣除清灰部分的过滤面积后的工作面积计），$m^3/(min \cdot m^2)$。过高的过滤风速会导致粉尘渗入，影响滤袋寿命和除尘效果。袋除尘器允许的过滤风速视滤料材质而定，见设备厂家技术资料。

滤袋的滤料。滤袋是袋除尘器的心脏，滤袋所用滤料的材质关系到除尘效率、阻力、运转率和使用寿命。滤袋属于易耗品，企业在采购滤袋的滤料时要满足：尺寸稳定性好；透气性好；捕尘率高；耐化学侵蚀性好和使用寿命长。使用寿命影响生产运行费用，在更换滤袋时，企业可根据所需处理烟气的温度、品质、粉尘性质、含尘浓度和清灰方式以及使用供货产家后效果进行选择，也要与时俱进，采用新材质。若滤料选型不当，会影响使用效果和滤袋寿命，如处理煤粉时，要求滤袋具备抗静电和防爆性能；处理高温烟气时，滤袋应具备耐高温的性能；在处理含湿量大的烟气时，要求滤袋具备拒水、防油、抗结露性能；用于辊式磨和高效选粉机时，要求可处理高浓度（700～1600g/m³）的滤料。

覆膜滤料是在基布上涂一层薄膜材料，其过滤原理是膜表面过滤，截留能力高，近乎100%，具有过滤效率高、阻力低、易清灰、使用寿命长等优点。应用覆膜滤料（见表8-25），虽然价格高，但可达到超低排放要求。在"第二代水泥"攻关项目中，由中材国际南京膜材料公司承担的"高性能高效率滤膜袋除尘技术"，已研制成功，排放浓度＜10mg/m³（标准），滤袋寿命≥4年。

表8-25 覆膜滤料技术性能指标

| 滤料品种 | 薄膜复合降脂酯针刺毡滤料 | 薄膜复合729滤料 | 薄膜复合聚丙烯针刺毡 | 薄膜复合NOMEX毡 | 薄膜复合玻璃纤维 | 抗静电薄膜复合MP922滤料 | 抗静电薄膜复合聚酯针刺毡 |
|---|---|---|---|---|---|---|---|
| 基布材质 | 聚酯 | 聚酯 | 聚丙烯 | NOMEX | 玻璃纤维 | 聚酯不锈钢纤维＋金属 | 聚酯不锈钢＋金属＋导电纤维 |
| 薄膜材质 | 聚 四 氟 乙 烯 | | | | | | |
| 使用温度/℃ | ≤130 | ≤130 | ≤90 | ≤200 | ≤260 | ≤130 | ≤130 |
| 耐酸性能 | 良好 | 良好 | 极好 | 良好 | 良好 | 良好 | 良好 |
| 耐碱性能 | 良好 | 良好 | 极好 | 尚好 | 尚好 | 良好 | 良好 |

近来开发水泥专用的 FMS 针刺毡，它是一种高性价比的材料，耐高温、耐腐蚀、高

效、低阻。针刺毡材质是由高性能耐高温的芳砜纶纤维添加一定比例的表面经特殊处理的P84（聚酰亚胺）经PTEF处理、热定型后处理方式的增强基布。具有耐温260~300℃、耐酸、耐碱、耐腐蚀和水解稳定性优的特点。

**(2) 电除尘器** 高压静电电除尘器是利用机内的金属阳极和阴极通上高压直流电使气体电离，生成电子（阴离子和阳离子），吸附在进入电场的粉尘上，使之获得电荷。带电粉尘在电场力的作用下向电极移动并沉积在电极上，使粉尘与气体分离。电除尘器虽然一次投资较其他类型除尘设备高，但由于捕集微细粉除尘效率高达99%以上，且阻力小（一般100~200Pa），日常运行费用低，又能处理350℃以上高温、烟气量大的气体，故广泛应用于回转窑、烘干机、熟料篦冷机和各种磨机的除尘上。

电除尘器最大的缺点是对粉尘电阻率有要求（$1×10^4~1×10^{11}\Omega\cdot cm$），当粉尘电阻率不在此范围内时需进行调质（增湿或降温）后进入电除尘器，同时当操作条件稳定时，电除尘器才获得最佳运行性能。

**(3) 电-袋除尘器** 天津水泥设计研究院与福建龙净环保公司开发了电-袋除尘器，其结构见图8-3，即在袋除尘器前部设置一个除尘电场，发挥电除尘器第一电场收集80%~90%粉尘的优点，以低含尘浓度进入袋除尘器，大大降低了滤袋阻力，延长了滤袋使用寿命。电-袋除尘器综合了电、袋除尘器的优点。其除尘机理为"荷电除尘"和"拦截过滤"。在电场内去除粗颗粒，减轻后部袋除尘器的滤袋粉尘负荷，并利用荷电粉尘之间的电凝并作用形成大颗粒粉尘，提高细微颗粒的捕集率。此技术用于青海祁连山5000t/d水泥窑头电除尘器的电-袋除尘器改造中。改造后设备运行阻力600~800Pa（设计性能指标≤1200Pa）、出口浓度14.98mg/m³（标准）[设计性能指标≤20mg/m³（标准）]。

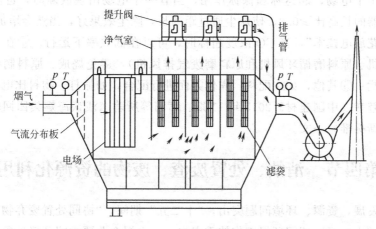

图8-3 电-袋除尘器结构

在实际工程中，原有的电除尘器并不是都适合改成电-袋除尘器模式。其适用条件根据资料介绍见表8-26。

表8-26 电改电-袋除尘器模式适用条件

| 项目 | 适　用 | 不　适　用 |
|---|---|---|
| 电场数量 | ≥3 | <3 |
| 壳体情况 | ①保存良好，满足强度和载荷要求<br>②轻微或局部腐蚀，经修补、加强后满足要求 | 腐蚀、破损严重，几乎无法修复或修复的成本太高 |

| 项目 | 适 用 | 不 适 用 |
|------|-------|---------|
| 电场内部情况 | ①极板、极线等状况良好,80%以上具备再利用价值<br>②轻微变形或少数损坏,经校正或部分更新满足要求 | 大量极板和极线变形、脱落、破损严重,振打清灰系统受损、老化严重,更新、维修、校正的成本高 |
| 内部空间 | 按照设计参数(处理风量、过滤风速、滤袋数量等)布置滤袋后,不仅满足合理间距,且符合喷吹设计要求 | ①内部空间完全不够布置所需滤袋<br>②布置滤袋后不符合喷吹系统设计要求 |

**(4)除尘器类型选择评价** 在越来越严格的排放浓度下,电、袋除尘器孰好孰差,是"仁者见仁、智者见智、适者生存",各有优缺点,各方评价不一,通过扬其长、克其短的新技术介入,只要能满足排放要求,就有市场。中国环保产业协会电除尘委员会提醒人们"应正确、理性"看待水泥工业电除尘技术。水泥窑排放标准提高,早先使用的电除尘器是按当时发布的排放标准≤100mg/m³(标准)或≤50mg/m³(标准)设计制造的,且富余量小,如今要执行≤30mg/m³(标准)或≤20mg/m³(标准)(重点地区)排放标准,所以许多电除尘器不能达标,致使电除尘器失宠,似乎有被淘汰的趋势。海螺集团在窑尾成功地采用"电改电"方案,实施后排放浓度达到15~30mg/m³(标准),说明有新技术配合,电除尘器还是可以适应环保新标准的。

海螺集团电除尘器的做法:①设计选型上采用"n+1"选择法,即在正常选择电场数量基础上增加1个电场,起达标和保标作用,当有一个电场出现故障时,也能保证排放浓度;②电除尘器的长高比≥0.8,使烟尘通过距离长,除尘效果好,当然会增加投资和占地;③采用"无火花放电技术",当CO浓度超标时,可以在低效率下运行;④在工艺上采用三风机(高温风机、原料磨循环风机和原料磨废气排风机),避免烧成、原料制备和窑尾废气处理上用风干扰;⑤其他,如在配料、操作方面进行配合,如振打、物料比电阻、设备完好率等。详见刊登在《中国建材》2015年11期:席河等所著《浅谈海螺集团回转窑粉尘排放浓度如何满足新标准》一文。

# 第四节 消纳、处置废渣、废物的资源化利用

随着工业发展,资源、环境问题突出,"十二五"期间,"协同处置废弃物"是水泥行业的亮点,也是"十三五"期间环保工作的重点之一。水泥企业要重塑环境形象,除自身的污染物排放浓度必须达到GB 4915—2013标准要求外,还要充分利用水泥生产工艺(煅烧窑、细粉磨、容纳无机物、可燃物等)优势,协同消纳和处置废渣、废物,作为替代原燃材料,在改善社会环境和持续发展中有所作为,成为政府的有力帮手。国家将新型干法生产线列入协同处置固体废物行列中,说明水泥行业有能力、有优势、有责任来消纳、处置工业废弃物,特别是有毒有害的可燃废弃物。因水泥生产线的配置是为生产安全、产品合格的水泥服务的,使用废弃物作为原燃材料,既有热工、生产工艺和设备配置方面的优势,也有处置技术难度和薄弱环节问题;既有处理合适性,也存在处置局限性。必须针对废弃物特点,对其处置、使用中的优势和问题进行进一步研究和改善。

# 一、水泥行业消纳和处置废渣、废物的"优势"

废弃物具有两面性：有毒有害的污染性和可综合利用的资源性，任意堆存是祸害，放对地方是个宝。水泥生产工艺具有独特的利废优势，无二次废渣排出，不产生二次污染，已成为消纳、协同处置工业废渣、废料和城市垃圾等的好去处，逐渐被认可。

## 1. 水泥窑炉的热工制度，符合焚烧废弃物的控制原则

**(1) 实现焚烧废弃物无害化的热工控制原则**　焚烧废弃物要使之无害化，需满足"3T＋E"控制原则，即温度、时间、扰动和空气过剩，才能保证危险废物中有害成分完全分解，并从源头控制酸性有害气体（二噁英类）的生成。

① 温度。废弃物的焚烧温度是指废物中有害组分在高温下氧化、分解所需达到的温度。大多数有机物分解所需焚烧温度在 800～1100℃，处理二噁英类，其焚烧温度需 1200℃。

② 停留时间。焚烧停留时间系指使有害物质变成无害物质所需的时间，一般要求 0.3～2s。

③ 湍流。焚烧需要湍流状态气流，入窑炉的废弃物必须同氧气充分接触，而且适当地搅动，废弃物才能在高温下全部快速高效地氧化，混合越均匀，越有利于焚烧完全。

④ 过剩空气。二噁英类形成与还原气氛关系密切，废物焚烧需要氧化气氛。供给适当过量空气是有机物完全燃烧的必要条件。过剩空气量应根据所焚烧废物种类选取。

**(2) 水泥窑、炉煅烧热工环境符合"控制原则"要求**　水泥窑作为生产水泥熟料的煅烧设备，要求其热工制度是：水泥回转窑窑内煅烧气体温度高于 1700℃，分解炉内的气流温度高达 1200℃；气流在窑内停留时间 8s 以上，分解炉内停留时间超过 3s；水泥回转窑物料与气流逆向流动，搅动程度高；窑炉内煤粉需要供给过剩空气，使之完全燃烧、燃尽。窑炉内高温、停留时间、氧化气氛等工艺操作参数，满足焚烧废弃物的热工控制原则要求，而且比一般焚烧炉热工参数更适合，更有利于有害物分解。

## 2. 具有实现废弃物环保末端处置"三化原则"的效果

**(1) 具有实现焚烧废弃物"无害化"能力**　在水泥窑炉上焚烧废弃物能实现"无害化"的基本依据如下。

① 配料上。新型干法窑要正常运转，入窑原料成分必须控制氯离子含量浓度≤0.06%，这就可从源头上避免废弃物中有机物质与氯元素结合成二噁英类有毒有害物质。

② 热工制度上。如上所述，水泥窑炉内的热工参数完全可以满足将废弃物中的有害成分充分分解的要求，实现解毒。

③ 熟料矿物组成上。硅酸盐水泥熟料矿物 $C_3S$、$C_2S$、$C_4AF$ 都具有固溶能力，能将重金属元素固化在熟料矿物晶格中，成为熟料产品排出。

④ 废气行程上。水泥窑生产线有着较长的除尘路程和快速冷却设施，可以防止二噁英类分解后的气体物质重新复合，使排放的烟气中不出现二噁英类污染物。

北京市水泥厂在 2000t/d 熟料生产线上，利用预分解窑处置树脂渣、废油漆、有机废溶液、油墨渣等废弃物，测定结果：排放废气中有机物和重金属浓度均低于排放限值；重金属浸出量低于地表水二级排放标准。测试数据表明将可燃性废弃物作为水泥窑替代燃料，协同处置废弃物，无二次污染排放，实现焚烧废弃物的"无害化"。

**(2) 具有实现处置废弃物"资源化"的效果**

① 替代原料时——原料成分相近。

废弃物中无机物主要成分为 $CaO$、$SiO_2$、$Al_2O_3$、$Fe_2O_3$，它具有与水泥原料相近的成分，可作为部分替代原料之用。又因某些工业废物含有的钙质成分以 $CaO$、$Ca(OH)_2$ 出现，还可相应地降低熟料煅烧热耗和废气中 $CO_2$ 排放量。因而使用废物作为替代原料，不仅缓解天然资源短缺，而且能降低热耗和改善环境，形成双赢局面。

② 替代燃料时——利用所含热值。

因有的废弃物中含有发热量，可以利用来作为生料分解、熟料煅烧过程所需的部分热能，也可气化后，作为去除废物中水分的烘干热源。由于使用可燃性废弃物作为替代燃料，减少了化石燃料的使用量，使 $CO_2$ 产生量大为减少，废气中 $CO_2$ 排放浓度低，减少量与燃料替代率成正比。

③ 废弃物替代混合材料时——另一类再生资源。

工业固体废物中具有活性或无活性的无机物，在水泥生产时掺入作为混合材料，在改善水泥性能，增加水泥产量、品种等方面，带来显著的经济效益和环境效益。

a. 使用经验成熟优势。我国采用工业固体废物作为水泥混合材料已有多年使用经验，而且也广受下游使用行业的认可。对我国而言，需要改变"以降低水泥强度来增加水泥产量"的做法，而进行深加工处理，使之成为具有良好胶凝性、高使用价值的混合材料。

b. 使用量大优势。水泥产品标准中硅酸盐水泥除 P·Ⅰ 外，均允许掺加混合材料。水泥生产量大，所掺加的混合材料也多，对工业固体废物的减量化有贡献。

c. 有活化技术支持优势。工业固体废物通过激发、活化，使其潜在活性展现出来，成为活性高的混合材料，大大提高其掺加量。激发技术路线有：

化学激发——利用水泥组分中石膏的硫酸激发和水泥水化产物 $Ca(OH)_2$ 的碱激发功能，将工业固体废物中潜在的活性激发出来，增强其胶凝性。

物理激发——利用水泥生产的粉磨工序，进行磨细，增加比表面积和改善水泥的颗粒级配，提高反应活性和水化物活性。

热激发——对含硅铝质成分的矿物，采取热活化方式将低活性、潜在活性的矿物激发，从而提高其活性。

**(3) 具有实现处理废弃物"减量化"的业绩**  水泥和熟料生产量大，可消纳废弃物用于原材料数量多。其次水泥窑运转率高 85% 以上，特别是作为处置废物的生产线，在错峰期间可以不停产。所以利用水泥生产线消纳和处置的废弃物数量大，减量效果显著。

### 3. 水泥生产的粉磨工艺为磨细"固体废渣"创造条件

水泥生产工艺需要粉磨工序，将块粒状物料磨细，提高其反应能力。尤其是水泥熟料是人造矿石，也需要磨细成水泥粉，加水后才能显示其水化活性，而"固体废物"中块状或粉粒状无机物，更需要磨细，才能发挥其化学反应性和胶凝活性，提升其使用价值。两者需求一致，水泥粉磨设施自然成为"处废"的优势。

### 4. 水泥生产线具有配料、均化辅助设施的优势

现代化水泥生产需要"均质稳定"，一是实现生产过程自动化必需的基础条件，二是保证正常生产、长期安全运转和产品质量稳定的基础，三是用户对产品质量的基本要求之一。物料均化是干法水泥生产中很重要的工艺环节，它对提高产品产量和确保质量起着举足轻重的作用，所以在水泥生产线上配置了计量精确的配料设备和预均化设施、生料均化库，强化物料的均匀性。固体废弃物成分波动、成分含量不完全符合水泥生产要求，但可利用水泥生

产环节进行解决，如新型干法生产线均已配置了配料系统，可以通过其他原料参与配料，来应对和弥补废物成分的偏离状态；成分不均匀的可通过均化、粉磨环节来改善其波动状况，化解废弃物不均质稳定的弊病。

### 5. 工艺生产线优势

水泥生产线长、投料点多，可以适应不同状态的废弃物。新型干法窑系统生产线除预热器、分解炉、回转窑外，还配备有多通道燃烧器（或热盘炉）、高效冷却机、高效除尘器等。为可燃性废物在水泥窑的高温、燃尽、速冷创造条件。水泥生产工艺线具有以下特点。

一是投料点多，可应对不同形态的可燃性废物（固态、液态、泥态）投入，发热量高且稳定的危险废物，优先作为水泥窑替代燃料。窑头高温段（窑门罩、燃烧器），主要适合投加含水率低的液态物及含氯、高毒、难降解的需要高温处置的有机物质；窑尾高温段（窑尾烟室、上升烟道、分解炉、炉-预热器连接管道），主要适合含水率高、大块状或切成条状等废物；生料配料系统可投加不含有机物和挥发、半挥发的重金属固态废物，作为替代原料。总之，可燃废物应在窑头喷入，可燃但低发热量的废物，应从窑尾加入；固态废物可从窑尾上升烟道和分解炉均匀加入；不可燃液态和半固态废物，可用空气炮从窑尾直接打入水泥回转窑内；液态可燃物可随燃料从窑头喷入，如图 8-4 所示。

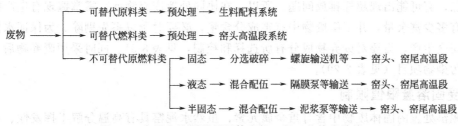

图 8-4　水泥窑协同处置固体废物一般工艺技术路线

二是既有可提供高温能将有害元素分解，有害物质焚毁的窑、分解炉，又有可快速降低温度的冷却机和有着较长的除尘路径，以及较高吸附、除尘功能的除尘设施，有效地避免了二噁英类物质分解后重新合成，减少飞灰排放，危害环境。还可利用水泥厂有现成的煅烧设备、粉磨设备、除尘设备等，减少基建投资。

三是有预处理技术助力，水泥工业利用废弃物作为资源和能源，因所处置"固体废物"特性与水泥生产传统工艺有某些区别，含有害成分，影响生产和水泥质量，故而在进入水泥生产线之前，必须进行某些相应的预处理工序。如今科研人员经试验，提出可靠的预处理技术和设备，解决了生产企业不能正常使用废弃物的"短板"。如针对生活垃圾中组成复杂，采用分选措施，或为增加其热能利用和均质性，制备 RDF 燃料技术；焚烧灰渣中氯离子含量高，进行水洗和酸化；生活污泥水分率高，进行脱水处理；工业废弃物采用分别粉磨或制备矿物粉，提高其使用价值，和进行机械磨细、化学激发、热活化提高其活性等预处理措施，为水泥企业破解"除废"中短板助力，提高消纳废渣、废物利用率。

## 二、水泥生产线消纳处置中的"短板"

水泥窑、炉的热工优势和工艺优势，是建立在工艺参数合理、设备功能完善和采用预分解窑基础上的，并在与废弃物有害成分适宜的配合下，才能在消纳处置废弃物中实现"无害化、资源化、减量化"优势。一旦破坏了这个基础，将削弱水泥企业协同处置中的优势。在处置中如出现以下情况,则成为"短板"。

### 1. 工艺设备故障

利用水泥生产工艺中配置的均化、配料、计量系统,化解废弃物不均质状况,用增湿塔、冷却器、生料磨等,使烟气快速冷却,避免二噁英再度复合。若因生产系统发生设备故障,则无法兑现这些优势,如除尘系统出现故障,不能实现快速冷却和有毒物质收集,则出现再次污染问题。在《水泥窑协同处置固体废物控制标准》(GB 30485—2013)中规定:水泥窑出现故障或事故,必须立即停止投加固体废物;烟气除尘设备出现不正常状况时,应自动联机停止固体废物投料。因此要求主机生产和除尘系统同步运行,辅助设备运行正常。为此,应加强巡检维护,发现问题立即处理,防患于萌芽中。

### 2. 有害成分含量增高

保证水泥产品质量和排放达标是协同"处废"的底线。处置废弃物是在水泥生产线上进行的,由于废弃物品种多、品质情况复杂,含有多种有毒、有害成分。对增大了碱、硫、氯含量的循环富集,影响生产应引起关注。含有"高挥发性金属元素 Hg、Tl 等"危险废物,在水泥窑炉高温下呈气态逸出,无法控制,造成超标排放。在 GB 4915—2013 严格排放标准指标下,受有害成分排放限值限制,废弃物经煅烧后逸出的有害气体与原有生产系统的排放物叠加,有可能出现超标排放问题。所以,在协同处置废弃物前,需掌握现有生产线排放情况、有多少富余量,并了解废物中有害成分含量,必要时予以事先剔除。为保证水泥生产正常和安全生产,需要对废弃物成分有所选择和控制,见表8-31。同时采用废弃物后,需增加检测污染物项目(见表8-29)。

### 3. 受固溶量限值限制

水泥窑处置的固体废物中含有重金属元素,虽然水泥窑具有高温分解半挥发性、不挥发性的金属元素和固化优势,但水泥熟料矿物具有选择性固溶和固溶量限值。当废弃物中金属氧化物含量超过可固溶量时,则有可能引起重金属浸出超标。岳鹏等在研究资料中介绍(《环境工程学报》2016 年 4 期),Alford 和 Balzamo 等认为,在掺垃圾焚烧灰水泥水化过程中,$Pb^{2+}$ 会产生一些以凝胶状态沉淀的 $Pb^{2+}$ 复盐,容易膨胀产生微裂缝,致使毒物浸出。

### 4. 受掺加混合材料限值限制

水泥粉磨时掺加固体废弃物中无机物作为混合材料,实现综合利用、削减工业废渣目的,但所掺加品种、数量受到标准限制,见表1-7,所以不能吃光社会上的工业废渣。

综上概述看出,水泥行业消纳和处置固体废渣有其优势,也受到标准限制和固体废物的成分、物性影响,存在薄弱环节以及不足之处。工信部、住建部、发改委等六部委联合发布了《关于印发水泥窑协同处置生活垃圾企业名单的通知》,选取已建成的六家水泥企业的水泥窑协同处置项目开展试点,完善水泥窑协同处置技术和大面积推广。与此同时也要看到其他行业的处置优势,各展其能,协同出力,彻底清理掉或循环利用掉社会上的固体废渣。

## 三、水泥窑协同处置固体废弃物方式

随着现代工业发展,固体废弃物逐年增多,对人类生存环境造成的危害也越来越严重,从早先采取末端处理的"三化"原则(无害化、减量化、资源化),发展到如今的前端控制的"3C原则"(避免产生、综合利用、妥善处理),已成为我国解决废弃物问题的又一思路。在提高可燃物替代率上,如何充分利用可燃性废料在燃烧时所产生的热量,为能源、环境和实现可持续发展战略服务，发挥其潜在"余能"成为了新的研究热门话题。

## 1. 总体概述

**(1) 定义**　固体废物有多种分类方法，依据《中华人民共和国固体废物污染环境防治法》的固体废物分类，分为生活垃圾、工业固体废物和危险废物。生活垃圾是指在日常生活中或为日常生活提供服务的活动中产生的固体废物；工业固体废物是指在工业、交通等生产过程中产生的固体废物；国际法规定"危险废物是指列入国家危险废物名录或者根据目录规定的危险废物鉴别标准和鉴别方法认定具有危险特性的废物"。针对处置不同废物的工艺路线，作简要介绍。

**(2) 处理**

① 综合利用。水泥工业处理工业废渣，主要采用综合利用方式，根据其成分情况和活性情况，作为替代原料或作为混合材料，以减轻后续处理、处置负荷。

② 协同处置。传统处置固体废弃物的基本方式是热解法、卫生填埋法和焚烧法，其中焚烧法实现"三化"效果最好。用焚烧法处置，一是建立专门的焚烧设备，或是利用现有的窑炉热工设置，进行改造的协同方式。前者存在二次污染，需再进行治理，面临选址困难，而利用水泥窑协同处置具有优势，详见上节所述，逐渐被政府所重视和人们理解。但必须注意到水泥窑协同处置固体废物时，是有条件的和需要采取预处理措施。

为规范水泥窑协同处置固体废物，国家制定了有关标准及规范。如《水泥工业大气污染物排放标准》（GB 4915—2013）、《水泥窑协同处置固体废物污染控制标准》（GB 30485—2013）、《水泥窑协同处置固体废物环境保护技术规范》（HJ 662—2013）、《水泥窑协同处置固体废物技术规范》（GB 30760—2014）等。

**(3) 场地要求**　根据 GB 30485—2013 和 HJ 662—2013 协同处置固体废物的水泥窑所处位置应满足以下条件：①符合城市总体规划；②所在区域无洪水、潮水及内涝威胁，设施所在标高应位于重现期不小于 100 年一遇的洪水水位之上，并建设在现有和各类规划中的水库等人工蓄水池设施的淹没区和保护区之外；③协同处置危险物的设施，经当地环境保护行政主管部门批准的环境影响评价结论确认与居民区、商业区、学校、医院等环境敏感区的距离，应满足环境保护的需要；④协同处置危险废物的，其运输路线应不经过居民区、商业区、学校、医院等环境敏感区。

根据 HJ 662—2013 标准，水泥窑协同处置设施场地与储存应满足以下条件：①应满足 GB 30485—2013 和 HJ 662—2013 要求；②水泥窑协同处置厂区内危险的储存设施应满足《危险废物贮存污染控制标准》（GB 18597—2001）要求。生产处置厂区内，一般固体废物的储存设施应满足《建筑设计防火规范》（GB 50016—2014）要求。对于有挥发性或化学恶臭的固体废物的储存设施，应在有密闭功能下储存。固体废物的储存设施要有必要的防渗性能。储存设施产生的废气和渗滤液，应根据各自的性质，按照国家相关标准进行处理后达标排放。

在《国务院办公厅关于促进建材工业稳增长调结构增效益的指导意见》（以下简称为《指导意见》）中，再次重申：利用水泥窑协同处置城市生活垃圾或危险废物、电石渣等固废伴生水泥项目，必须依托现有新型干法熟料生产线进行不扩能的改造。

**(4) 示范线、试点**　水泥窑协同处置固体废物，1974 年首次在加拿大 Larrence 水泥厂试验。我国 1995 年北京昌平水泥厂开始试烧废油墨、涂料渣和有机废液等，总体看我国水泥窑协同处置生活垃圾、城市污泥和危险废物，起步晚，全面铺开有技术、资金和认识上的难点，目前政府和行业管理部门正在运筹中，如示范线、试点、资金调剂等。

① 示范线。20 世纪 90 年代，上海水泥厂首创在湿法水泥窑协同处置淤泥；1995 年北京水泥厂研发了全国第一条协同处置危险废物环保示范线；北京琉璃河水泥厂建成我国首条水泥窑协同处置焚烧飞灰示范线；建成的溧阳市水泥厂成为我国第一条完全采用自主研发技术（中材国际技术）建成的利用水泥窑协同处置生活垃圾示范线等。从中展示科研转化为生产力的成果，也从应用中进一步完善水泥窑协同处置固体废物技术。

② 试点。根据六部委联合印发的《关于开展水泥窑协同处置生活垃圾企业名单的通知》，选取已建成的六家水泥企业的水泥窑协同处置项目开展试点，试点企业见表 8-27。

表 8-27　水泥窑协同处置生活垃圾试点企业名单

| 所在地区 | 协同处置企业名称 | 协同处置依托水泥企业 |
| --- | --- | --- |
| 安徽省 | 安徽铜陵海螺水泥公司 | 安徽铜陵海螺水泥公司 |
| 贵州省 | 贵州贵定海螺盘江水泥公司 | 贵定海螺盘江水泥公司 |
| | 遵义欣环垃圾处理公司/三岔拉法基瑞安公司 | 遵义三岔拉法基瑞安水泥公司 |
| 湖北省 | 华新环境工程公司 | 华新水泥（武穴）公司 |
| 湖南省 | 华新环境工程（株洲）公司 | 华新水泥（株洲）公司 |
| 江苏省 | 溧阳中材环保公司 | 溧阳天山水泥公司 |

试点主要任务是：优化水泥窑协同处置技术；加强工艺装备研发与产业化；健全标准体系；完善政策机制；强化项目评估。为"十三五"科学推进利用水泥窑协同处置生活垃圾奠定基础。

## 2. 处置城市生活垃圾

城市垃圾分生活垃圾和建筑垃圾，它们堆积均形成"垃圾围城"，必须清理和处置。处置生活垃圾，一般采用堆肥、卫生填埋和焚烧方式。在水泥行业处置生活垃圾一是用水泥窑系统焚烧垃圾；二是协同处置垃圾焚烧厂的灰渣。水泥窑焚烧生活垃圾时基本有三种方式：垃圾气化处理；垃圾直接焚烧；热盘炉处理，见图 8-5。

**(1) 来源与特性**　生活垃圾是指城市中的单位和居民在日常生活及为生活服务中产生的废弃物。受居民生活习惯、生活水平、发展程度等的影响，组成很复杂、多变。垃圾主要成分为无机物类（灰渣、砖瓦、金属、玻璃等）和有机物类（塑料、织物、杂木等）。

**(2) 预处理**　能用于水泥窑焚烧的垃圾是有选择性的，鉴于垃圾成分中具有对水泥窑生产的有害成分，必须预处理。管理程序上对垃圾先进行分选，而后进行处置。分选出有用部分进行回收，不能回收的有害垃圾，分类测其发热量及成分，按水泥厂要求进行混配、储存供水泥厂用。通过测定垃圾组成和各自的发热量，估算其平均的发热量（采用加权法——物质百分数乘以该物质的发热量）；对那些自身没有任何热值，又不能用于水泥配料的固态非可燃性废弃物，经焚烧炉在 1000℃ 焚烧后的焚烧灰作为生产水泥的原料从原料磨喂入，或以灰渣作为混合材料，按配比一起喂入水泥磨。

**(3) 处置优势**　用水泥回转窑焚烧处置垃圾。回转窑承担垃圾的焚烧，一具有技术优势，因水泥窑具有焚烧温度高、停留时间长、高温气体湍流强烈等特点，焚烧更彻底，有利于废弃物中的物质分解、化合。焚烧垃圾用水泥窑与焚烧炉的燃烧参数对比见表 8-28。二具有环保优势。系统负压运行，有害、有毒气体不能逸出，而且有害、有毒物质被窑碱性气氛

新型干法水泥生产工艺读本（第三版）

所中和，吸收转化为无毒的稳定盐类；无二次污染，焚烧残渣混入水泥熟料和重金属固溶入水泥熟料中，避免再次向环境扩散。三是具有资源回收优势。垃圾中的可燃物替代部分燃料和原料，既处理了垃圾，又节约了能源，减少 $CO_2$ 排放，实现节能、减排的环保效果，得到政府认同与支持，是值得推行的综合处理垃圾的措施之一。

表 8-28  水泥窑和焚烧炉燃烧参数比较

| 参数名称 | 最高温度/℃ | 在≥1100℃停留时间 | 煅烧条件 | 废渣 | 无害化 |
| --- | --- | --- | --- | --- | --- |
| 水泥窑 | 气体2200,物料1500 | 气体6～10s,物料约30min | 碱性气氛 | 混入熟料 | 消解 |
| 焚烧炉 | 气体1450,物料1350 | 气体1～3s,物料约20min | 酸性气氛 | 产生废渣 | |
| 分解炉 | 气体1200,物料约800 | 气体>3s | 碱性气氛 | | |

**(4) 水泥窑协同处置生活垃圾的技术路线**  我国处置生活垃圾有三种自有技术。

① 海螺技术（CKK 技术）。CKK 技术是将垃圾焚烧产生的废气、灰渣及垃圾渗滤液，进行无害化处理及有效利用的一种处理技术。其处理工艺流程如图 8-5（a）所示。

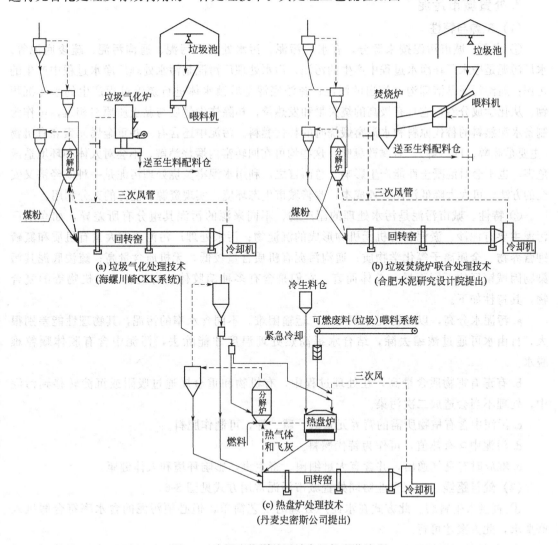

(a) 垃圾气化处理技术
(海螺川崎CKK系统)

(b) 垃圾焚烧炉联合处理技术
(合肥水泥研究设计院提出)

(c) 热盘炉处理技术
(丹麦史密斯公司提出)

图 8-5  水泥厂协同处置城市垃圾工艺流程

② 华新技术。华新技术是将原生态垃圾分选，制备出衍生燃料 RDF 进入水泥窑炉作为替代燃料，其余作为替代原料的一种处理技术。垃圾预处理产生的臭气经过生物除臭后排放，垃圾渗滤液喷入窑内高温处理。

处理工艺流程分生态预处理和水泥窑协同终端处置。从垃圾进厂后，经过 a. 接受；b. 一次破碎；c. 干化、分选、二次破碎；d. 除臭；e. 渗滤液处理；f. 入窑炉协同处置六个系统。a.～e. 为生态预处理，产生衍生燃料 RDF、无机惰性材料、渗滤液、臭气和金属。在 f. 中，衍生燃料 RDF 经过输送、计量装置，喂入水泥窑、分解炉，替代部分燃煤；无机物渣土等，经破碎、干化、分类处理后作为替代原料，用于水泥生产。

③ 金隅技术。金隅技术为直接入窑技术和气化燃烧间接入窑技术。是垃圾燃料气化燃烧技术、垃圾燃料直接燃烧技术和分级燃烧技术的集成偶合。

其工艺流程：将原生态垃圾进行简单预处理，制备出发热量不同的燃料，进行分质利用。其中高热值产品经过输送直接入水泥窑；低热值燃料通过气化炉热解燃烧后转化成高温气体，以气体状态进入回转窑。

### 3. 处置城市污泥

**(1) 来源与特性**

① 来源。城市污泥按来源分，有水厂污泥、污水处理厂污泥、通沟污泥、疏浚底泥等。水厂污泥是净水厂在净水过程中产生的污泥；污水处理厂污泥是污水处理厂净水过程中产生的污泥；通沟污泥是清理沟道掏出的淤泥；疏浚底泥是城镇水体进行疏浚过程产生的水体沉积物。从化学成分看，它具有极高的烧失量和发热量，扣除烧失量后与黏土质原料相近，可作为制备水泥熟料的替代原料和水泥窑煅烧时的替代燃料。污泥中还含有一些重金属元素和有机物（主要是硫醇、$H_2S$ 等），有腐败臭味，这些均可在回转窑内煅烧消解，不会对人体和环境造成危害，也不会对混凝土性能产生影响。总而言之，利用水泥窑焚烧处理污泥是一种既经济又安全的方法，可大大降低污泥处理成本，改善城市生态环境，实现资源和能源的充分利用。

② 特性。城市污泥是污水处理的副产物，不同来源的污泥其组分有所差异，如净水厂污泥主要有泥沙、淤泥和有机无机物形成的沉淀物；污水处理厂污泥含有大量有机质和氮磷钾营养物、金属离子等化学物质；通沟污泥有机质含量较低，无机质含量高；疏浚底泥其污染物因城镇区位不同而异。总体而言，它们是含有多种菌胶体、有机物、无机物等的复合物，其特性如下。

a. 污泥水分高，以致污泥体积庞大，运输困难。不同含水率的污泥，其物理性能差别很大，自由水可通过浓缩去除，结合水提高热处理温度才能除去，污泥中含有胶体颗粒难脱水。

b. 有毒有害物质含量高，在处理过程中，有机物和重金属通过吸附或沉淀转移到污泥中，处理不当会造成二次污染。

c. 污泥中含有植物所需的营养元素氮、磷、钾，可制作肥料。

d. 污泥中含有热值，可作为替代燃料。

e. 堆放时有臭气逸出，并含有大量细菌、寄生虫，影响环境和人体健康。

**(2) 处置路线** 水泥企业协同处置城市污泥常用方式见图 8-6。

① 直接入生料磨。此方式在水泥厂处理时工艺简单，但必须污泥的含水率符合磨机入磨要求，此方案才可行。

② 水泥窑废气干化污泥。利用水泥窑系统的废气余热，产生水蒸气作为烘干热源，通

图 8-6 水泥厂协同处置城市污泥工艺流程示意

过桨叶式干化机对脱水污泥进行干化，干化后污泥进入干化污泥仓，而后喂入分解炉直接焚烧，并进入新型干法生产系统，进行最终处置，此方式是可行的，焚烧的污染物排放符合国家环保规定和要求。

③ 流态化焚烧工艺。成都建筑材料工业设计院提出的流态化焚烧污泥的工艺方案流程见图 8-7。

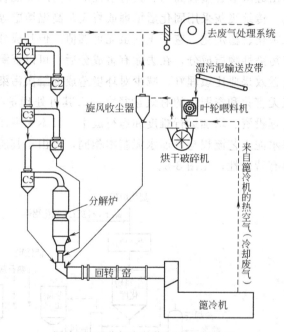

图 8-7 预分解窑焚烧污泥工艺流程

原始污泥经浓缩、消化、脱水后外运到水泥厂处置流程。

**(3) 分解炉焚烧干污泥优势** 水泥分解炉是一种气固热反应器，炉内温度一般在 800～1000℃，能提供掺烧干污泥时需要的高温反应环境，可使干污泥中的硅酸盐成分在其中吸热分解。由于分解炉具有较大容积，也能提供足够的反应空间和时间，是协同处置污泥的热工设备之一。据研究试验认为，在分解炉内燃烧干污泥，对降低 $NO_x$ 浓度有利。

① 干污泥化学成分对 $NO_x$ 浓度的影响。因干污泥成分中含有少量尿素、氨水和其他物质，有利于吸收 $NO_x$，故干污泥在一定条件下与烟气混合，能将 $NO_x$ 还原成 $N_2$ 和水。

② 干污泥物理结构对 $NO_x$ 浓度的影响。450～600℃时，分解炉内烟气吸附在物料表面上，同时与干污泥中的碳进行氧化反应，除去材料中的挥发成分，初步形成微晶表面，升温至 850℃，含碳材料形成活性炭的微晶多孔结构，比表面积巨大，对降低 $NO_x$ 具有优良的物理吸附作用。

③ 燃料煤中的氮与空气中的氧高温下生成 $NO_x$，主要取决于燃料中含氮量及挥发分含

量。在未分级燃烧情况下，燃料中含氮量越高，生成 NO 越多；分级燃烧情况下，含氮量升高，NO 生成量变化不大。

### 4. 焚烧飞灰渣

**(1) 来源与特性**

① 焚烧飞灰（以下简称飞灰）是垃圾焚烧厂烟气净化系统的收集物，它无发热量，但可替代黏土。飞灰主要成分含硅、铝、铁、钙，同时也含有痕量的 Pb、Cd、Hg 等低沸点的重金属，而且也含有致癌的二噁英类物质，属于高毒性的危险废物（HW18）。飞灰中含有氯盐、重金属离子，使得飞灰资源化利用遇到困难。

② 生活垃圾的焚烧灰渣是从垃圾焚烧炉和炉排下收集的炉渣。焚烧后残渣一般为无机物（如金属氧化物、碳酸盐、硫酸盐、磷酸盐、硅酸盐等），先分离回收金属作为冶金二次材料，余下的残渣，选出硅酸盐含量较高的、具有活性的作为水泥混合材料。

**(2) 飞灰处置方式**　传统飞灰采用固化后填埋或将飞灰高温熔融等处置方式，但未能实现减量化、资源化、无害化、稳定化。鉴于飞灰虽无可燃值，但其成分中含硅铝化合物，具有资源性，也存在有害污染性物质成分，在去除有害成分后，可以资源化利用。用水泥窑协同处置焚烧飞灰，其处置效果要比填埋好，减少对环境造成的二次污染，运行成本低，技术可靠，是实现焚烧飞灰无害化和资源化的有效途径之一。其可处理量与熟料生产量有关联，处理量受限，增加预处理投资、增加运行难度和运行成本。日本太平洋水泥公司利用焚烧飞灰生产生态水泥。生态水泥工艺流程与普通水泥基本相同，但由于其所用原燃料不同，使得生态水泥的生产工艺具有特殊性，见图 8-8。

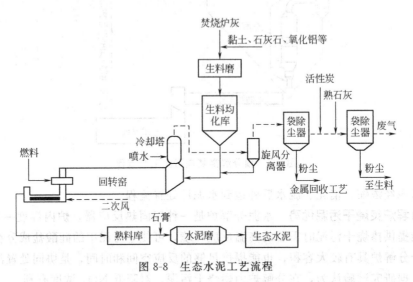

图 8-8　生态水泥工艺流程

**(3) 示范线**　预分解窑先进工艺线和设备，具有高温焚烧、快速冷却和完善的烟气处理系统，确保生活垃圾中二噁英类有机物彻底降解和抑制二噁英类再次合成。还有水洗工艺有效去除飞灰中的氯盐等盐分，使水泥窑协同处置焚烧飞灰的资源化利用找到新出路。我国北京琉璃河水泥厂首条处置垃圾焚烧发电厂的工艺流程，见图 8-9。其处理工艺基本路线包括飞灰水洗预处理、污水处理和水泥窑煅烧三大部分，示范线的技术特点如下。

① 飞灰水洗预处理。飞灰水洗是指先将飞灰与水混合并搅拌均匀，然后对飞灰水浆进行固液分离。北京市琉璃河水泥厂的飞灰经过三次水洗工序后，可除去飞灰中 95% 以上的

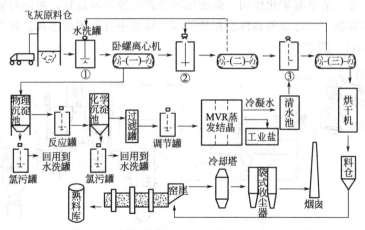

图 8-9　水泥窑协同处置垃圾焚烧灰生产线工艺流程

[《中国水泥》2015（11）：78]

氯离子，余下的氯离子以 $2CaO \cdot SiO_2 \cdot CaCl_2$ 形式进入水泥熟料矿物组分中，不会成为二噁英类的氯源。

② 水洗液蒸发、结晶出盐技术。采用 MVR 蒸发技术、闪蒸结晶和重结晶技术，对飞灰水洗产生的高盐废水进行处理。实现工业盐的结晶分离和水的循环利用，结晶盐作为工业盐使用。

③ 环保效果。据资料介绍，经测定重金属固化率超过 99%，满足北京市《大气污染物综合排放标准》的要求；洗灰水中二噁英类含量为 $0.012\mu g/L$，低于《生活饮用水卫生标准》中二噁英标准限值。项目中试时试验测定数据见表 8-29。

表 8-29　水泥窑废气污染物平均排放测定结果　　　单位：mg/m³（标准）

| 检 测 项 目 | 掺烧飞灰 | 标准限值 |
| --- | --- | --- |
| 烟尘 | 11.9 | 30.00 |
| CO | 19.7 | |
| $SO_2$ | | 200.00 |
| $NO_x$ | 22.6 | 400.00 |
| HCl | <3.54 | 10.00 |
| 铊、镉、铅、砷及其化合物(以 Tl+Cd+Pb+As 计) | <0.5 | 1.0 |
| 铍、铬、锡、锑、铜、钴、锰、镍、钒及其化合物(Be+Cr+Sn+Sb+Cu+Co+Mn+Ni+V) | <0.04 | 0.5 |
| 汞(Hg) | <0.11 | 0.05 |
| 二噁英/I-TEQng/m³ | 0.033 | 0.10 |

注：北京水泥厂水泥窑处置垃圾焚烧灰项目的测定数据。

## 5. 处置危险废弃物

**（1）来源与特性**　通常说某种废弃物具有可燃性、腐蚀性、反应性、毒性、感染性称为危险废物，在《危险物质名单》中列出。一般可燃性物质有轮胎、含氯塑料、废机油等，这些可燃性废物中的主要成分为有机物，可以代替燃料，焚烧后生成的 $CO_2$ 和 $H_2O$，对水泥产量没有影响，但气相有机物，以二噁英/呋喃（能抑制免疫功能，是一级致癌物质，其毒性约为氰化钾的 100 倍）为最高，毒性大。对废弃物中所含其他化学成分，如 $K^+$、$Na^+$、

$Cl^-$、$SO_3$、$F^-$ 等，适量起矿化作用，但超标时会影响预热器运行，对熟料煅烧操作和质量有影响。这些废弃物中有毒物的毒性会在预分解回转窑中被分解而解毒。处置流程示意分别见图 8-10、图 8-11、图 8-12。

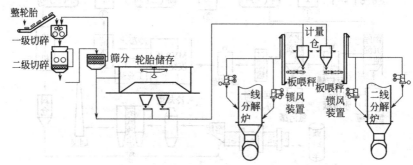

图 8-10 废弃轮胎作分解炉部分替代燃料的工艺流程

[《水泥工程》2015（5）：4]

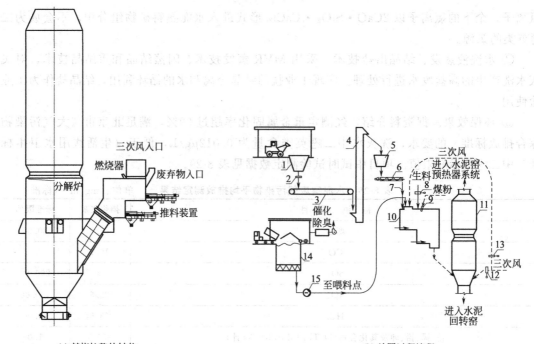

(a) 焚烧炉整体结构　　　　　　(b) 处置过程流程

图 8-11 多相态废弃物处置过程流程

[《新世纪水泥导报》2015（4）：8]

1—卸料斗；2—卸料闸阀；3—带式输送机；4—提升机；5—喂料斗；6—螺旋输送机；
7—回转锁风阀；8—生料卸料阀；9—燃烧器；10—焚烧炉；11—生料分解炉；
12—风量调节阀；13—风量调节阀；14—膏状物储仓；15—柱塞泵

**(2) 解毒优势**

① 它从源头上减少产生二噁英/呋喃所需的氯源。预分解窑要求入窑料中 $Cl^- <$ 0.015%，少量的 $Cl^-$ 能被生料吸收，在煅烧时形成 $C_2S \cdot CaCl_2$ 固溶在铝酸盐和铁铝酸盐矿物中，不会成为二噁英的氯源。

② 回转窑高温煅烧、停留时间长和碱性气氛，满足有效分解多氯联苯（PCB）的条件，

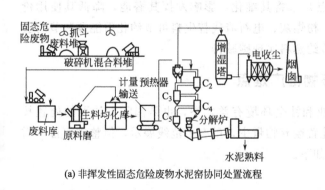

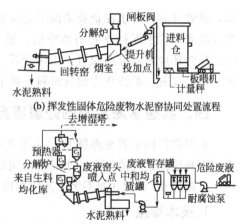

(a) 非挥发性固态危险废物水泥窑协同处置流程

(b) 挥发性固体危险废物水泥窑协同处置流程

(c) 液态危险废物水泥窑协同处置流程

图 8-12　水泥窑协同处置危险废物示意

[《中国水泥》2015：(09)：74]

保证 PCB 在窑内无毒分解。

③ 预热器系统内碱性物料具有吸附作用。有机物在预热器内燃烧生成的 $Cl^-$ 与生料粉中的 CaO 反应生成 $CaCl_2$；烧含 PCB 的废油分解产生的氯，也会被碱（$Na^+$、$K^+$）所结合，不会产生 HCl。

④ 烟气处理系统符合速冷和环保要求。出预分解窑烟气经过增湿塔、原料磨和除尘器，处理时间长，烟气中飞灰酸性物质与有机物被塔中水和生料所吸附，加上增湿塔的速冷（越过二噁英再度产生的温度区间），使排放达标，对环境不产生有毒影响。

### 6. 处置重金属污染物

**(1) 熟料矿物固化优势**　水泥窑协同处置被重金属污染的土壤的优势，除高温、停留时间长、焚烧状态稳定、均匀、湍流强烈外，还可利用其在高温下的固化反应，将不挥发和半挥发的重金属元素固定在熟料矿物组成中的突出特点，减少重金属元素的污染，避免其再度渗透和扩散，污染环境水质和土壤，实现无害化。

**(2) 协同共置条件**　水泥窑可协同处置被重金属污染的土壤和重金属冶炼固体废物，但是有条件的和受限的，如对 Hg、Tl 等易挥发的重金属不适合在水泥窑中处置，否则窑尾废气中污染物 Hg、Tl 可能超标；重金属废物中放射性含量要符合 GB 6566—2001 标准。对于不挥发和半挥发重金属元素，根据水泥熟料矿物对金属元素的固化率，提出了在协同处置工业废物时，生料、熟料、水泥中的重金属含量限值，见附录三。

**(3) 合适的投加位置**　根据废物所含的重金属种类和其挥发性以及颗粒尺寸选择投加位置。重金属固体废渣，投加位置有原料破碎处、生料均化处、窑尾烟室、窑尾预热器系统和水泥磨等。含 Pb、Cd 污染土壤，其成分与黏土近似，根据其粒度大小，可投加在破碎机处或生料均化处；冶炼 As、Pb、Cd 的金属废渣，可直接投入水泥磨作为混合材料组分等。

### 7. 消纳工业废渣

我国水泥工业消纳工业废渣，历史悠久、经验丰富、数量之大，已位世界第一。工业废渣在水泥企业以综合利用方式应用，可分为废弃物替代生料（成为配料组分之一）和替代熟料（用作混合材料）。作为替代原料，对节约天然资源意义更大；作为替代熟料，不仅节约熟料、改善水泥某些性能，而且对环境效益，明显大于替代生料。我国在消纳工业废渣方面，成效显著，对水泥企业消纳工业废渣的价值，从综合利用、降低水泥成本和改善水泥某些性能来评价水泥行业的消纳举措。缺点是未将其细化，影响发挥其潜能，降低其使用价值。从对环境效益方面探讨，用煤矸石、粉煤灰、电石渣代替生料可节约化石能源和节约资源，用粉煤灰、矿渣作为混合材料，可节约熟料实现碳减排。

## 四、我国水泥窑协同处置废弃物推广难点

水泥窑协同处置废弃物是对水泥企业和社会环境有益之举，也是国际上认可的处置技术，而我国消纳废渣量大，水泥窑协同处置废弃物量少，虽有示范线展示，但整体而言"雷声大、雨点小"，铺开面不大，其中原因如下。

### 1. 技术难点

鉴于废弃物具有来源广泛性、物种区域性、品种多样性、品质特殊性，与传统水泥生产工艺有差别。所以，对生产线需要有针对性技术介入，才能发挥水泥窑协同处置废弃物优势。

**(1) 成熟技术，难以轻易照搬**  我国水泥窑协同处置废弃物的品质，与国际相比有差异。如城市生活垃圾，水分高、氯离子含量高、热值低以及无分类等特点；在处置污泥上，我国多数生活污水和工业废水一并处理，因而污泥中重金属含量大。因此，照搬国外处置技术成熟经验，不符合我国国情，不一定可行。就国内而言，各企业需要处理的固体废物，与周边产生的多种多样的可燃废弃物物种相关。如有的需要处置漂浮物，有的需要处置生活垃圾、污泥、轮胎、焚烧飞灰等。水泥窑协同处置时，虽有示范线可以借鉴，但因其物态不同，物性差异、数量差别，处置技术路线不宜完全照搬照套，需要在吸收发达国家处置技术和示范线基础上，结合实际，自主研发出适合的工艺线技术装备。

**(2) 兑现环保，需创新技术**  水泥窑协同处置废弃物，增加生料中有害成分。况且各企业所处置的固体废渣成分、物理性质和所含的污染物各异，企业的环保富余量也不同，要达标排放，需要先期投入科研，了解其危害环境机理，进而要有高效和对路设备来应对。因此，需要具有个性化的创新技术和设备，实现达标排放。

**(3) 条件变化，操作待适应**  由于企业使用的原燃材料变化，带入的有害成分增加，工艺流程变动，操作人员过去熟悉的操作方法，需要进行适应性调整。如垃圾中 $Cl^-$ 含量较高，窑内物料可能因高挥发性 $Cl^-$ 组分循环富集，增加窑系统堵塞概率。若系统采用放风工艺，操作者要注意放风量与原料中带入的 $Cl^-$ 含量关系，以及熟料热耗增加因素。这些需要操作人员有应对变化的操作技术，来保证熟料产量，而这些需要在操作中逐步体会和修正，无形中提高了操作难度。

### 2. "吃不饱"

处置社会废弃物需多部门介入和协调，水泥窑协同处置废弃物，只是其中一个环节。水泥窑协同处置废弃物，相比其他处置方式效果更优越，但不能全包。这里既有数量、可处置品质和成本问题，还涉及部门之间利益链方面问题。如生活垃圾，在水泥行业，一是要考虑运输成本和沿途散发臭味问题。一般来讲，处置应以覆盖厂周边 50km 以内的城市和农村垃圾经济。二是处置生活垃圾的方式(填埋、发电焚烧) 多、部门多。这些垃圾如何收集？如何转运？如何分配？需要政府部门统筹安排。如今某些水泥厂建成协同处置后，出现"吃不饱"，没有废物可以处理，影响水泥窑生产稳定性、企业成本和积极性。

### 3. 补贴少

水泥窑协同处置废弃物前期工艺与水泥生产工艺、运营有差别，需要增添一些设备，必

然增加投资。有资料介绍，水泥企业处置生活垃圾，成本需要增加 150～200 元/t 垃圾，目前地方政府给予补贴 60～70 元/t，多出费用，只能由企业自行消化。因政府对水泥行业的补贴很少，低于生产运营费用，也低于其他协同处置生活废弃物的补贴，造成水泥窑协同处置废弃物的企业，亏本来支持处置废物之举，尽社会责任。这只能是盈利高的企业才能应付，多数企业办不到，成为影响推广的原因。如果政府除了在技术上进行示范指导外，再能给予水泥企业在建设投资上、运营财政减免税上增加补贴，推广情况将会好转。

### 4. 公众认知度不足

如今政府部门对水泥窑协同处置废弃物的优势和处置后的"无害化、减量化、资源化"效果，有了认识，并且给予支持。但公众因垃圾焚烧发电的烟尘二次污染受害，对水泥企业水泥窑协同处置废弃物后排放是否还会出现环境危害有疑虑。提高公众对水泥窑处置废弃物的认同度，可减少水泥企业立项审批中的阻力。因此，除媒体对水泥企业实施水泥窑协同处置废弃物效果进行相关报导，提高公众认知度，用事实解公众疑惑外，政府引导也很重要。为此，工信部等六部委联合发布《关于开展水泥窑协同处置生活垃圾试点工作通知》，以先进性、科学性、客观性为原则，完善技术工艺装备，探索可复制的推广模式，推动水泥企业实现水泥窑协同处置废弃物和资源综合利用。

## 五、消纳和处置废弃物时需注意的问题

虽然水泥企业具有优势可以大量消纳和处置废弃物，但由于废渣成分复杂多变、有害成分含量高，物料的物理性能与常规物料有差异，对水泥生产工艺有影响。

### 1. 需了解所掺加废渣、废物的品质

水泥企业是在生产线上消纳和处置废弃物，为保证系统正常安全运行、保证产品质量和环保达标，对所处置的废气物品质和数量应有限制，不是什么废物都可以用来生产水泥，而且必须从源头控制。

**(1) 在化学成分上** 要符合水泥生产可以实现合理配料要求的成分，特别要注意其中的有害有毒成分及其含量。如含有对水泥、熟料质量有影响，且对环境影响较小的干扰元素，如碱、硫、氯、磷等和非挥发性重金属，以及能影响生产系统安全和环境的物质，必须进行限量控制；含有挥发性物质（有毒有害的有机物、易挥发性重金属等）和含有放射性物质、医疗卫生垃圾绝对禁止进入水泥生产系统协同处置。废弃物质混合使用时，要注意它们的相互反应，如在原燃料中氯元素含量超过限值（>0.015%）时，绝对禁止含锌、铅、铜等元素的物质进入水泥生产系统协同处置，以免因它们与氯元素的协同作用，导致设备快速腐蚀；特别是氯元素在铜离子催化作用下，导致二噁英超标。

**(2) 物理状态上** 废弃物在湿度上、粒度上、物态上和特性上，各不相同，水泥企业需根据其物性，分别采取预处理措施和选择合适的投放部位。如所掺加工业废渣、废物具有可燃性，其粒径<12mm，发热量在 20～25MJ/kg 的替代燃料，适合进窑头燃烧；粒径<50mm，发热量在 15～18MJ/kg 的替代燃料，适合进分解炉燃烧。具有活性的工业废渣，投入水泥磨作为混合材料。

**(3) 对应措施** 采用水泥窑协同处置废弃物，需针对物料的化学物理性能和处置目的，判断是否接纳、如何进行预处理或设备上局部适应性改造和操作参数调整。同时需要增加污染物检测项目，见表 8-30。水泥企业虽然可以消纳和处置的废弃物很多（见表 8-31），但有

的却不宜，如医疗医药工业废物的处理目的是杀灭病原微生物，使之稳定化、安全化和减量化，水泥窑无杀灭病虫功能；电子产品具有资源性和危害性，但其资源是有色金属以及一些有价值的零部件，属于资源回收，与水泥生产需要的矿物成分作为资源化利用根本不同，故不宜在水泥企业进行处置。属于禁止在水泥窑协同处置的废物，见表8-32。

**表 8-30 水泥生产过程污染物检测内容**

| 污染物 | | | 污染物性质 | 气相中污染物检测 | 液相中污染物检测 | 固相中污染物检测 |
|---|---|---|---|---|---|---|
| 水泥厂固有检测 | 固态 | 无机 | 普通① | 粉尘③ | 含固量④ | 放射性④ |
| | | | 特殊② | $PM_{10}$④、$PM_{2.5}$④ | 溶解性④ | 限量影响④ |
| | | | 有毒② | 毒性分析④ | 毒性④ | 毒性④ |
| | | 金属 | 易挥发性② | Hg④、Tl④ | 金属离子 | 易挥发金属限量④ |
| | | | 非挥发性② | Pb④、Cd④、As④、…… | | 普通金属限量④ |
| | | | 重点关注② | $Cr_2O_3$④ | | 易扩散限量④ |
| | | 有机 | 剧毒① | 二噁英④ | TOC②、VOC③、④ | 有机物限量④ |
| | | | 毒性② | TOC④、VOC④ | COD④、BOD④ | 毒性有机物④ |
| | | | 其他 | POPs④（如PCBs） | 微生物④ | |
| | 气态 | | 酸性有毒气体① | $SO_2$、$NO_x$、CO | 臭气④ | 异味气体④ |
| | | | 酸性无毒有害气体② | $CO_2$ | 可燃气④（CO、$CH_4$） | 毒性气体④ |
| | | | 碱性气体② | $NH_3$ | 氨气 | 有机质④ |
| | | 有机 | $C_mH_n$② | $CH_4$等 | | 有机质④ |
| | | 金属 | 金属蒸气② | Hg④ | | 挥发性重金属④ |
| | 液态 | | 有机冷凝物② | 有机物含量④ | 有机物限量 | 液体含量④ |
| | | | 无机凝结物② | 无机物含量④ | 无机物限量、pH | 液体含量④ |
| | | | 毒性② | 毒性分析④ | 毒性分析④ | 液体毒性④ |
| 协同处置添加项 | 气态 | | 臭气① | 二甲醚、二硫醇、氨氮等 | 臭气 | 异味气体④ |
| | | | 酸性 | HCl④、HF④ | 可燃气④（CO、$CH_4$） | 易挥发性④ |
| | | | 气体① | TOC④、VOCs④ | 氨气④ | 热稳定性④ |
| | 固态 | | 放射性① | — | 含固量 | 放射性④ |
| | | | 气味① | 异味④ | 有机物含量 | — |
| | | | 毒性① | 毒性分析④ | 化学分析 | — |
| | 液态 | 废水 | 进出废水① | pH | COD④、$BOD_5$④ | 酸碱度④ |
| | | | | 有机物含量④ | TOC④ | 有机物含量④ |
| | | | | 无机物含量④ | 含固量 | 无机物含量④ |
| | | | 可溶盐① | 盐类④ | 盐类④ | 细菌分析④ |
| | | 冷凝水 | 有机物② | 有机物含量④ | — | 有机物含量④ |
| | | | 无机物② | 无机物含量④ | — | 无机物含量④ |

① 必须进行监测控制内容。
② 有条件可选择监测控制内容。
③ 在线检测。
④ 离线检测。
注：1. TOC——总有机碳；VOCs——挥发性有机物；COD——化学需氧量；$BOD_5$——5日生化需氧量。
2. 资料来源为蔡玉良等. 水泥窑协同处置废弃物的安全环保排放过程控制. 中国水泥，2016（5）：75.

**表 8-31　可供水泥行业使用的替代燃料及其投料位置**

| 类别 | 品　　种 | 加料位置 |
|---|---|---|
| 污泥 | 环卫污泥、工业污泥、河道淤泥 | 干化后送入分解炉 |
| 固体有机垃圾 | 炼油油渣、塑料制品、石墨废弃物、油页岩、包装物、胶状有机物等 | 打包送入窑尾烟室、破碎后入分解炉、破碎后入窑头燃烧器 |
| 胶状有机废弃物 | 油墨、废涂料类、沥青、油泥类、蜡状悬浊液 | 泵送入窑、炉燃烧器、窑尾烟室罐投 |
| 液态有机废弃物 | 有机中间剂、废溶剂、废稀释剂、石化废液、焦油 | 泵送入窑头、分解炉燃烧器 |
| 生活垃圾 | 厨余、包装物、纸类、塑料类 | 打包送入窑内 |

注：资料来自国家发改委和环境保护部《重点耗能行业能效对标指南》：366。

**表 8-32　禁止在水泥窑协同处置的废物**

| 资料来源 | 禁止水泥窑协同处置的废物 |
|---|---|
| 《水泥生产协同处置的废物》[1] | ①来源不清的废物；②未经鉴定或检测的废物；③具有感染性、反应性（易爆炸性）的废物；④汞含量超过 5mg/kg 的单一种废物，也不能与其他种类废物混合后再进行协同处理；⑤未经分离处理的各种废弃电子废物和废弃电池；⑥根据《放射性废物的分类》，确定该种类的废物具有放射性 |
| 《水泥窑协同处置危险废物的环境保护技术规范》[2] | ①放射性废物；②爆炸性及反应性废物；③未拆解的废电池、废家用电器和电子产品；④含汞的温度计、血压计、荧光灯管和开关；⑤未知特性和未经鉴定的废物 |
| 《水泥窑协同处置废物的污染防治技术政策》征求意见稿[3] | ①放射性废物；②具有传染性、爆炸性及反应性废物；③未拆解的废电池、废家用电器和电子产品；④含汞的温度计、血压计、荧光灯管和开关；⑤有钙焙烧工艺生产铬盐过程中产生的铬渣；⑥石棉类废物；⑦未知特性和未经鉴定的废物 |
| 《巴塞尔公约》[4]不推荐水泥窑处置的废弃物 | ①辐射废弃物；②电子垃圾；③电池；④腐蚀废物；⑤活性废弃物，包括爆炸、含氰化物和水反应废弃物；⑥含汞废弃物；⑦不知或不可预知组分的废弃物，包括没有分类的城市垃圾 |

[1]《中国水泥》2012（1）摘录。

[2]《中国水泥》2012（12）征求意见稿摘录。

[3]《中国建材报》2016年2月26日一版摘录。

[4] 由李晓东译自 Avraam Karagiannidis 主编的《废弃物能源化——发展和变迁经济中机遇与挑战》第六章在发展中国家使用水泥窑处置危险废弃物，机械工业出版社，2014年11月，摘录。

## 2. 做好预处理工作

由于废渣成分复杂多变，含有害成分，含水率高影响水泥窑生产和产品质量，而且废弃物来源不同，其含量和种类不一，危害程度有差别，为了顺利在水泥窑系统、粉磨系统使用，必须在入系统前，做好预处理控制，将废弃物中影响生产的因素尽可能在入系统前排除，如采用搭配均化技术、活化技术、脱水技术、分类分拣技术、洗涤、气化、除臭技术和剔除技术（禁止入水泥生产线的物质，如汞、电子垃圾等）。

① 工业固体废物。如金属尾矿、开采废石等成分波动大且品位低，需要辅以搭配、预均化处理技术，使之可作为替代原料使用。

② 城市生活垃圾，其成分、组成复杂，有可燃和不可燃物质，有水泥生产可利用和不可利用的物质。腐化产生臭气以及垃圾焚烧灰渣中含有害成分等，需要在入窑、炉前进行必要的预处理，进行分检、分类、组合和剔除以及水分排出、含氯离子的洗涤、气化、除臭等。

③ 市政污泥的含水率高，也必须在入窑系统前加以浓缩干化等，将废弃物中影响生产

的因素，尽可能在入系统前排除。

④ 消纳工业废渣作为混合材料时，大块的需要破碎，对其潜在活性还需要热激发、化学激发和机械磨细等预处理程序介入来提高其活性。冶金渣中含有的金属铁件，需要在入粉磨系统前剔除或设置除铁器将它排除。

### 3. 提升对掺加工业废渣价值的认识

对水泥厂消纳和处置废弃物、废料的意义，要从早期"综合利用"和获得"财政补贴"的狭义观点走出来，扩大视野提升认识。如今水泥厂因消纳和处置废弃物得到社会认可，使水泥行业成为"环保行业"一员。消纳工业废渣作为混合材料，既是综合利用，又是改善环境、绿色生产之举，具有环保效益、社会效益和企业效益。混合材料复掺，利用其复合效应改善水泥性能，已得到共识。有个别企业只从能获得"既征既退的财政优惠政策"考虑，出现不经过试验，而"乱掺、滥掺"现象，影响水泥使用性能，给下游产品造成质量问题，必须予以监督纠正。

### 4. 对废弃物进行使用前评估

使用废弃物必须不影响水泥品质和达到环保要求。为此，企业在接受废弃物处置前，要做好评估工作：①工业废弃物在运输、装卸、储存和使用过程中，对生产、企业职工、附近居民的健康和安全有什么影响？②是否含有限制废料品种？废弃物中有害成分（如碱、硫、氯等）品种、数量，如何预处理？是否需要放风？③废弃物相互之间是否易产生化学反应？若需分别处置，不能混合储存和运输。④废料中水分率对生产有什么影响？⑤掌握企业现有废气中污染物排放和除尘设备配置情况，是否有富余能力？采用废弃物后，能否达标？⑥因废弃物成分波动大，每批次进厂废弃物，必须提供其物化性能和成分。

## 六、建筑垃圾在水泥行业资源化利用

建筑垃圾是指建设、施工单位或个人，对旧建筑物拆除和新建筑物施工过程中，所产生的余泥、余渣、泥浆及固体废弃物。庞大的建筑垃圾堆放或地下掩埋，必然产生环境问题。北京元泰达建筑垃圾一体化工厂，实现对入厂建筑垃圾废弃物100%资源化，成为解决"建筑垃圾围城"困局的有效举措。对建筑垃圾、废弃的混凝土分选后，在水泥行业进行利用的研究情况介绍如下。

### 1. 替代原料

将建筑垃圾分选后的粉体，可以用来部分替代硅质原料生产水泥熟料。因其主要矿物成分是 $CaO$、$SiO_2$ 和少量 $Na_2O$、$K_2O$、$MgO$ 等物质，少量的 $Na_2O$、$K_2O$、$MgO$ 掺入生料中可起到助熔剂作用，改善生料易烧性。建筑垃圾分选粉体的成分，受建筑物拆除的初始渣土物质影响很大，其适宜的掺加量需要通过试验确定。

### 2. 利用再生微粉替代水泥

在建筑垃圾粉碎过程中产生粒径小于 0.16mm 的粉末，称为再生微粉。其组分是硬化水泥和砂石骨料碎屑，可用于建筑工程中，既环保又节约资源，降低混凝土制备成本。将再生微粉制备水泥砂浆的试验表明：①再生微粉对水泥胶砂强度增长起负面效果，即随着再生微粉掺量增加强度下降。对抗折强度影响大于对抗压强度影响。当掺量较小时，由于再生微粉中 $CaCO_3$ 对水泥中 $C_3A$、$C_3S$ 的水化有促进作用，抗压强度变化很小。但掺量增大后，再生微粉比表面积高，需水量增加，在水灰比一定的条件下，水化反应不完全，导致强度下

新型干法水泥生产工艺读本（第三版）

降幅度增大，故再生微粉掺加量存在最佳值。②为弥补大掺量时强度下降现象，可采用复掺粉煤灰措施，利用粉煤灰的玻璃微珠，起到"减水作用"和"滚珠作用"减少孔隙率，增加密实度，获得性能较好的水泥砂浆。

### 3. 作为混合材料

资料报道，因建筑垃圾主要组分是黏土砖和废混凝土，可将它进行简单处理，经过试验如其性能能满足要求，则作为水泥混合材料。试验结论提出注意点：①建筑垃圾可作为低强度等级水泥的混合材料；②建筑垃圾使用前，应对金属物料进行清除；③注意控制垃圾中粉料含量，这些粉料多为黏土质原料，会影响水泥质量。

### 附表 8-1　水泥工业利用废弃物作为替代原燃材料示例

| 替代物名称 | | 示　例 |
|---|---|---|
| 替代原料 | 钙质 | 工业石灰、石灰浆、电石渣、淤泥、双氰氨渣、低品位或贫化后石灰石等 |
| | 硅质 | 铸造砂、硅粉、硅石废料、河沙等 |
| | 铁质 | 转化炉灰、炉渣、矿渣、铜渣、硫铁渣 |
| | 铝质 | 页岩等 |
| | 硅、铝、钙质 | 飞灰、垃圾焚烧灰及渣、河泥、铜渣等 |
| | 硫质 | 低硫石膏、化学灰泥等 |
| | 氟质 | 萤石尾矿等 |
| 替代燃料 | 固体 | 废纸、石油焦炭、油页岩、石墨灰、木炭、废塑料、废橡胶、旧轮胎、废木材、农业废弃物、下水道淤泥、动物脂肪、骨粉等 |
| | 液体 | 焦油、废油、石化工业废弃物、废涂料、沥青浆、油泥等 |
| | 气体 | 垃圾填埋气体、热解气体等 |
| 替代材料 | 混合材料类 | 矿渣、粉煤灰、铜渣、钢渣、硫铁渣、锰渣等 |
| | 石膏类 | 化学石膏、脱硫石膏等 |
| | 矿化剂 | 磷石膏、氟石膏等 |
| | 改性材料 | 矿物细粉，提高水泥强度，改善水泥性能；利用活性混合材料的特性生产特性水泥 |

### 附表 8-2　水泥企业消纳废弃物部分品种、替代项目简介

| 废渣名称 | | 内　容 |
|---|---|---|
| 淤沙 | 废渣来源 | 淤沙是天然石在天然状态下，经水的作用长时间反复冲撞、摩擦产生的成分复杂、杂质含量高的物质 |
| | 替代项目 | 代替砂岩粉配料 |
| | 实施效果 | 使用淤沙代替砂岩粉配料后，需解决原料下料不畅而影响生料稳定性问题 |
| | 应用阶段 | 生产实践——冀东能源股份公司 |
| | 使用注意 | ①采用淤沙后，生料磨产量有一定幅度降低和发生"糊球"，需调整生料磨操作参数；②加强密封，防止漏风；③严格控制分解炉出口温度和烟室温度，入窑分解率不高于 95%；④淤沙中有害成分较原来原料高，故中控操作时应注意结皮问题；⑤加强现场巡检，对窑系统及时清堵等 |

| 废渣名称 | | 内　容 |
|---|---|---|
| 化成箔中和渣 | 废渣来源 | 化成箔中和渣是化成箔厂铝箔酸腐蚀废液用石灰乳液中和经过压滤而成的 |
| | 替代项目 | 作为替代铝矾土及石膏,生产硫铝酸盐水泥熟料的原料 |
| | 实施效果 | 在试验配比下,所烧成熟料主要矿物组成为 $C_4A_3·SO_3$ 和 $C_2S$。硫铝酸盐水泥的熟料 1d 抗压强度可达到 39MPa,掺入 5%石膏,凝结时间完全满足标准要求 |
| | 应用阶段 | 试验研究 |
| | 使用注意 | ①控制煅烧温度 1350℃;②必须掺加石膏,不掺石膏则水泥熟料急凝 |
| 高磷钢渣微粉 | 废渣来源 | 高磷钢渣微粉是钢厂炼钢过程中产生的含磷高的废渣 |
| | 替代项目 | 水泥混合材料 |
| | 实施效果 | 使用高磷钢渣微粉作混合材料,试验采用 CaO 和 $Na_2SO_4$ 作为活化剂。研究结果:①适量的 CaO 可以缩短水泥凝结时间,提高各龄期强度;②适量的 $Na_2SO_4$ 可以提高 1d、3d 水泥强度,过量的 $Na_2SO_4$ 降低 28d 强度,掺加 $Na_2SO_4$ 对水泥凝结时间无显著影响 |
| | 应用阶段 | 试验研究 |
| | 使用注意 | 钢渣中磷含量高缓凝现象严重和早期强度低,需掺加适量的促凝活化剂——CaO 和 $Na_2SO_4$ |
| 稻壳灰 | 废渣来源 | 稻壳灰是稻壳(稻谷加工中的副产品)煅烧后的残留物 |
| | 替代项目 | 替代硅质原料和混合材料或生产无熟料水泥 |
| | 实施效果 | 具有低能耗,绿色环保特点 |
| | 应用阶段 | 试验研究 |
| | 使用注意 | ①视其燃烧温度情况决定替代项目。低温时产生的 $SiO_2$ 为无定形态,比表面积高、火山灰活性高。低温时产生的 $SiO_2$ 转型为石英晶体,可作为替代原料。②质量轻,在配置混凝土或砂浆时,易出现振捣上浮现象,材料成分不均。③对水泥质量的影响需进一步研究 |
| 碱渣 | 废渣来源 | 碱渣主要为氨碱法制碱过程中排出的废渣 |
| | 替代项目 | 替代煤矸石生产水泥熟料 |
| | 实施效果 | 生料磨产量和熟料强度略有降低,窑产量明显提高,熟料标准煤耗下降 |
| | 应用阶段 | 生产实践——四川峨胜水泥公司 |
| | 使用注意 | 调整配料指标:①考虑碱渣易烧性好为保证熟料强度,适当提高 KH 值;②考虑碱渣经过高温煅烧,具有活性,适当提高 SM 值;③防止熟料结大球,适当降低 IM 值 |
| 铁尾矿 | 尾矿来源 | 铁尾矿是铁矿石经矿石选矿后的矿物废料 |
| | 替代项目 | 取代硅质或铁质原料生产水泥熟料 |
| | 实施效果 | 有助于提高水泥熟料矿物水化活性,提高熟料强度;其掺量变化对 f-CaO 影响不明显 |
| | 应用阶段 | 试验研究 |
| | 使用注意 | 由于不同地区的铁尾矿含硅、铁成分不同,应用方式也不同:如含二氧化硅高的铁矿石,被用于替代硅质原料;含氧化铁高的被用于替代铁质原料 |
| 硅石尾矿 | 尾矿来源 | 生产玻璃用砂岩原料加工过程中产生的固体废料 |
| | 替代项目 | 替代石灰石作为混合材料生产管桩用的水泥 |
| | 实施效果 | 水泥经蒸养处理后,抗压强度大幅度提高 |
| | 应用阶段 | 试验研究 |
| | 使用注意 | $SO_2$ 在蒸养条件下,与水泥水化产物 $Ca(OH)_2$ 发生水合反应,形成莫来石,提高水泥石强度 |

注:水泥企业消纳和处置固体废物物质很多,这里只列举一些供参考。

## 附表 8-3　水泥生产中粉尘产生系数及粒径分布

| 窑型 | 产生系数 | 粉尘粒径质量分数/% | | | 磨型 | 产生系数 | 粉尘粒径质量分数/% | | |
|---|---|---|---|---|---|---|---|---|---|
| | | $PM_{2.5}$ | $PM_{2.5\sim10}$ | $PM_{>10}$ | | | $PM_{2.5}$ | $PM_{2.5\sim10}$ | $PM_{>10}$ |
| 新型干法窑 | 105 | 18 | 24 | 58 | 生料磨/煤磨 | 56 | 13 | 26 | 61 |
| 干法中空窑 | 100 | 18 | 24 | 58 | 水泥磨 | 50 | 4 | 12 | 84 |
| 立窑 | 30 | 11 | 20 | 76 | 破碎机 | 20 | 1 | 10 | 89 |
| 熟料冷却机 | 15 | 5.4 | 8.6 | 86 | | | | | |

注：数据摘自《环境工程》2015（6）：76。

## 参 考 文 献

[1]　冯霄等.化工节能原理与技术 [M].北京：化学工业出版社，2015.

[2]　国家节能中心.能效技术依据（一）[M].北京：中国发展出版社，2014.

[3]　高长明."四零一负"可作为水泥工业制订绿色低碳标准的参考 [J].水泥工程，2016，29（03）：1-2.

[4]　侯贵华，卢豹，郜效娇等.新型低钙水泥的制备及其碳化硬化过程 [J].硅酸盐学报，2016，44（2）：286-291.

[5]　孙绍锋，蒋文博，郭瑞等.水泥窑协同处置危险废物管理与技术进展研究 [J].环境保护，2015，43（1）：41-44.

[6]　田力，袁东，杨国春.水泥工业粉磨系统的节电方法 [J].新世纪水泥导报，2015，21（1）：17-20.

[7]　赵向东，练礼财，张国亮等.国内首条水泥窑协同处置飞灰示范线技术研究 [J].中国水泥，2015，（12）：69-72.

[8]　马建立，卢学强，赵由才.可持续工业固体废物处理与资源化技术 [M].北京：化学工业出版社，2015.

[9]　蔡玉良，洪旗，肖国先等.水泥窑协同处置废弃物的安全环保排放过程控制 [J].中国水泥，2016，（5）：73-79.

[10]　陈美球，蔡海生，廖文梅等.低碳经济学 [M].北京：清华大学出版社，2015.

[11]　林松伟.水泥中水溶性六价铬限量与还原技术的研究 [J].福建建材，2016，（2）：3-7.

[12]　王君伟.水泥生产工艺——误区与解惑 [M].北京：化学工业出版社，2015.

# 第九章　新技术、新设备、新概念

## 第一节　新技术

### 一、捕集 $CO_2$ 技术及应用

温室气体大量排放，使全球气候变暖，自然灾害频发，引起世界关注和共同应对。多种温室气体中 $CO_2$ 含量最高，对全球暖化的影响最大。虽然 $CO_2$ 对环境有着不容忽视的危害，但也存在可利用的宝贵资源（$CO_2$ 捕集回收后可作为化工原料制备食品保鲜剂等）。为此，对近年来世界各国在工业烟气中 $CO_2$ 的捕集回收利用技术进行探讨，简介如下。

#### 1. 捕集 $CO_2$ 的意义

大气中 $CO_2$ 来源广，有火山喷发、岩石风化、微生物代谢分解、动植物的呼吸和工业排放等形成的。工业排放 $CO_2$ 中，燃煤、电力、水泥生产所占比例大致为 72％：14％：7％。水泥工业减排 $CO_2$ 任务艰巨。仅靠减排措施很难达到大幅度削减向大气排放 $CO_2$ 的目的，还需在工业生产废气排放前，采取 $CO_2$ 捕集技术，以减少向大气排放 $CO_2$ 量，捕集后才能实施封存和资源化利用技术。

#### 2. 捕集与储存 $CO_2$ 技术

**(1) 捕集**　捕集 $CO_2$ 的方法有生物法（植物通过光合作用吸收大气中的 $CO_2$ 合成有机碳化合物）和物理化学法。水泥工业的碳捕集还处在理论研究和工业试验阶段。诸多方案中，对水泥工业而言，利用钙基吸收剂捕集烟气中的 $CO_2$ 是更合理更有效的手段。

① 基本方法。通过循环煅烧/碳酸化的方法来回收 $CO_2$，即采用价格低廉的石灰石和白云石作为 $CaO$、$MgO$ 的母体，先将其热解形成 $CaO$、$MgO$ 作为烟气中 $CO_2$ 的吸附剂，含 $CO_2$ 的烟气与之反应生成 $CaCO_3$ 和 $MgCO_3$。再将所形成的 $CaCO_3$ 和 $MgCO_3$ 加热煅烧，使之分解循环使用。

② 优点。石灰石等碳酸盐材料作为吸收剂，不仅可以用来捕集 $CO_2$，而且捕集过程中产生的失活的钙质吸收剂，可以循环作为水泥生产的原料。

③ 缺点。钙基吸收剂多次煅烧/碳酸化循环反应后，随着循环次数增加对 $CO_2$ 捕捉能力衰退，成为失活的钙基吸收剂。将它用于替代部分石灰石进行配料，可能引起窑尾废气中

$CO_2$ 超标和煅烧过程中容易产生烧结。对此，科研工作者对失活吸附剂采用不同改性方法，提高其吸收 $CO_2$ 能力和抗烧结能力，从而提高钙基吸收剂对 $CO_2$ 的捕集效率。不同研究者捕集法的改性试验方法见表 9-1。

表 9-1　对失活的钙基吸收剂不同改性方法的研究

| 研究者 | 改 性 方 法 |
|---|---|
| Li 等 | 利用 $Al(NO_3) \cdot 9H_2O$ 和 CaO 粉末改性，避免钙基吸收剂的烧结现象 |
| 李英杰等 | 采用乙酸调质改性 CaO 基矿物，提高 CaO 吸收 $CO_2$ 的能力 |
| Reddy 等 | 在 CaO 中添加不同碱金属离子，提高 CaO 吸收 $CO_2$ 的能力 |
| 吴峥等 | 采用溶胶-胶凝法，在纳米 $CaCO_3$ 表面进行包覆 $SiO_2$ 改性，提高其循环稳定性 |
| 刘长干等 | 用木醋废液处理石灰石，提高其碳酸化率 |
| Aihera 等 | 引入酞酸钙提高其钙基吸收剂的抗烧结性能，使碳酸化率显著提高 |
| 孟冰露等 | 通过添加金属氧化物、碳材料等方法，改善钙基吸收功能 |
| 乔春珍等 | 将石灰石煅烧后的 CaO，经水蒸气水合反应，提高 CaO 吸收 $CO_2$ 的能力 |
| 孟晶晶等 | 将蛭石作为添加剂，对石灰石类钙基吸收剂改性，减缓其烧结现象发生，提高循环碳酸化率 |

注：资料来自孟晶晶等.利用蛭石增强石灰石对 $CO_2$ 的循环捕集效率.硅酸盐通报，2016（01）：69。

**(2) 储存**　碳储存（CCS）是一项面向未来减少碳排放的最新技术，即在 $CO_2$ 排放大气前将其捕获，然后压缩成液体，通过管道运输到地下深层永久储存。从经济角度看此技术的能耗巨大、成本过高，而且有的由于深层储存的空间小，储量有限；从安全角度看，封存的 $CO_2$，若发生泄漏，可能危害人体健康，如海洋封存、枯竭油田、煤层、含盐地层等，存在泄漏和重金属浸出可能，导致海水酸化，影响海洋生物生存；若注入过多的 $CO_2$，可能引起周围蓄水层酸化，对饮水品质有影响等，制约此技术发展。因此，如何实现 $CO_2$ 的永久封存和可靠性，需要进一步研究改进。

据报道，碳储存方式有新突破。这项研究工程系将二氧化碳抽入冰岛地下的火山岩，让这种玄武岩与二氧化碳气体发生反应，从而形成碳酸盐矿物——石灰岩，是一种可实现永久性储存的好办法。这个冰岛项目，只用两年时间，将二氧化碳转化成固体；项目规模每年将掩埋 1 万吨二氧化碳。这项技术有前景，很有可能给有合适的岩石地区提供一种低成本且非常安全的方法。这个新技术面临问题是：①它需要大量的水，每掩埋 1t 二氧化碳需要 25t 水；②潜在问题是地下微生物，可能将碳酸盐分解成强效性温室气体甲烷，但在冰岛开展的这个项目中并没有出现这种情况。

### 3. $CO_2$ 资源化利用

**(1) 利用藻类固碳合成**　利用藻类固碳合成（见图 9-1）是借助植物光合作用吸收 $CO_2$（1kg 微藻可吸收 $1.83kg$ $CO_2$ 的高固碳效率）生产"生物质能源"，它既可减量 $CO_2$，又能生产清洁能源，是一项低碳环保的新技术。水泥厂排出烟气中 $CO_2$ 含量高，而且还含有对藻类生长有害的 $SO_3$，含量较电厂低。从理论上讲，此法用于水泥厂比电厂更适合养殖藻类。此利用技术由于占地面积大、工艺复杂、设备投资大、运行费用高，其生产成本较高，尚需在技术上改进，降低成本，提升竞争力，才能在工业上推广采用。

**(2) 利用氨水捕集 $CO_2$ 合成碳铵**　该技术采用浓氨水喷淋烟气吸收 $CO_2$ 并生产碳酸氢铵肥料，既减排 $CO_2$，又生产农用化肥。由于普通碳铵不稳定，挥发损失大，削弱了固定

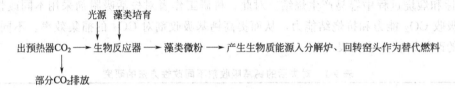

图 9-1 藻类固碳合成

$CO_2$ 的效果。如何将烟气中的 $CO_2$ 转化为稳定长效的碳铵，应用于工业上还需进一步研究。

**(3) 生产精细化工产品** 在无机化工行业中，废气中的 $CO_2$ 可用于生产轻质 $MgCO_3$、$CaCO_3$、$Na_2CO_3$ 等基本化工原料。在有机化工行业中，通过催化转化，将 $CO_2$ 转化为小分子化工产品和其他具有更高附加值、更有市场潜力的化工产品，将成为 $CO_2$ 资源利用方向。

**(4) 合成可降解的塑料** $CO_2$ 降解塑料，可用于一次性包装材料、餐具、保鲜材料、一次性医用材料等，解决塑料"白色污染"问题。从水泥窑尾废气中提取 $CO_2$，通过一系列工艺用于生产全降解塑料。由内蒙古蒙西高新技术集团开发成功生物降解 $CO_2$ 共聚物技术，并建成了年产 3000t 全生物降解 $CO_2$ 共聚物示范线。对避免传统塑料产品对环境二次污染和 $CO_2$ 资源再生利用，都具有重要意义。目前材料成本和性能上，离大规模工业生产要求还存在距离。

**(5) 驱赶地下石油，帮助开采** 利用 $CO_2$ 提高石油采取率是近年来石油开采领域的一项研究重点。在高温、高压下，$CO_2$ 和石油混合形成低黏度、低表面张力的流体，使得石油更容易与砂粒分开，并且 $CO_2$ 能够进入细小缝隙，有助于驱赶出更多的石油，帮助并提高开采率。

**(6) 其他行业捕集 $CO_2$ 的情况** 2008 年 7 月 16 日华能北京燃煤电厂建成采用化学吸收法捕集 $CO_2$ 装置示范线，成功捕集纯度为 99.99% 的 $CO_2$；北京燕山石化炼油厂采用变压吸附分离氮气压缩分离技术，提纯尾气中 $CO_2$ 气体等。据《中国能源》2016 年第 1 期 12 页介绍湖南长沙县 2013 年提出用"速生碳汇草捕获固硫技术为支撑，创建全国首个'零碳县'"。

上述介绍捕集 $CO_2$ 后的一些资源化利用产品，以帮助读者了解其利用方向。对水泥企业而言，如何能在减排基础上，将 $CO_2$ 升华到资源化利用的高度，对未来水泥行业发展具有扩展意义。

## 二、富氧煅烧技术

富氧煅烧技术是水泥工业适应低碳经济发展和节能需要，在燃料燃烧系统上采取的一种新技术。燃料在富氧气氛中燃烧与普通空气相比，可提高火焰温度，提高燃尽率，具有节能减排的可能。富氧燃烧技术在冶金工业、玻璃工业率先应用，随着富氧煅烧技术日趋成熟，制氧成本逐渐降低，如今也在水泥工业窑推广应用。本文依托富氧燃烧技术，在水泥窑生产线的试验和应用情况，简述其生产效果。

### 1. 水泥窑富氧燃烧基本知识

**(1) 富氧燃烧含义** 富氧燃烧（OEC）是指助燃用的空气中氧浓度大于 21%。富氧燃烧适用于各种形态的燃料：气态、液态和固态。既能提高劣质燃料的应用范围，又能充分发挥优质燃料的性能。

富氧助燃技术是使燃料中的挥发分和碳粒子在富氧中充分燃烧。在不增加燃料的前提下，提高火焰温度，使燃烧速度加快，热辐射迅速增强的技术。

按氧含量浓度分类：低浓度或微富氧的浓度为 21%～30%；高浓度富氧 30%～90%；全氧 90%～95%；纯氧 95%～100%。

**(2) 富氧制法** 富氧制法直接影响制氧成本。目前有三种制氧方法。

① 膜法制氧。膜法制氧装置主要由空气过滤器、高压通风机、膜法制氧器、真空泵、汽水分离器、富氧稳定罐、预热器、富氧喷嘴、微电脑控制柜等组成。该方法从空气中分离出的氧浓度为 28%～30%。制氧浓度低，且运行电耗高，适合小型燃烧设备上配套使用。

② 变压吸附制氧。变压吸附制氧装置主要由变压吸附制氧增压系统、氧气分配与输送系统、智能控制系统组成。该系统将空气分离制取的氧浓度为 70%～80%。然后按照水泥生产工艺要求通过混氧装置，调配成适合的氧气浓度。

③ 深冷法制氧。深冷法制氧产气量大，设备投资高，运行消耗较大，适合大型重工业企业采用。

**(3) 富氧注入位置** 水泥窑富氧注入的目的为增加助燃空气（包括一次风、二次风、三次风）中的氧浓度。实践表明水泥窑使用富氧位置会影响系统运行状态，通常采用低浓度富氧，注入燃烧器的一次风及煤风中，以及篦冷机高温段。用低浓度富氧代替部分冷却空气，以增加二次风、三次风中氧浓度。

### 2. 采用富氧燃烧技术的理论效果

20 世纪 70 年代，国外已广泛开展水泥窑采用富氧燃烧技术的研究（采用计算机数值模拟研究，见《水泥技术》2015 年第 1 期 46～48 页）。我国于 20 世纪 90 年代开展研究，通过理论研究发现，采用富氧燃烧与普通空气相比，可提高火焰温度、增加火焰辐射量、提高燃尽率，具有增产、节能、减排效果。采用富氧燃烧技术后，具有工况参数之间的关联性（如窑头燃烧空气富氧，使火焰中氮含量降低，$NO_x$ 降低，而高温火焰，却使热力 $NO_x$ 增加）和利弊两重性（采用富氧燃烧技术，提高火焰温度，有利于提高燃尽率和产量等，而过高的窑内温度则对耐火材料使用寿命有影响）。因此，水泥企业采用富氧燃烧技术后的实际效果表现不一，业界对采用富氧燃烧技术观点尚不一致。

### 3. 效益评价

富氧燃烧技术作为水泥节能减排的一种方法，被重新关注。我国目前应用该技术的主要有北京新北水泥厂、河南柳州汝州天瑞水泥厂、广西柳州鱼峰水泥厂、云南昆钢水泥厂等。

不同企业采用富氧燃烧技术后，除能提高火焰温度外，其他的效果表现不同，见表 9-2。

表 9-2 部分水泥企业使用（包括中试）富氧燃烧技术情况归纳

| 水泥厂 | | 枣庄中联水泥厂 | 凌源富源矿业水泥厂 | 新北水泥厂 | 汝州天瑞水泥厂 |
|---|---|---|---|---|---|
| 规模/(t/d) | | 2500 | 4000 | 2500 | 5000 |
| 制氧方法 | | 膜分离法 | 变压吸附 | | 膜分离法 |
| 富氧浓度/% | | 28～30 | 28～30 | | 30 |
| 注氧位置 | 入燃烧器中 | 通入燃烧器中 | 一次风 | 窑头罩、燃烧器 | 通入一次净风中 |
| | 入三次风中 | 通入三次风中 | 送煤风 | 窑尾 | |

| 水泥厂 | | 枣庄中联水泥厂 | 凌源富源矿业水泥厂 | 新北水泥厂 | 汝州天瑞水泥厂 |
|---|---|---|---|---|---|
| 产量 | | | 提高 | | 提高 |
| 熟料强度 | | | 提高 | | 提高 |
| 火焰温度 | | 提高 | 提高 | 提高 | 提高 |
| 能耗 | 用煤量 | | 下降 | | 下降 |
| | 电耗 | 增加制氧用电 | | | 整体下降 |
| 废气成分 | $O_2$ | | | 上升 | |
| | $CO_2$ | 下降 | | 下降 | |
| | CO | | | 下降 | 下降 |
| | $SO_2$ | | | | 下降 |
| | $NO_x$ | 下降 | | 下降 | |
| 其他 | | | 使用劣质煤的比例增加 | 生产线处置废弃物 | |
| 资料来源 | | 《中国水泥》2015(6):17 | 《中国水泥》2016(5):95 | 《中国水泥》2010(4):49 | |

## 三、第二代新型干法水泥技术与装备创新研发

"第二代干法水泥技术与装备创新研发"（下简称为"第二代水泥"）项目于 2012 年开始提出，总体要求通过创新发展，提升超越，实现到 2030 年要引领世界战略的目标。第二代新型干法水泥技术的工艺路线，系将现代科学技术和工业生产最新成果，用于水泥绿色制造过程中，推动"两化"深度融合，开发出低碳环保、节能减排和协同处置废弃物的新型干法水泥制造技术与装备。

### 1. 第二代新型干法水泥技术经济指标达标要求

第二代水泥在第一代技术基础上自主创新、原始创新，结合 2025 年我国发展纲要——向"中国创造"总目标前进。第一代通过引进、吸收、创新，是"中国制造"；第二代水泥通过创新改变传统制造模式，是"中国制造和中国创造的结合体"。

**(1) 第二代新型干法水泥技术经济指标要求**　熟料烧成可比热耗≤2680kJ/$kg_{sh}$；熟料可比标准煤耗≤91.5$kg_{ce}$/$kg_{sh}$；熟料烧成系统电耗≤18kW·h/$t_{sh}$；燃料替代率＞40%；新型干法水泥熟料可比 $CO_2$ 排放量降低 25% 以上；主要粉尘排放浓度＜10mg/m³（标准）；除尘设备阻力＜800Pa；滤袋寿命≥4 年；低氮燃烧器脱硝效率≥10%；分级燃烧脱硝效率≥85%；劳动生产率提高 1.5～2 倍；5000t/d 熟料生产线定员 60～80 人；可比管理成本降低30%；可比生产成本降低 15%～20%。

**(2) 第二代水泥达到国际领先水平的表述**　①在水泥窑功能和产品性能方面国际领先；②技术经济指标和运行成本国际领先；③节能减排技术水平和指标国际领先；④智能化控制与运行分析水平国际领先。

**(3) 两代新型干法水泥技术在技术装备上的区别**　第二代新型干法水泥技术装备在第一代基础上，工艺不变，功能提高，性能改善，方法提升，产品性能优化，节能减排显著，全线贯通智能化，达到绿色并向高端发展。

## 2. 第二代新型干法水泥攻关项目

**(1) 攻关项目** 第二代新型干法水泥技术攻关项目主要方面是：①高能效低氮预热预分解及先进烧成技术；②高效节能料床粉磨技术；③原料、燃料均化配置技术；④数字化智能型控制技术；⑤废弃物安全、无害化处置和资源化利用技术；⑥新型低碳、高标号、多品种水泥熟料生产技术；⑦高性能高效率滤膜袋除尘技术；⑧高性能无毒害氮氧化物还原催化剂技术及装备。并制定了第二代新型干法水泥示范线达标技术要求。

**(2) 攻关项目研发进展** 据2016年4月22日召开的第二代新型干法水泥技术与装备创新研发攻关项目现场办公会信息，"截至目前第二代研发攻关项目总体进度达70%以上，部分研发项目已全面完成，技术指标达到和超过研发标准确定的技术指标，部分研发项目或部分子项已经或正在进行工程化示范应用，待工程化应用验证及进一步优化完善"。7月13日召开的有关会议中，按照第二代水泥研发标准和验收规程，当前还有一些指标尚未全面达到：一是熟料烧成热耗指标，目前达到665kcal/$kg_{sh}$（1cal=4.1868J），第二代水泥指标为＜640kcal/$kg_{sh}$；二是不含烟气脱硝工艺，水泥窑$NO_x$排放正常情况下≤400mg/m³（标准）还存在难度；三是新型低碳高标号水泥熟料还需要进一步研究试验。近日在合肥召开的"第二代新型干法水泥技术与装备创新研发攻关项目"办公会上，媒体报道"第二代水泥"研发工作，除中材国际工程公司"静态水泥熟料煅烧技术"研发工作，由于历史和研发定题原因，该项目尚没有达到预期以外，其余项目均达到研发目标，有的已能够达到世界领先水平。

**(3) 研发初捷**

① 由天津水泥工业设计研究院和中材装备集团联合承担的"高能效低氮预热预分解及先进烧成技术"项目，熟料烧成系统热耗达到2780kJ/kg（要求≤2680kJ/kg），熟料烧成系统电耗17.9kW·h/t（要求≤18kW·h/t）。

② 由合肥水泥工业研究设计院和天津水泥工业设计研究院分别承担的"高效节能料床粉磨技术"生产P·O42.5水泥粉磨电耗最好指标25kW·h/t。

③ 由中材国际南京膜材料公司承担的"高性能高效率滤膜袋除尘技术"项目，主要除尘设备的排放浓度、除尘设备阻力、滤袋寿命，已达到研发标准技术指标［排放浓度＜10mg/m³（标准）、阻力＜800Pa、滤袋寿命≥4年］，并出口欧美国家。

④ 由合肥水泥工业研究设计院和天津水泥工业设计研究院、海螺水泥集团公司分别承担的"低氮燃烧器、分级燃烧技术"，脱硝效率平均水平在30%以上，最好水平达50%左右，指标要求：低氮燃烧器脱硝效率30%、SNCR≥70%、SCR≥85%。

⑤ 由华新水泥公司、天津中材工程研究中心公司、中材国际工程公司、北京太行前景水泥公司分别承担的"水泥窑协同处置及资源化利用大宗城市废弃物及危险废弃物技术研发"项目，燃料替代率已达到或超过标准指标（燃料替代率＞40%），利用水泥窑协同处置生活垃圾的燃料替代率，最好水平已达50%以上。

⑥ 由丹东东方测控工程公司承担的水泥矿山均化开采及智能化配矿技术和生料智能化配料技术，在国内多条水泥生产线上示范应用，取得良好效果，完全能满足"第二代新型干法水泥原料、燃料均化配置技术"要求。

⑦ 由中国建材科学研究总院、天津水泥工业设计研究院、北京建材研究总院分别承担的新型贝利特硫铝酸盐熟料和高贝利特低碳熟料研发项目，也取得较好进展。各研发单位通过优化配料技术和煅烧制度，都创造性开发出新型低钙水泥熟料生产技术，并分别开展大型

工业化试验，获得符合项目要求的、质量合格的低钙水泥工业熟料产品。

⑧ 天津水泥工业设计研究院、济南大学自动化研究所分别承担的"水泥智能化节能控制系统"研发项目，已经成功开发出专门适用于水泥生产过程的智能化节能控制系统，并在多条水泥生产线投入使用，取得令人满意的控制效果和节能效果。

⑨ 由北京工业大学、中国建材科学研究总院分别承担的氮氧化物、低温催化剂和 SCR 脱硝技术，通过中试验证，研制出的催化材料在 $150\sim180℃$，脱硝效率达 $85\%$ 以上，下一步主要是进一步验证催化剂的使用寿命，抗堵塞性能及普适性。

### 3. 第二代新型干法水泥配套辅机设备

在第二代新型干法水泥已开展的"水泥粉磨节能降耗成套技术与关键设备的研究"、"自适应篦冷机的研发"等辅机设备研发基础上，以第二代新型干法水泥全系统节能减排为目标，采用现代化手段，提高劳动生产率。由第二代新型干法水泥和第二代中国浮法玻璃配套技术及耐火材料领导小组提出的研发攻关项目要求和研发标准见表 9-3。

表 9-3　第二代新型干法水泥配套辅机攻关项目及研发要求

| 一、石灰石矿山均化开采技术及智能化配矿技术研发 | |
|---|---|
| 攻关要求 | 开发计算机软件，以计算机及数值化模拟的科学方法，指导矿山开采，确保矿山开采及智能化配矿的高效率 |
| 主要技术指标要求 | ①提高出矿石灰石质量合格率及低品位矿石的利用率；②确保出矿山 CaO 标准偏差控制在 $\pm1.7\%$；③提高矿山生产效率 $5\%\sim20\%$；④实现低消耗、高产量的采运目标；⑤提高矿山安全管理水平 |
| 二、原煤进厂自动取样机及快速测定仪器研发 | |
| 攻关要求 | 研发原煤进厂自动取样机及快速测定仪器，彻底解决原煤进厂质量控制问题，避免人为因素。确保进厂煤质量，减少人工取样工作量及环境伤害，提高劳动生产率 |
| 主要技术指标要求 | ①取样测定时间少于 5min；②测量误差分别为：水分小于 $1\%$、灰分小于 $1.2\%$、碱含量小于 $0.3\%$、热值 $\pm100$kcal/kg |
| 三、水泥智能操作优化及能源管理系统研发 | |
| 攻关要求 | 研发及采用先进的检测设备、仪器仪表及开发智能操作软件，及时调整生产系统运行参数，优化系统操作，提高质量，降低消耗，实现节能减排。研发能源管理计算机软件，实现能源在线监控、记录、班组对标，从而分析发现系统能耗、操作、堵塞漏洞，节能减排，降本增效 |
| 指标要求 | 正常生产时，智能控制系统软件投入使用率 $95\%$，节能 $30\%$，中控操作人员减少 $50\%$ |
| 四、生料在线分析仪器及配料调整软件研发 | |
| 攻关要求 | 研发生料在线分析仪器及配料调整软件，实现实时在线调整生料配比，提高出磨及入窑生料合格率，从而稳定窑的热工制度，减少工艺故障，提高熟料质量，实现节能降耗。改变人工取样分析滞后，配料调整不及时，质量波动大状况。降低取样、分析工作量，提高劳动生产率 |
| 指标要求 | ①测量周期为每分钟测量一次；②测量精度为 $0.1\%\sim0.3\%$；③出磨生料合格率提高 $20\%$以上 |
| 五、预热器高强陶瓷内筒研发 | |
| 攻关要求 | 针对各级预热器不同工况，对陶瓷内筒和内筒结构挂件材质择优设计制造，替代合金内筒，消除六价铬污染，并提高内筒使用寿命 |
| 指标要求 | ①莫氏硬度 8 级；②抗弯强度 150MPa；③耐酸碱度良好 |
| 六、新型节能低氮燃烧器研发 | |
| 攻关要求 | 优化燃烧器的结构设计，开发新型燃烧器；对煤粉的风力输送特性、单位最佳输送风量及风机的匹配进行研发 |
| 指标要求 | ①降低熟料烧成煤耗 $1\%\sim3\%$；②降低熟料烧成电耗 $1\%\sim3\%$；③降低 $NO_x$ 排放 $15\%\sim20\%$ |
| 七、新一代稳流型入窑生料计量与定量给料装置研发 | |
| 攻关要求 | 研发新一代稳流型入窑生料计量器与定量给料装置，提高系统计量精度、稳定性和调节响应灵敏度；对定量给料机工艺系统进行研究，开发与计量装置相配套的工艺系统与装置，切实提高入窑生料定量稳定性，为保证烧成系统的高效、高产、稳定运行，提供保障；开发智能化、网络化的控制系统 |

| 指标要求 | ①计量与给料能力 80～800t/h；②计量精度±0.5％；③控制精度±1.0％ |
|---|---|

**八、绿色智能粉体散装、计量一体化研发**

| 攻关要求 | 研发新一代粉体散装和计量秤，提高散装机可靠性及计量精度；对工艺系统和除尘设备研究，实现绿色环保散装；开发散装控制运行系统，实现智能化散装 |
|---|---|
| 指标要求 | ①装车能力 100～300t/h；②计量精度±0.5％；③控制精度±1.0％；④无扬尘、无须人工操作 |

**九、高效节能风机研发**

| 攻关要求 | 研发新一代风机叶轮，优化风机叶片及调节门设计，大幅度提高风机效率及降低电耗 |
|---|---|
| 指标要求 | 风机效率达到《通风机能效限定值及能效等级》(GB 19761—2009)标准规定的能效指标 |

第二代新型干法水泥耐火材料，以"节能、环保、长寿、轻量化、无铬化"为目标。研发总体要求，耐火材料的热导率在现有基础上整体降低 15％以上；耐火材料寿命，在现有基础上延长 50％以上。

# 四、ORC 技术

水泥生产线的余热，以窑尾出预热器废气、出冷却机废气和窑筒体表面辐射热为主要来源。低温余热发电，系利用废气与水换热产生蒸汽，推动蒸汽透平而发电。由于水的特性，对于 250℃以下的余热，利用常规的蒸汽工质不经济。20 世纪 70～80 年代，提出用异丙戊烷等作为有机工质，可以将废热利用温度降低至 80℃以下，即称为 ORC 技术，新增利用 150℃左右烟气余热。

## 1. ORC 系统

在水泥行业 310～350℃左右低温，主要采用气水发电机组余热发电。而生产过程中存在的 150℃左右烟气余热尚未被利用。为回收窑尾入除尘器 150℃左右烟气余热，可采用 ORC 系统进行发电。ORC 即采用有机工质（因它具有低沸点特性，能够实现 80℃以上的热水和 150℃以上的烟气余热回收和发电）作为热力循环的工质与低温余热换热，工质吸热后产生高压蒸汽，推动透平带动发电机发电，见图 9-2。

## 2. ORC 技术特点

ORC 技术的特点是能够利用较低品位的余热，但也存在循环效率较低、自用电高、造价高等缺点。在国际上，ORC 系统发电在德国海德堡水泥厂成功应用。目前我国利用 ORC 发电技术尚在试验阶段，有望研究深化，促进 ORC 发展。

## 3. 选择 ORC 系统配置方案

通过工程理论分析，水泥生产余热发电系统不宜全部采用 ORC 系统。窑头除尘器入口烟气温度低且波动大，不适宜作为 ORC 系统热源；窑尾除尘器入口烟气温度达到 150℃左右时，适宜作为 ORC 系统热源。注意当物料水分高，如南方多雨料潮，烘干生料烟气耗量高，则窑尾除尘器前温度低，若温度低于 100℃，则不宜采用 ORC 系统。据资料介绍，通过理论计算，利用窑尾入除尘器 150℃左右烟气，设置 ORC 系统进行发电，2500～5000t/d 可增发电量 250～350kW；利用窑头窑尾余热烟气，设置 ORC 系统取代目前常规余热发电系统进行发电，2500～5000t/d 可减少发电量 500～1000kW。

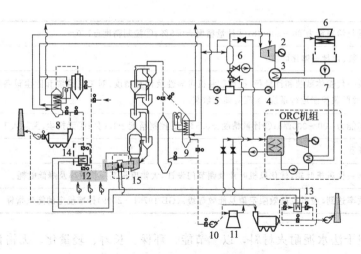

图 9-2  ORC 在水泥生产线上的应用流程

[《水泥技术》2015 (5)：84]

1—汽轮机；2—发电机；3—凝汽器；4—凝结水泵；5—给水泵；6—冷却塔；7—冷却水泵；

8—AQC 锅炉；9—SP 锅炉；10—高温风机；11—生料磨系统；12—熟料冷却机；

13—生料磨换热器；14—冷却机换热器；15—窑筒体换热装置

## 五、生产信息化、智能化控制技术

我国水泥在工艺主机设备和成套辅机装备方面，赶上并达到国际水平，但在生产工艺过程控制系统的自动化与智能化方面，尚有差距。2016 年是"十三五"开局之年，要进一步深化科学技术是第一生产力要素，和贯彻"中国制造 2025"战略部署，需要在"两化融合"上，对水泥生产控制智能化和信息化管理等方面进行研发和提升。为此，一些科研部门和企业在"两化"方面进行了不少技术探索。

### 1. 水泥生产企业能源管控及信息化技术

在《建材工业鼓励推广应用的技术和产品目录（2016~2017 年本）》序号 2 中，将"水泥生产企业能源管控及信息化技术"列入其中，现摘录其某些内容。

**（1）技术简介**  该技术开发了实时监控、生产管理、能源管理、质量管理、设备动态运转管理、移动终端发布、绩效考核等能源管理及信息化系统，实现了生产运行数据自动采集、系统优化分析、报表电子化、设备运维智能化、信息实时监控及远程共享等功能。设计合理，功能完善，具有良好的可操作性。

**（2）主要技术经济指标**  该技术对生产关键工序参数采集率可达到 100%，能源管理和控制系统最优参数运转率大于 98%。应用该技术后，可比熟料综合煤耗可降低 1.7% 以上，可比熟料综合能耗降低 2.0% 以上，可比水泥综合能耗降低 1.8% 以上。系统投资约 300 万元。

**（3）应用情况**  该技术已稳定运行一年以上，显著提高了生产管理效率，减少统计人员工作量和数量，闭环智能设备管理提高了设备稳定性和可靠性，实现吨熟料电耗降低 2~4kW·h，实现吨熟料煤耗降低 1~2kg。

### 2. 水泥企业应用示例

应用智能化、信息化管理技术的水泥企业很多，本文介绍其中两个，供参考。

**（1）平邑中联水泥公司——水泥智能化生产技术**　2013 年 10 月平邑中联水泥公司的"新型干法水泥生产质量管理信息化系统"和"水泥生产能源管理系统"，通过山东省科技厅技术鉴定，打造"两化"深度融合示范化智能工厂。

① 质量控制系统。平邑中联水泥公司与天津华通网络工程公司联合开发了"新型干法水泥生产质量管理信息化系统"，使质量控制跟踪水泥生产全过程。从生产过程的质量信息采集、控制和调整，进行数据统计、分析等，提供基础数据，确保系统质量稳定，避免水泥富余强度过高，造成浪费。

② 能源管理系统。通过建立能源质量分析、预测与考核管理系统，使管理人员根据能源管理系统所提供的统计数据，适时掌握并进行能源平衡调度，达到节能降耗目的。

**（2）富阳南方水泥公司——智能化控制、信息化管理系统**　由中国建材研究总院、富阳南方水泥公司和浙江邦业科技公司共同完成的"水泥生产企业能源管控及信息化技术"科技成果，于 2014 年 6 月通过科技技术鉴定。该项目首次将水泥生产能源管控和信息化集中于一体，采用 CAM 智能控制系统，实现水泥生产的智能化、信息化。改变原设置的 DCS 自动化控制系统，实现了生产运行数据自动采集、系统优化分析、报表电子化、设备运行智能化、信息实时监控及远程共享等功能，大幅度提升设备运行稳定性，延长耐火材料的使用寿命，助力企业系统节能降耗和减员增效，同时因增强故障诊断分析能力，有助于降低设备故障率，提高产品产量和质量。

## 六、高固气比预热预分解技术

高固气比水泥预热预分解技术（下简称"高固气比"）是中国工程院徐德龙院士及其团队多年精心研究开发的我国自主知识产权的原创性工艺技术，已在一些水泥厂中推广应用，取得效果。该技术于 2011 年入选《国家重点节能技术推广目录（第四批）》；2012 年 2 月入选工信部《工业节能"十二五"规划》；2015 年"高固气比水泥悬浮预热预分解技术"被列入《中华人民共和国国家发改委公告》（2015 年第 32 号），中国"双十佳"最佳节能技术和实践清单（节能技术）中。

### 1."高固气比"参数含义

"固气比"是粉体工程中一个重要的热力参数。固气比 $Z$ 是指在气流中固体含量与气体含量的比值，表征了物料在高温气流中所占浓度。数学表达式为 $Z =$ 气流中固体量/气体量，单位 $kg_{固体}/kg_{气体}$ 或 $kg_{固体}/m^3_{气体}$。水泥生料"高固气比"是指在预热器气流中物料浓度高达 $2.0kg/m^3$、$2.0kg_{固体}/kg_{气体}$ 以上，而一般固气比为 $0.2 \sim 1.2kg/m^3$、$1.0kg_{固体}/kg_{气体}$。高固气比是具有节能、增产、提质等综合效益的原创性生产工艺技术。

### 2.高固气比应用技术机理

我国传统新型干法预热器中的料气比采用 $0.8kg/m^3$，属于稀相悬浮热交换。如果采用"高固气比"悬浮预热、预分解技术，则属于密相传热，系统热效率将大幅度提高。

**（1）"高固气比"理论体系**　"高固气比"悬浮预热预分解理论体系总体包括：①针对悬浮预热预分解系统中气固两相换热、传质过程提出的"气固两相瞬间换热"理论；②针对悬浮预热器、分解炉、回转窑和冷却机等子系统的热效率与整个悬浮预热预分解系统热效率之间的关系建立"全窑系统热效率"理论；③为改善预热器子系统热效率而建立"预热器热力学"理论；④为有效降低系统阻力损失，提出"中心涡核阻力损失"和"滚动涡边界层"

理论；⑤为改善分解炉子系统热效率而提出"分解炉热稳定性模型"理论。

**（2）"高固气比"悬浮预热技术理论** 预热器系统主要功能是预热和分离。在预热方面要求固气两相之间有高的传热效率，粉体预热器的热效率与两相温差、各级预热器单元的分离效率、级数、分散度和固气比等因素有关。固气比研究结论指出：当固气比 $Z < 2.0$ 时，随着固气比增大，热力学效率提高；当 $2 \leqslant Z \leqslant 3.6$ 时，固气比对热效率增加缓慢；当 $Z \geqslant 3.6$ 时随着固气比增大，热效率下降，见图9-3。这表明适当地增大固气比，是提高悬浮预热器系统热效率的有效途径。

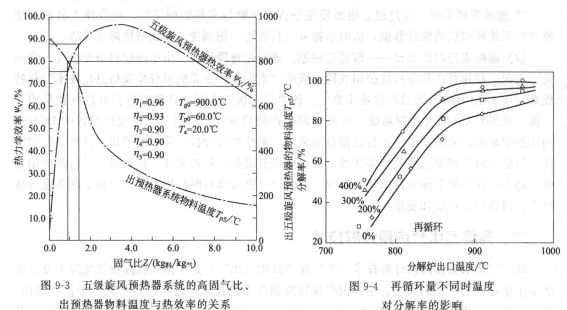

图9-3 五级旋风预热器系统的高固气比、
　　出预热器物料温度与热效率的关系

图9-4 再循环量不同时温度
　　对分解率的影响

**（3）"高固气比"降低旋风筒阻力的理论** 初期曾经有过提高固气比的同时增加系统阻力的说法，为破解阻力高的现象，研究团队深入解析悬浮预热器的损失构成，以"中心涡核阻力损失"和"滚动涡边界层"理论为依据，证实适当提高悬浮预热器内含尘浓度，有利于增加滚动涡边界层的厚度，降低旋风筒本体阻力，从而打消"使用高固气比技术，会增加系统阻力"的顾虑。

**（4）"高固气比"悬浮预分解炉技术理论** 在预热预分解窑系统中，分解炉的主要功能是进行物料分解。炉内生料分解率与物料在气流中的分散度、颗粒大小、分解炉温度、二氧化碳分压和停留时间等有关。在其他因素不变、炉容尺寸不加大的情况下，增加生料在炉内的循环次数，相当于延长物料在炉内停留时间，实现高固气比的预分解炉技术，也可以提高入窑生料分解率。从图9-4中看出再循环率增大，入窑物料分解率提高。

### 3. "高固气比"的工艺技术装备简介

"高固气比"工艺设备系统主要由高固气比的悬浮预热器和外循环式高固气比反应器构成，见图9-5。

**（1）生料预热工艺流程**

① 普通预热器的物料流程：生料→C₁→C₂→C₃→C₄———————→C₅——→入窑
　　　　　　　　　　　　　　　　　　　　　　↓————→分解炉↑

② 高固气比预热器的工艺流程。高固气比预热器，采用平行双系列气流、交叉单向料

流方式进行气固换热。气流：将高温烟气分成两股，自下而上并行流入两列预热器。物料流：自上而下在预热器系列中交叉串行，实现物料逐级与50％的气流进行热交换，见图9-5。在高固气比状态下以及增加物料与热气流热交换次数（比普通系统增加4～5次），大幅度提高了换热效率，显著降低了预热器出口废气温度。

**（2）外循环式分解炉**　外循环式高固气比分解炉是西安建筑科技大学开发的新型碳酸盐分解炉，旨在延长生料和部分煤粉在炉内的停留时间，提高其分解率或燃尽率。外循环式高固气比分解炉，系在分解炉出口增设分离装置，使没有燃烧或反应不完全的粗颗粒及燃煤，返回并多次进入分解炉，既提高了分解炉内固气比，又延长了物料在分解炉内的停留时间，使生料的物料分解率从现有90％～96％提高到98％，甚至100％，也提高炉内煤粉燃尽率和分解炉的热稳定性。其外形见图9-6。

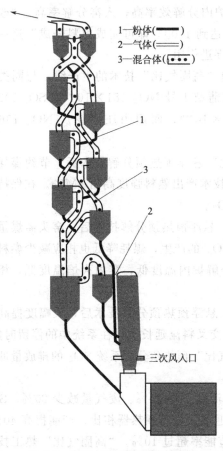

1—粉体(━━)
2—气体(══)
3—混合体(•••)

三次风入口

图9-5　高固气比预热预分解系统

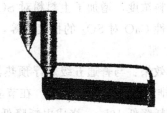

图9-6　高固气比外循环式分解炉外形

### 4. "高固气比"的应用效果

高固气比预热预分解技术经过多次生产应用和改进，科研成果验证其技术是成功的，是一项创新技术。先后获得了"国家重点节能低碳技术""中国高等学校十大科技进展""低碳技术创新和产业化示范项目""国家工业节能'十二五'规划项目""中国'双十佳'节能技术"等。1996年在四川安县煤矿水泥厂实施"高固气比"技术的工业试验，取得增产26％、热耗下降20％的效果。2001年在山东宝山生态建材公司，投产了全套高固气比预热预分解系统取得成功。无论是应用高固气比技术的生产线（规模从1000t/d到5000t/d），还是采用

第九章　新技术、新设备、新概念

此技术进行改造的传统生产线，均取得增产、节能和减排的效果。热工测定数据（见表9-4～表9-6）反映其实绩。根据由西安建筑科技大学材料与矿资学院粉体工程研究所，参与此项目的陈延信总工提供的资料，概要介绍悬浮态高固气比预热分解理论与技术。

**(1) 产量高** 系统产量高的主要原因是，采用"高固气比"悬浮预热预分解技术，使系统的传热效率提高，使大部分物料在悬浮态的预热器、分解炉内分解，入窑分解率高，"从现有的 90%～96% 提高到 98%，甚至达到 100%"，大大减少了回转窑的热负荷，使得窑容积产量增高，系统产能得以提高。如同样是 $\phi4.0m\times60m$ 窑，其容积产量从 $4\sim5t/(m^3\cdot d)$ 提高到 $5.89t/(m^3\cdot d)$，可以增产 40% 以上。

**(2) 热耗低** 热工标定表明，采用"高固气比"悬浮预热预分解技术后，熟料烧成热耗低于采用传统固气比同类型悬浮预热预分解窑的热耗。这是因为"高固气比"悬浮预热预分解技术，使得生料预热效率高，出 $C_1$ 筒温度低；炉内分解效率高，入窑分解率高，"改善了窑内煅烧温度场分布，使得回转窑煅烧火焰温度达到 1700℃ 即可完成熟料烧成"这一优势不仅使系统熟料产量高，而且对降低系统热耗起促进作用。

**(3) 排放浓度低** 标定结果表明：阳山庄采用"高固气比"技术的生产线，与同类型生产线相比，$NO_x$ 和 $SO_2$ 的排放浓度均低。尧柏蒲城 1 号 $NO_x$ $181\times10^{-6}$、$SO_2$ $102\times10^{-6}$；尧柏蓝田 1 号 $NO_x$ $345\times10^{-6}$、$SO_2$ $90\times10^{-6}$；而阳山庄水泥厂 $NO_x$ $136\times10^{-6}$、$SO_2$ $45\times10^{-6}$。

① $CO_2$ 排放量降低。这是由于采用"高固气比"悬浮预热预分解技术后，节约煤耗减排。另一方面采用高固气比技术生产的熟料比普通技术产出熟料强度高出 6MPa。在保持水泥强度不变下，通过多掺混合材料可以间接减排 $CO_2$。

② $NO_x$ 排放量小。这是由于采用"高固气比"悬浮预热预分解技术后，窑头需煤量减少，窑炉燃料比可达到 1:3，降低了窑内热力型 $NO_x$ 的产生，煤耗降低也相应减少燃料型 $NO_x$ 的产生。另一方面采用"高固气比"系统的分解炉内温度低，窑内火焰温度低，相对于普通 NSP 窑系统的 $NO_x$ 排放量大大减少。

③ $SO_2$ 排放量小。这是因为采用"高固气比"悬浮预热预分解技术后，大幅度提高悬浮床的生料浓度，增加了生料粉对 $SO_2$ 的捕集率；交叉料流延长生料在系统中的停留时间，也增大活性 CaO 对 $SO_2$ 的捕集率等，使得"高固气比"预热预分解系统 $SO_2$ 的排放量低于一般 NSP 窑。

总体效果：与普通五级悬浮预热器相比，废气温度下降 20%、废气量减少 20%、$SO_2$ 和 $NO_x$ 排放量降低超过 50%。在节能方面，与普通五级悬浮预热器相比，产能提高 40%、吨熟料煤耗降低 16kg、烧成电耗降低 13%、系统节能率超过 10%。"高固气比"热工技术指标主要数据汇总见表9-4。

**表9-4 "高固气比"热工技术指标主要数据汇总**

| 水泥企业 | | 陕西阳山庄水泥厂 | | 山东宝山水泥厂 1# | |
|---|---|---|---|---|---|
| 生产线规模/(t/d) | | 2500($\phi4.0m\times60m$) | | 1000($\phi3.2m\times50m$) | |
| 技术指标 | 单位 | 高固气比① | 一般 NSP② | 高固气比③ | 一般 NSP |
| 熟料产量 | t/d | 3592 | 2500 | 1200 | 1000 |
| 熟料烧成系统热耗 | kJ/kg$_{sh}$ | 2839 | 3350 | 3135 | 3550 |
| 熟料综合热效率 | % | 75.41 | | | |

| 水泥企业 | | 陕西阳山庄水泥厂 | | 山东宝山水泥厂 1# | |
|---|---|---|---|---|---|
| 生产线规模/(t/d) | | 2500($\phi$4.0m×60m) | | 1000($\phi$3.2m×50m) | |
| 技术指标 | 单位 | 高固气比[①] | 一般 NSP[②] | 高固气比[③] | 一般 NSP |
| 入窑物料表观分解率 | % | 98.50 | 90~96 | 98.3 | 90.1 |
| 熟料烧成电耗 | kW·h/$t_{sh}$ | 24.22 | 26~30 | 24.3 | 25.9 |
| 出预热器气体温度 | ℃ | 272 | 320~360 | 250 | 360 |
| 出预热器气体负压 | Pa | -606.3 | | | |
| 出预热器气体 $NO_x$ 浓度 | kg/$t_{sh}$ | 0.164 | 0.392 | | |
| 出预热器气体 $SO_2$ 浓度 | kg/$t_{sh}$ | 0.015 | 0.305 | | |
| $C_1$ 出口含尘浓度 | g/m³(标准) | 61.61 | | | |
| 预热预分解系统热效率 | % | 81.29 | | | |
| 固气比 | kg/kg | 2.0 | 1.0 | | |

① 陕西省能源检测中心《陕西阳山庄水泥公司 2500t/d 水泥熟料煅烧生产线热工标定报告》。
② 陈延信总工提供《悬浮态高固气比预热分解理论与技术 (简介)》。
③ 徐德龙《水泥悬浮预热预分解技术理论与实践》(山东宝山生态建材公司)。

2500t/d 水泥窑热工测定计算结果见表 9-5 和表 9-6。

**表 9-5 阳山庄水泥公司（高固气比）水泥窑测定结果**

| 收入热量 | | | 支出热量 | | |
|---|---|---|---|---|---|
| 项目 | kJ/kg | 比例/% | 项目 | kJ/kg | 比例/% |
| 燃料燃烧热 | 2838.77 | 96.05 | 熟料形成热 | 1784.13 | 60.37 |
| 燃料显热 | 7.37 | 0.25 | 出冷却机熟料显热 | 142.33 | 4.82 |
| 生料显热 | 70.56 | 2.39 | 预热器出口废气显热 | 505.78 | 17.11 |
| 一次空气显热 | 4.61 | 0.16 | 预热器出口飞灰显热 | 17.86 | 0.60 |
| 入冷却机冷空气显热 | 31.67 | 1.07 | 冷却机排出空气显热 | 36.44 | 1.23 |
| $C_1$ 风机进风显热 | 0.07 | 0.002 | 生料水分蒸发耗热 | 0.78 | 0.03 |
| 系统漏入空气显热 | 2.31 | 0.08 | 系统表面散热 | 273.12 | 9.24 |
| 生料带入空气显热 | | | 煤磨用风显热 | 38.39 | 1.30 |
| | | | 矿渣磨用风显热 | 299.13 | 10.12 |
| | | | 其他支出 | -142.60 | -4.83 |
| 合计 | 2955.36 | 100.00 | 合计 | 2955.36 | 100.00 |

注：资料来自陕西阳山庄水泥有限公司 2500t/d 高固气比悬浮煅烧生产线热工标定报告。

**表 9-6 YNLL 水泥窑热工测定结果**

| 收入热量 | | | 支出热量 | | |
|---|---|---|---|---|---|
| 项目 | kJ/kg | 比例/% | 项目 | kJ/kg | 比例/% |
| 燃料燃烧热 | 3889.00 | 96.02 | 熟料形成热 | 1761.68 | 43.49 |
| 燃料显热 | 12.71 | 0.31 | 出冷却机熟料显热 | 146.81 | 3.62 |
| 生料显热 | 71.87 | 1.77 | 预热器出口废气显热 | 870.50 | 21.49 |
| 一次空气显热 | 11.50 | 0.28 | 预热器出口飞灰显热 | 30.29 | 0.75 |

| 收入热量 | | | 支出热量 | | |
|---|---|---|---|---|---|
| 项目 | kJ/kg | 比例/% | 项目 | kJ/kg | 比例/% |
| 入冷却机冷空气显热 | 62.83 | 1.55 | 冷却机排出空气显热 | 52.86 | 1.31 |
| 系统漏入空气显热 | 2.45 | 0.06 | 系统表面散热 | 473.65 | 11.69 |
| | | | 煤磨用风显热 | 99.52 | 2.46 |
| | | | 机械不完全燃烧 | 155.82 | 3.85 |
| | | | 化学不完全燃烧 | 55.17 | 1.36 |
| | | | AQC用风带走热 | 388.14 | 9.58 |
| | | | 其他支出 | 15.91 | 0.39 |
| 合计 | 4050.35 | 100.00 | 合计 | 4050.35 | 100.00 |

注：资料来自赵国华等.YNLL干法水泥2500t/d生产线的热工检测与分析.硅酸盐学报，2015（09）：2647。

# 第二节 新设备

## 一、新型选粉机

O-Sepa作为第三代选粉机代表，通过长期生产应用发现，其存在分级性能差、选尽度不高和选粉效率低的缺陷，尤其是对细颗粒的选粉效率更低，这恰恰与目前水泥控制细度细、需要高选尽度的要求不相吻合。为此，我国科研部门和制造厂家，对O-Sepa空气选粉机进行结构改造，改变对物料的一次分选，研制出新型选粉机。简要介绍如下。

### 1. 多次分离选粉机

针对O-Sepa选粉效率低的缺陷，采用二分离、三分离技术制造出不同型号的选粉机，如TS、TUS、TCSv、TSV、LV等，以提高其选粉效率和台时产量，降低水泥电耗。本文介绍具有双分离功能的TUS选粉机，其基本结构见图9-7。

TUS选粉机的分级过程和特点：出磨物料通过进料口进入选粉机内部，经撒料盘、挡料板均匀分散，而后进入水平涡流选粉区，被第一次分选；细粉通过转子再由出风口进入成品流，粗料和部分未分选的细粉一起进入下部选粉室，经过第二次分选；细料被收集，粗料经回料装置返回磨机继续研磨。出磨物料经过两次分选，物料的选净度和选粉效率得到大幅度提高，实现"均匀分散、高效分级、有效收集"效果。

### 2. 动静态选粉机组合

将动态选粉机与静态选粉机组合配置，兼顾了独立打散、烘干、分级功能，应用于含有较高水分率的钢渣、矿渣等粉磨设备系统的选粉上。其工作机理：含水率8%～10%的原料由选粉机中部进入降落至撒料盘。在撒料装置作用下散开、抛落，与下部上来的烘干热风逆行，在悬浮预热器旋风筒中产生充分分散，迅速换热，高效分离，将物料中的水分蒸发，被烘干的物料落入下部锥体，形成使烘干、选粉融合为一体的"选粉＋烘干"设备。

TSV组合式选粉机与O-Sepa选粉机相比，因取消了O-Sepa选粉机所有侧向进风（柱体段、锥体段），故TSV选粉机体积小、效率高、占用空间小、操作简单方便。

V形选粉机＋下进风选粉机结构见图9-8。

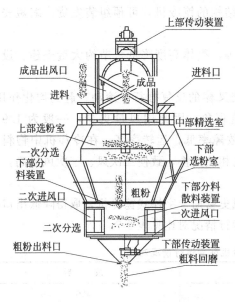

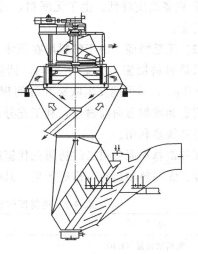

图9-7　TUS高效选粉机分级原理　　　　图9-8　V形选粉机＋下进风选粉机结构示意

## 二、无漏料棒式箅式冷却机

出回转窑熟料靠冷却机冷却，回收热量，提高熟料质量，各代冷却机的冷却指标见表6-15。预分解窑系统采用箅式冷却机，经历了从薄料层到厚料层、从设有活动箅板到固定箅板等工艺、结构演变。如今，开发出使设备的冷却性能更加完善的无漏料、热效率高的第四代箅式冷却机。第四代箅冷机在结构改进上，克服了冷热熟料混搅、冷却效率低和漏料等缺点，按其输送熟料装置形式不同，有棒式(史密斯公司SF型)、刮板式(成都建材工业设计研究院的S型)和梭式(天津水泥工业设计研究院步进式TCFC型)等无漏料型箅冷机。

### 1. 第四代棒式推动箅冷机结构简述

第四代步进式无漏料交叉棒式推动箅冷机，主要由熟料输送、冷却及传动三部分组成。箅板固定，不输送物料，熟料输送是由箅床上的固定与活动交替排列的横杆作往复运动来实现的。主要在解决大块熟料冷却和红热熟料对箅板的损坏方面有独到之处，有利于提高设备运转率。而且采用无漏料箅板，可以取消风室下的拉链机和灰斗，简化工艺设备和高度。

### 2. 第四代棒式推动箅冷机主要性能特点

#### (1) 设备结构特点

① 熟料输送与冷却独立完成，箅板之间磨损少，在箅床与运动横杆之间始终保持有约50mm料层，以防止熟料冲击，起隔离保护作用，箅板寿命延长，设备故障率低。

② 特殊的箅板结构，确保箅下无熟料落入风室。

③ 体积小，质量轻，只是第三代的1/3～1/2。

④ 使用自动控制阀。自动控制阀能按照每块箅板上料层的阻力自动调节自身助力，实现料层与箅板阻力总和不变，使用风量均匀、箅床上料层分布均匀。因在箅床下方安装稳流空气阀，可以依料床变化自动恒定不同部位的冷却风量，具有较高的热回收率，较低的

能耗。

⑤ 模块化设计。尺寸标准化，适应不同外形结构的篦冷机，可预组装发货，缩短安装时间和减少水泥企业的储备备件种类、库存资金。

⑥ 设备高度降低。由于无漏料，可取消灰斗等，整体高度降低，节约大量土建、设备费用资金。

**(2) 工艺特点** 由于熟料层在篦床上，受到交叉棒的反复推行、滚动，起到均化作用，其结果是熟料层阻力差趋于平均，清除气流短路现象，因此用风量更少，一般为 $1.9 \sim 2.0 \, m^3/kg_{sh}$；不可能发生吹穿和红河现象，操作故障率低，运转率高；在冷却机中物料处于翻滚态和堆积态向前输送，利于充分进行气固两相热交换，致使二次风、三次风温高，有利于窑系统热利用。

江苏鹤林水泥公司二线将第三代篦冷机改造成史密斯十字棒式篦冷机，取得降低出口熟料温度、无漏料和运行可靠等效果。其改造前后运行情况对比见表 9-7。

表 9-7 用第四代技术改造篦冷机前后运行情况对比

| 项　　目 | 改　　前 | 改　　后 |
|---|---|---|
| 生料喂料量/(t/h) | 400～410 | 420 |
| 冷却风机电耗/(kW·h/t) | 5.77 | 5.18 |
| 风机台数/台 | 19 | 9 |
| 风机总配置风量(标准)/(m³/h) | 634900 | 597528 |
| 熟料热耗/(kJ/t_sh) | 3210.5 | 3135.8 |
| 实物煤耗/(kg/t_sh) | 139.3 | 136.4 |
| 出口熟料温度/℃ | 158～180 | <100(夏季) |
| 可靠性 | 低(每月停机1～2次) | 高(投入运行后没停机) |
| 篦床下漏料情况 | 许多,有时被迫停窑 | 没有漏料 |
| 余热发电增加量/(kW·h/t) | — | 1.6 |
| 篦冷机型号、规格/m×m | NC42359 长×宽＝35.9×4.2 | CB14×61＋HRB414 长×宽＝35.9×4.2 |
| 有效篦床面积/m² | 141.1 | 148 |

注：资料来自贾贵宝等.采用史密斯十字棒式篦冷机改造第三代篦冷机.新世纪水泥导报，2016（01）：33。

## 三、热盘炉

热盘炉（HOTDTSC）是丹麦史密斯公司于 2000 年研发成功并专用于新型干法水泥窑烧可燃废弃物的一种新设备。第一台具有工业规模的热盘炉于 2002 年在挪威 1600t/d ILC 新型干法窑上投产，并推广到欧洲、巴西和加拿大等。实践证明，用热盘炉在水泥窑协同处置可燃固体废弃物，如废轮胎、废塑料、生活垃圾等等，是一项成熟可靠的实用技术。其特点是对各种废弃物的适应性非常强，可以"通吃"，并保证废弃物完全燃烧，热效率高，回收利用废弃物的热能，在水泥窑运转可靠，不影响窑系统运转率和熟料煅烧。

**(1) 热盘炉的工艺结构** 其结构见图 9-9。其生产工艺过程：可燃废弃物通过计量后，经锁风喂料阀，从上部进入可调节转速的圆形热盘炉内。高温三次风先通入热盘炉，可燃废弃物在旋转炉盘上燃烧，燃气温度 1050℃ 左右，再全部进入分解炉，从炉盘卸出的灰渣直接进入窑尾，细粉（飞灰）则随燃气进入分解炉。

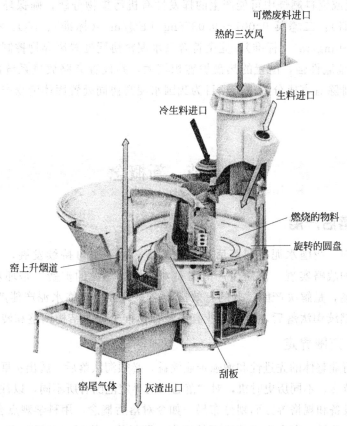

図中标注：
可燃废料进口
热的三次风
生料进口
冷生料进口
燃烧的物料
旋转的圆盘
窑上升烟道
刮板
窑尾气体
灰渣出口

图 9-9　热盘炉结构

**(2) 使用情况**　据悉我国华润水泥罗定和广西红水河公司，于 2015 年年末采用热盘炉技术设备处置生活垃圾。据《中国建材报》报道，广西红水河水泥厂采用热盘炉烧垃圾项目后，运转效果良好，开辟了"机械生物预处理＋热盘炉焚烧（MB＋HD）"的全新处置废弃物技术路线。其处置流程：生活垃圾进厂经破（剪）碎、储存、好氧发酵、挤压脱水后，经过燃烧后除臭。好氧发酵和挤压脱水产生的渗滤液，净化处理后的出水水质达到《生活垃圾填埋场污染控制标准》中表二限值，可循环用于水泥生产中，实现废水零排放。工厂半年生产效果如下。

① 降低热耗，热盘炉与分解炉结合成一个整体，组成以热盘炉作为预处理废弃物烘干、点燃、焚烧核心设备的协同处置系统，垃圾燃烧产生的热量 100％用于熟料煅烧，而且没有废气和残渣外排，因而热效率高，对煤的替代率也高。生产中热耗显示降低，具体数据需待年终盘点。

② 可适应处理不同形态的废物，热盘炉对垃圾和各种废料的适应能力很强，各种形态、大小、轻重、粗细、黏散、块状、膏状、团状、絮状等可燃废料均可单独或混合喂入热盘炉内燃烧。

③ 无二次污染，垃圾残渣中无机物成分（Ca、Si、Al、Fe 等）用作生产熟料的原料，重金属元素则固化在矿物晶格中，在水泥使用后避免重金属浸出。

④ 实现对有机物污染的"无害化"，由热盘炉、分解炉、回转窑一体化，组成一个稳定的 1050～1500℃高温区域，物料和气体在区域中的停留时间很长，气体 6～15s，物料 5～

20min，可将垃圾或废料燃烧中可能产生的挥发性有机污染物分解，确保环境安全。据工厂检测结果（无旁路）：二噁英 $0.001\sim0.0376$ng TEQ/m³（标准）、$NO_x$ $200\sim250$mg/m³（标准）、$SO_2<180$mg/m³（标准），完全符合《水泥窑协同处置废弃物控制标准》的要求。

⑤ 高起点、前瞻性强，配置的热盘炉容积较大，并设置旁路放风系统以备日后扩展焚烧多种废弃物和排除有害成分。整个项目为我国水泥窑协同处置固体废物产业延伸和创造新的典范。

# 第三节　新概念

## 一、淘汰落后产能

由于历史原因，我国水泥行业落后产能比例高，制约了可持续发展，也妨碍"由大变强、靠强出新"的战略实现。落后生产能力是对资源、能源的浪费，是环境污染的产业源头。淘汰落后产能，是解决产能过剩的有效措施之一。目前面临水泥产能严重过剩，能源、资源缺乏，需要继续淘汰落后，引导产业有序转移，推进行业结构调整和转型升级。

### 1. "落后"范围界定

为提高水泥行业整体的先进性和增强企业效益，必须淘汰落后，腾出扩展先进的空间，但要把握好起点和节奏。不同历史时机，对"落后"的界定范围有所不同，以往"淘汰落后"是从工艺、窑型、设备和规格等方面划分布局，如今对落后概念，用科学观点合理地进行界定，增加能耗、排放、质量、安全生产等方面的内容，即耗能（热耗、电耗）高、环境污染严重、经济效益差、存在安全、质量等方面问题的水泥企业，包括水泥粉磨厂（站）。企业在这些环节上，所用的生产工艺设备科技含量不高，超过限值或限额，缺乏竞争力，被淘汰出局。

### 2. 淘汰落后产能的范畴

淘汰落后产能是现阶段"去产能"的一项内容。淘汰落后产能为先进产能扩展让路，有利于配合缓解产能过剩和实现水泥行业由"水泥大国"向"水泥强国"迈进的梦想，也为出口水泥、制造设备从标准上、实力上、形象上创造条件。

在"国务院关于促进建材工业稳增长调结构增效益的指导意见"（以下简称"指导意见"）中，明确六种情况下属于淘汰落后产能范畴：①污染物排放达不到要求或超总量排污的；②能耗超限额的；③生产经营不符合国家强制性标准的水泥产品和无生产许可证生产、销售水泥产品的违法行为；④产品质量达不到国家强制性标准的；⑤安全生产标准化和安全生产条件达不到要求的；⑥使用《产业结构调整指导目录（2011年本）（2013年修正）》淘汰类工艺技术与装备的产能。

### 3. "落后"层面与纠正

水泥行业落后主要体现在"产业结构"上、"标准高度"上和"产品结构"上。新一轮要淘汰的是落后的产能、落后标准和低档产品。通过严格的市场准入、强化经济手段、实现问责制度、加大执法奖惩制度和社会舆论监督等方面纠正"落后"。

**(1) 产业结构**　我国水泥行业多年来执行国务院关于加强淘汰落后产能工作的通知，有一大批"落后窑型"的水泥企业逐步退出。据资料介绍，立窑、湿法窑、中空窑、立波尔窑、小型预热预分解器等落后窑型，除个别边远地区外，已基本淘汰完毕。如今预分解窑型占比例达 90% 以上。随着落后生产能力的淘汰，提升了行业整体生产技术水平和产品质量，也提高了整体资源和能源的利用效率。

**（2）标准提升**　标准提升是"淘汰落后"的最根本手段。一方面提升国家标准和创新标准的指标，使我国标准与国际标准接轨，甚至超前国际水平，才能显示出我国水泥产品质量和提高我国水泥在国际市场上的主导权、竞争力和话语权，有利于产品、设备和生产线走出国门。另一方面要提升行业准入门槛、产品标准、环保标准和生产运营标准等。通过提升水泥标准和准入标准、运营标准及贯彻颁布《生产许可证》和《水泥行业规范条件》（2015 年3 月1 日实施），以及环境检测管理，把产品质量低劣、污染严重、环境质量不达标以及资源不配套、矿山资源缺乏、能耗布局不合理（如风景名胜区、自然保护区、饮用水保护区等）的水泥熟料项目有序退出。对能耗高于能耗限额、排放超过限值的企业，先限期治理达标，逾期未能完成的要"关、停、并、转"。标准的提升，对实力不强效益差的企业构成压力，因无法生存而被淘汰出局。

**（3）低档次水泥退出（待调研）**　我国产能过剩是指低于国际标准的低档产品过剩和熟料产能过剩，而高档、高强度水泥产品不过剩。低端水泥等级退出适应高性能混凝土需要，也体现水泥产品质量的提升。过去淘汰的是落后水泥生产工艺，新一轮着眼于淘汰落后的水泥强度等级。特别是在全面退出 32.5 等级水泥议题上，有不同观点。为此，2015 年 7 月 17日，中国建材联合会与水泥协会、大型水泥企业成立"研究取消 32.5 水泥标准工作领导小组"，开展调研，收集水泥企业及研究、设计和使用等单位对此问题的意见，然后提出建议，供有关部门决策参考。近来中国水泥协会建议将水泥品种中 32.5 强度等级，从 GB 175《通用硅酸盐水泥》调整到 GB/T 3183《砌筑水泥》，估计此举对 32.5 用户不会产生太大影响。

## 二、绿色低碳战略

环境和资源状况影响可持续发展，我国综合利用工业废渣生产水泥由来已久。但利用各种固体废弃物替代燃料生产水泥熟料，与世界相比差距大，需要大力扭转，提高利用废弃物作为原燃材料的比例，生产绿色低碳水泥。

### 1. 绿色

通常而言，"绿色"意味着可持续、可循环，意味着生机、生态、环保、健康。如今大力提倡低碳绿色经济发展。水泥行业也必须紧跟形势，从传统高耗能、高污染、低产出生产模式，向低耗能、低污染、高产出的生产模式转型，推行清洁生产和提高绿色制造水平，向绿色水泥方向发展。

**（1）"绿色建材"定义**　为"绿色建材"能够成为国际通行、国家认可和大众共识的概念，各部门提出以下定义。

① 2015 年 8 月 31 日工信部、住建部联合下发的《促进绿色建材生产和应用指南》中，提出"绿色建材"新定义：是指在全生命期内减少对自然资源的消耗和对生态环境的影响，具有"节能、减排、安全、便利和可循环"特征的建材产品。

② 2016 年中国建材联合会，组织科院所、产矿、管理部门的专家、学者就"绿色建材"定义，从不同角度发表己见。经广泛征求意见后，中国建材联合会提出的定义是：在原料选用、开采加工、产品制造、产品应用过程中能够有效利用废弃物，少用天然资源和能源。资源可循环再生利用，不仅性能、功能符合建筑物等配置要求，而且全生命期内与生态

环境和谐，对人类健康无害的建筑材料。

③ 中国建材科学研究院提出的定义是：采用清洁生产技术，不用或少用天然资源和能源，大量使用工农业或城市固态废弃物，生产的无毒害、无污染、无放射性，达到使用周期后，可回收利用，有利于环境保护和人体健康的建筑材料。

④ "绿色水泥"是尽可能利用各种废弃物及其焚烧物，这些废弃物中所含热量和水泥有效成分得以利用，经过一定的生产工艺制成的水泥，减少废气排放，有效降低环境负荷。使之在全生命期内具有"节能、减排、安全、便利和可循环性"的属性。如生态水泥、高贝利特水泥、化学激发胶凝材料等新型绿色环保水泥。

**(2) 促进与发展"绿色水泥"的要点** 绿色是具体的，也是动态的，只有绿色产品没有绿色企业。

① 产品全生命期必须符合绿色环保。"产品全生命期"表示发展"绿色水泥"不能只关注某一阶段，而是要关注它的全寿命期。若某一材料在生产过程中虽然是低碳环保的，但在使用过程中能耗过大，它就不是"绿色"的；若在使用过程中是"绿色环保"的，但在使用寿命结束后不能资源化处理，产生垃圾，依然会给环境和资源造成巨大损失，这样的产品也不能定义为"绿色水泥"。因此，原料开采、生产加工、使用维护、回收利用等方面，都必须符合绿色环保概念，发展循环经济。

② 节能。节能不仅包括生产环节的能源、资源消耗，还应包括使用环节的能耗、资源消耗。

③ 减排。减排包括生产环节污染物和 $CO_2$ 排放减少；使用环节不仅自身减少，而且还能利用优势协同处置有毒有害废弃物。

④ 安全。安全是指在生产环节安全隐患少，产品本身安全度和耐久性高，在施工过程中不产生次生的不安全因素，更好地保障生命健康。

⑤ 便利。便利是指生产环节环境舒适，施工环节使用便利，回收便捷等。

⑥ 可循环。可循环是指生产环节可以最大限度地无害化消纳废弃物，废弃物处置无毒无害，产品在有效使用期后，便于资源化再利用。

**(3) "绿色水泥"技术特点** "绿色水泥"不是单独的水泥品种，而是符合生态保护原则与贯彻持续发展的产品；其生产理念上以可持续发展理论为指导，在生产过程中注重环保，实施绿色技术，实现全过程的清洁生产。其技术特点如下。

① 在原料选择上，应用循环理论，尽可能少用天然资源，大量使用废渣、废料、尾矿、垃圾等废物，使废弃物再生资源化，提高资源利用率，并回收其能量，包括热能和电能，降低能源消耗。

② 在产品设计上，以满足各种建设工程对水泥品质要求为宗旨，根据所使用的环境条件，设计水泥矿物组成和配比，使产品具有个性化功能，如抗侵蚀、耐磨、低热、防辐射等。

③ 在生产制造过程中，除保障生产外，还注重环保，有利于生态保护和改善自然环境，以绿色技术为载体，使水泥产品与生态环境和谐。

④ 在环境治理上，充分利用水泥生产线的环保功能，消纳工业废渣，降解生活垃圾及废弃物中的有害成分，有效治理粉尘和有害气体排放污染，实现全过程的清洁生产。

**2. 低碳**

因水泥生产广泛使用化石燃料，产生大量的 $CO_2$，为控温，需要开发低碳能源和推行低碳技术，构建以低能耗、低污染、低排放为特征的低碳经济和低碳产品的思维准则。

**(1) 低碳生产** 低碳生产主要包括能效、环保、安全、功能、智能等指标：①能效，是指生产设备运行时低能耗，体现在电耗、煤耗上处于先进指标；②环保，由先进装备组成的工艺生产线上，污染物排放指标先进，噪声低；③安全，生产设备运行寿命长，检修检测方便；④功能，水泥生产需增设协同处置，增加企业产品功能，满足特种水泥生产和对固体废物处置功能；⑤智能装备满足数字化、智能化的生产操作、监控、管理需求。

低碳生产路径：①要素投入低碳化，是指以再生能源或可燃性废料，替代传统排放 $CO_2$ 高化石燃料，从源头上控制碳源；②在生产过程中采取措施节能，降低废气排放中的 $CO_2$；③产品产出低碳化，如提高熟料强度，水泥中多掺废渣，因减少熟料用量，使单位水泥的 $CO_2$ 排放量降低。

**(2) 低碳"绿色水泥"** 水泥是高耗能产品，在为基本建设做贡献的同时，给环境也带来了大量温室气体排放。为降低对环境的危害，需要实现低碳生产，生产低碳的"绿色水泥"。一是从能源上控制碳源，即用可再生能源或可燃性废物作为替代燃料，降低传统的煤化石燃料；二是控制碳排放，即水泥熟料生产过程中产生的 $CO_2$ 排放；三是生产节能，通过采用节能技术，减少能源消耗量，从而减少碳排放。《水泥技术》2016 年第 4 期介绍，目前研究添加矿化剂或提高原料易烧性等措施，低温烧成熟料，减少 $CO_2$ 排放。

**(3) 低碳生产技术** 硅酸盐水泥，主要矿物是硅酸盐矿物，从水泥生产工艺来讲，要形成硅酸盐矿物一是需要钙质原料成分支撑，用碳酸盐矿岩形成高碳排放姿态；二是硅酸盐熟料矿物需要在高温下形成，燃料消耗高；三是硅酸盐矿物相对于铝酸盐等矿物易磨性差，消耗电能高。所以要通过低碳生产，实现减排 $CO_2$ 和节能。

① 减排 $CO_2$。水泥生产中主要消耗的原料是石灰石，主要消耗的能源是燃料和电力，会直接和间接产生大量的 $CO_2$。水泥原料中水泥生产产生的 $CO_2$，主要是水泥熟料烧成过程中燃料燃烧和碳酸盐分解所致。一般生料的 $CO_2$ 生成量约为 $0.346t/t_s$；因熟料煅烧时石灰石分解，产生约 $0.509t_{CO_2}/t_{sh}$，加上煤燃烧、原料中有机碳燃烧等，1t 水泥熟料大约排放 $0.8t_{CO_2}$。从煤耗讲，计及水泥熟料煅烧、原料烘干用燃料以及粉磨、其他设备运转消耗电力折算成标准煤，大约产生 $2.6t_{CO_2}/t_{ce}$。因此，采用减少生料消耗量、减少排放 $CO_2$ 因子高的天然石灰石用量，多用废料、废渣、尾矿替代、生产低碳水泥和降低煤耗是减排 $CO_2$ 的关键。

② 节能技术。节能技术是指通过提高能源的利用效率，降低能源消耗和浪费，减少对生态影响的技术。水泥企业的一些节能措施建议见第八章第一节三、节能途径。

### 三、水泥窑协同"处理废物"的概念澄清

严重的环境污染，威胁着人们健康和生活居住条件。为此，一方面国家制定越来越严格的环保约束性指标，另一方面为缓解环境问题，提出"协同处置废弃物"的办法。协同处置废弃物是指特定行业，利用工业窑炉等设施，在满足企业生产要求且不降低产品质量，符合环保要求情况下，将废弃物作为生产过程的部分原料或燃料等，实现废弃物的"无害化、资源化、减量化"处理处置方式。水泥窑协同处置固体废物在概念上要理清几个问题。

#### 1. 处置上，协同处置不等于全包

"协同处置"包含两个意思：一是企业依然以生产本企业产品为主，处置固体废物为辅；二是处于"参与"处置状态，需要与其他处置行业协同进行。何况水泥窑协同处置废弃物在生产线上进行，要求不降低熟料质量，不影响窑系统运行，且环保要达标。故而在水泥窑上

可处置的废弃物在数量上、品种上受限，不可能无选择地全部"吃掉"废弃物。而废弃物具有需处置量大、品种多、成分复杂、性能各异等特点，不可能由水泥窑全部"吃掉"。

### 2. 实施上，共同处置不能排斥他方

为解决废弃物围城困境和浸入土壤、危害环境质量问题，采取"卫生填埋、专业焚烧、发电焚烧、协同焚烧"等多种方式处理。

① 数量多，单靠水泥窑不能消灭光所有废弃物，需要其他行业、其他方式共同来完成。

② 经济性，废弃物分布广，从运输距离、运输费用以及沿途泄漏、散发臭气方面看，水泥窑适合处置就近的废弃物，远处废弃物由布点的其他行业处置。

③ 方法多，处置废弃物的方法很多，各有所长，有的处置方式的效果比用水泥更好、更经济。如"垃圾焚烧飞灰"采用石材化固化处理，也可提高混凝土致密度和将有害重金属固结在石材晶格中，杜绝毒物浸出，避免水泥中掺有 $Pb^{2+}$ 时可能产生毒物浸出问题。应用"条条道路通罗马"的哲理，理性看待其他处置方式。

④ 和谐处置，不同行业，同样具有处置效果，也能从处置废弃物中，缓解资源和能源困境。因有效益、有必要、有兴趣，不会轻易放弃。为避免争夺，在政府协调布局下有竞争、和谐地共同完成清除、吃掉社会上废弃物的任务。

### 3. 推广上，好归好但不能一哄而上

北京水泥厂因为独特的处置优势，在奥运会、APCE、抗战胜利 70 周年阅兵、冬季错峰期间，北京水泥厂正常营业。公司彻底退出北京污染企业名录，从污染源蜕变成为"城市净化器、政府好帮手"，得益于协同处置固体废物。水泥窑协同处置固体废物是水泥企业发展方向，目前我国水泥窑上协同处置废弃物，尚存在一些技术不完善之处，如预处理技术和设备，还需要进一步开发。再从已建的水泥生产线看，场地是否能应对预处理废弃物的堆存和其生产线布局需要；生产状况是否稳定正常、排放指标有无富余等，都需要考虑好，所以不能"一哄而上"。这里要注意防止假借生产线"处废"，而行新建和免受"停产或淘汰"之实。

## 四、错峰生产

错峰生产是指企业为避开某种高峰，集体实行的自律行动。为降低冬季采暖季节污染物排放和缓解水泥行业产能严重过剩，2014 年 11 月，新疆率先推行"错峰生产"，随后东北、泛华北等地区，陆续实施"错峰生产"，加大错峰面。2015 年 11 月 13 日，国家工信部、环保部联合下发《关于在北方采暖区全面试行冬季水泥错峰生产的通知》，标志着 2015 年冬季水泥错峰生产工作，在政府部门指导下全面展开，2016 年"指导意见"中"推行错峰生产"上升为国务院政策。

### 1. 错峰的"峰"

水泥生产是一个高耗能的资源性产业，属于具有排放污染物的工业，同时也具备协同、消纳废弃物的功能。用错峰生产举措来担当其社会责任，成为"城市净化器、政府好帮手"。错峰的"峰"表现在以下方面。

**（1）限碳错峰** 水泥窑煅烧排放 $CO_2$，影响地区环境容量时，地方政府为控制环境负荷总量峰值而要求水泥窑错峰生产，以减少碳排放。

**（2）季节错峰** 在北方采暖季节，冬季水泥窑与供暖锅炉燃煤错峰，减少燃煤高峰给环境带来的污染。夏季水泥窑生产用电与民用空调和照明用电高峰进行错峰，缓解"电荒"。

**(3) 减霾错峰** 雾霾季节或会议期间，行政命令协调停产错峰，形成"中国蓝"，让蓝天造福于人民和世界友人。

**(4) 其他错峰** 将北方采暖区错峰生产推广到南部地区，节约能源为重点，化产能过剩的同时，引导水泥企业开展"雨季、长假、用电高峰期等"错峰生产。

**(5) 用电错峰** 用电错峰是指企业安排磨机生产上错峰。企业利用"峰、谷和平"三时段的电价差别，安排粉磨生产，以降低电力生产成本，企业获利。

### 2. "错峰生产"的意义

"错峰生产"虽不能从根源上消减水泥产能过剩，但可以在特定区域和特定时段内，有效减少水泥熟料产量，可以化解水泥熟料产能过剩的矛盾，从而改善市场上的供求关系，有利于水泥价格回归合理，有力促进节能减排。在一定程度上减轻雾霾产生严重程度，也可缓解"用电荒"的问题。此举措带来环境效益、企业效益和社会效益，得到相关水泥企业支持、社会认可和国家政策助力。

**(1) 支持社会，助力环保** 窑停减少水泥企业用煤，有效地支持社会取暖用煤、空调用电和减轻环境污染问题（对环保情况差的企业）。在满足社会水泥需要前提下，考虑适时用煤、用电及环境需要，有组织地安排停水泥窑。停窑，无需煤炭燃烧之源，自然可以减少燃煤引起的浮尘颗粒物、$CO_2$、$NO_x$、$SO_x$ 排放，减轻大气中雾霾和减轻环境污染问题。特别是北方冬季植物没有吸收 $CO_2$ 功能，错峰生产减少污染效果更显著。

**(2) 推动企业，提质增效** 有利于改善企业间恶性竞争。当市场疲软时，如北方冬季施工工程量少，水泥积压越来越严重，企业间恶性竞争也越来越严重，致使企业收入更加降低，此时做好错峰生产，一方面恢复市场供需平衡，价格合理，另一方面企业利用停产时间进行维护、培训，积蓄力量，进入下一轮生产。此外，减少冬贮煤和积压库内水泥，防止资金周转不灵，以减少流动资金支出和积压，以及避用高价电费，降低企业生产成本。

**(3) 担当社会责任，化解产能过剩** 错峰生产是水泥企业扛起治理环境、抗击雾霾、缓解产能过剩等社会责任，也是为提高行业整体效益，与政府一道排忧解难，共同节能减排、化解产能过剩、减轻雾霾污染的重要举措。错峰生产是水泥行业向国家和社会的承诺：如今水泥行业绝不是环境和生态的破坏者，而是环境和生态的保卫者与捍卫者。在老百姓大量用电、用煤之际，在不影响水泥熟料供给下，生产让路，体现企业"以人为本"精神。

**(4) 以点带面，起引领、延伸作用** 据中国水泥协会提供资料，2015 年北方冬季错峰生产达到预期目标效果：①有效控制熟料总量，化解产能过剩；②节能减排与减轻雾霾污染效果明显；③有利于降低企业经营成本；④错峰期间企业人心稳定；⑤错峰期间市场供应状态平稳，错峰结束后，多数省份水泥市场价格回升，有利于缓解北方地区水泥企业亏损局面。这些实际效果起到示范效应，得到企业赞许、政府支持、社会认可、媒体介入。南方一些水泥企业也希望开展适宜的"错峰生产"活动，"错峰生产"之举措，也为其他燃煤、耗能高和产能过剩的工业行业打开了思路，提供示范和参考，这些工业企业，根据各自生产特点，用不同方式进行本行业"错峰"。

### 3. "错峰生产"安排时注意点

**(1) 保证市场水泥供应** 实施错峰生产，首要条件是保证满足市场所需水泥供应，才能谈到错峰生产。停窑期间，各水泥企业要利用库存熟料生产水泥，确保市场所需，对重点工程要按合同履约。

**（2）履行《自律公约》** 参与错峰生产的水泥企业和水泥粉磨厂（站）企业，要制定和履行《自律公约》，未参与错峰生产的周边水泥企业，不得向该区域提供产品；错峰生产期间，任何水泥粉磨站企业，不得从非错峰生产地区购买熟料，共同维护行业秩序，支持水泥企业错峰生产。

**（3）安排好协同"处废"企业生产** 错峰生产不能"一刀切"，要保证"处废"的水泥企业继续生产。有的企业是协同处置工业废弃物，不宜停窑。如北京召开 APEC 会议期间，北京水泥厂和琉璃河水泥厂，列入消纳北京城市垃圾，所以没有停产。

**（4）维护员工合法权益** 在错峰生产停窑期间，要维护员工合法权益。利用停窑期，安排检修、培训、技术改造等，为下一步生产积蓄能量，迈出更大步伐。

**（5）地区差异化"错峰"** 根据各地区发展水平和实际情况，实施区域和阶段差异化错峰生产，如春节、高温、雨季、冬季等，化解产能过剩及改善环境。

**（6）加大监管力度** 参与错峰生产的企业有贡献也有牺牲，希望政府对参与错峰企业给予政策优惠，支持维护企业的积极性。对拒不执行错峰生产和违反《自律公约》的企业，加大惩罚监管力度。用政策手段为错峰生产的长效机制和营造公平竞争市场环境保驾护航。

## 五、精细化管理

企业从"制造"转向"制造＋服务"中，要在建材协会发布的《加快和拓展建材服务业发展的指导意见》和《加快与推进建材服务业发展的实施意见》指导下进行服务，同时服务管理方式要向精细化管理转变。精细化管理是一种新的管理理念，是从传统的、粗放的、经验的管理方式向现代化、集约化、科学化的管理方式转变，是一种自上而下的积极引导和自下而上的自觉响应的常态式管理模式。

### 1. 总体要求

精细化管理要从"精"字出发，如"精打细算"（如财务、物质、营销管理等）；"精雕细刻"（工艺管理、质量管理、设备管理、计划管理、人力资源管理等）；"精诚合作"（如产品策划、服务系统等）。

### 2. 企业管理层面

细节决定成败，细节决定效率，通过精细化管理，以尽量少的消耗和资金占用，生产出尽可能多的市场需要产品，提供用户满意、愿意购买的产品，实现利润最大化。在管理方面要以"工匠精神"做产品，以"店小二精神"做服务。

**（1）职能岗位的精细化管理** 岗位管理内容包括岗位设置、岗位聘用、岗位考核、岗位激励、岗位培训、岗位薪酬等一系列管理过程或环节，要求人适应岗位，而不是岗位适应人。对岗位应该干什么？怎么干？什么样的人可以干？等，作出明确规定，做到"人员到岗、责任到位"和"事得其人、人尽其才、人事相宜"，并尊重员工合理化要求，人性化管理，获得高绩效。竞争上岗，本着"公平、平等、竞争、全面"原则，发现人才和减少人才浪费。

**（2）工艺技术的精细化管理** 以"优质、高产、低耗"为主题，以标准、法规、规范为准则，做好工艺技术、质量管理。认真填写技术、质量台账，数据准确，信息畅通。并制定各种操作规程、交接班制度和合适的工艺生产操作参数，推行标准化管理，以规范生产一线人员操作的稳定性、统一性、合理性，体现"精雕细刻"。

**（3）机电设备的精细化管理** 与传统单纯追求高运转率有区别。以往简单以运转率为考核指标，使人们不惜降低台时产量和增加消耗，让设备带病运转，影响企业效益和增大后续检修工作难度。如今现代化设备管理，以节能降耗（热耗、电耗和使用寿命）为精细运转的核心，以完好运转率（要求设备在最佳使用性能下运转）考核管理水平和推行"预知维修""巡检维护"制度及现代设备管理模式。在日常机电管理上，除对企业各种机电设备统一编码，建立详细台账，使用、维修跟踪记录，巡回检查，隐患处理记录等信息化管理外，还要重视发现隐患及时处理。

**(4) 供销系统的精细化管理**　从市场调研到产品规划，生产作业计划的安排、调整，都要实时反映和满足用户需求，并建立稳定的采购商、供货商队伍，保证进厂原燃材料品质、数量符合生产部门要求，并具有高的性价比，使企业增强正常生产、降低成本和提高抵御市场波动的能力。

**(5) 售后服务系统的精细化管理**　售后服务的精细化，为用户"排忧解难"，提高用户满意度，是占领市场的重要举措。《商品售后服务评价体系》（GB/T 27922—2011）中，对不同类别服务阶段的要求：售前服务，一般指流通企业主动向顾客提供有关商品知识，引导顾客选购最适合自己需要的商品，并掌握其使用、保养方法等。售中服务是指商品销售过程中为客户提供的服务。主要包括为用户提供商品技术咨询；确认用户需求；为用户提供商品整个解决方案等。合同签订后，企业所提供的服务活动就是售后服务，售后服务系指向用户售出产品开始所提供的有偿或无偿服务，其中除对有形产品服务外，还包括测量、规划、咨询、策划、设计等无形产品服务。

在"互联网＋精细化服务"年代，企业在客户购买其产品后，要利用互联网思维"快和口碑营销"的特点，为用户提供各种各样旨在使产品发挥其应有作用的服务和提高用户满意度，除送货到家、安装调试、上门维修、供应零部件、施行退换制度、咨询解答、现场处理问题等常规服务外，还要为水泥用户提供技能和惊喜服务。如：①从销售前端入手，销售人员了解用户购买水泥的使用地方、工程结构要求、混凝土材料配比、施工时间等情况，到时提供相宜的水泥施工、使用说明书和到现场进行技术指导；②以用户需求为导向，开展多项附加免费服务，如根据用户施工条件，向用户提供免费对砂、石的检测服务和推荐混凝土配比，提升用户对水泥产品的依赖度和满意度。

# 六、"工业 4.0"和"中国制造 2025"

制造业是立国之本、兴国之器、强国之基。历史证明，没有强大的制造业，就没有国家和民族的强盛，制造业历次工业革命的特征见表9-8。目前制造领域推行"工业 4.0"计划和"中国制造 2025"行动纲领。中国科学院周济院长指出"中国制造 2025"的核心是创新驱动发展，主线是工业化和信息化（两化融合），主攻方向是智能制造（制造业数字化、网络化、智能化）。

表 9-8　制造业历次工业革命的特征

| 项目 | 工业 1.0 | 工业 2.0 | 工业 3.0 | 工业 4.0 |
|---|---|---|---|---|
| 起止时间 | 1760～1840 年 | 1840～1950 年 | 1950～2011 年 | 2011～ |
| 时代 | 蒸汽时代 | 电气时代 | 信息时代 | 智能时代 |
| 标志 | 蒸汽机 | 发电机和内燃机 | 电子计算机 | 智能网络技术 |
| 特征 | 机械化 | 电气化 | 数控化 | 智能化 |
| 成就 | 工厂制代替手工工场,机器代替手工劳动 | 电力驱动产品,大规模流水线生产 | 电子与信息技术广泛应用,制造过程实施自动化 | 智能工厂＋智能生产＋智能产品 |
| 领导国家 | 英国 | 美国和德国 | 美国 | 德国 |
| 能源 | 煤炭 | 电力、石油 | 原子能及新能源 | 页岩气及新能源 |

## 1. "工业 4.0"

**(1) "工业 4.0" 寓意** "工业 4.0" 处于工业发展四个阶段中的第四个阶段；"工业 4.0" 系在制造业构建物理-信息系统，要将物联网和（服）务联网引入制造工厂中，从而彻底改变工业生产的组织方式和人机关系，将形成一个高度灵活、个性化、数字化和服务型生产模式。

**(2) 德国推行 "工业 4.0"** 德国有了产业竞争优势，积极推行以物联网和智能为主导的第四次工业革命。2013 年 4 月，德国政府在制造领域提出 "工业 4.0 战略"，其目的是提高德国工业的竞争力。改革现有生产方法，充分利用信息通信技术和信息物理系统相结合的手段，将制造业向智能化转型。

## 2. "中国制造 2025"

**(1) "中国工业 4.0"** "中国制造 2025" 也称为 "中国工业 4.0"，它是我国实施制造强国战略的第一个十年行动纲领。通过统筹规划和前瞻部署，力争到新中国成立一百周年时，把我国建设成为制造强国，为实现中华民族复兴的中国梦，打下坚实基础。水泥行业大而不强，与世界先进水泥技术指标相比，在能耗、资源利用率、劳动生产率、信息化程度、自主创新产品等方面，还存在差距。要实现 "由大变强"，必须通过 "两化融合战略" "抓机遇，促提升"。"两化融合" 是指信息化和工业化深度融合，以信息化带动工业化，以工业化促进信息化，其目的是在两者融合的过程中，寻找新的经济增长点，实现我国水泥业梦想。

**(2) "水泥工业 4.0"**

① 主要内容。在参考文献 [7] 中描述 "水泥工业 4.0" 的主要内容：一是 "智能工厂"，即用智能化的方式改造生产系统和生产过程，实现工厂生产的智能化；二是 "智能生产"，主要涉及整个企业的生产物流管理、人机互动以及 3D 打印技术在工业生产过程中应用等；三是 "智能物流"，利用互联网等方式整合物料资源，充分提高物流效率。

② 智能工厂。水泥智能化工厂，即具备了智能化的生产设备、生产过程、生产经营的工厂。每道工序、每个制造环节是被监控的，不被人因素所干扰，实现人、机、料与产品的智能控制。整个生产经营管理的每个环节、过程实现信息化，实施智能化服务，实现定制生产，最终使得全员劳动生产率成倍提高、资源利用率大大提高和运营成本降低。

③ 示范工程。中国建材旗下的泰安中联水泥公司的 "水泥智能工厂" 项目，成为全国首批入选 "国家首批智能制造试点示范项目"。该项目目前第一期 "水泥智能工厂" 已建成投产，年产 200 万吨世界级、低能耗新型干法全智能生产线。据资料介绍，该生产线是国内同行业节能、环保、自动化水平最高的生产线，是世界领先的低能耗、环保示范线。它集中配置了 "质量管理、设备管理、能源管理等系统"，呈现矿山开采智能化、原料处理无均化、物料粉磨无球化、生产管理信息化、生产控制自动化、耐火材料无铬化、生产现场无人化、生产过程可视化的八大特点。项目采用了大量自有技术和装备、集成应用数字化矿山开采、自动配料、窑尾智能控制等信息技术，将多个子智能系统集成为短流程、自动水泥智能制造系统，是水泥智能工艺流程布局的一次突破性变革。提升了能源利用率，实现节能减排，提高了企业经济效益。

## 七、标准体系改革

### 1. 我国标准现状

**（1）现状**  标准体系除众所周知的国家标准、行业标准、地方标准和企业标准外，目前国际上还有团体标准。我国现有标准体系为国家标准、行业标准、地方标准，均由政府部门制定，企业标准由企业根据需要自主制定，但要高于或等于国家、行业标准，同时要到政府备案、审查。我国目前"团体标准"正在试点，尚没有法律地位。截至 2016 年，39 家学会、协会和团体制定了 335 项团体标准。

**（2）存在弊端**  一是标准制定制度的周期长。国家标准的制定周期平均为 3 年，远远落后于产业快速发展的需要；标准更新速度慢，难以支撑产业经济转型升级。二是有的标准企业执行有困难。因目前现行标准（国家、地方、行业）中，有的标准指标相同，有的不一致，甚至冲突，造成企业执行标准时，以何为准陷入困难，也造成执法尺度不一；三是供内部使用的企业标准，需要备案，企业能动性受到抑制。

### 2. 标准改革方向

**（1）标准体系改革**  标准体系改革，实现政府主导制定的标准，侧重于保基本，市场制定的标准，侧重于提高竞争力。据相关资料介绍，标准改革缩减为两大系统，一是由政府主导制定的标准（强制性国家标准、推荐性国家标准、推荐性行业标准和推荐性地方标准）；二是市场自主制定的标准（企业标准和团体标准）。企业标准根据企业需要自主制定，鼓励企业制定高于国家标准、行业标准、地方标准的企业标准，逐步取消政府对企业产品标准的备案管理。

**（2）增设团体标准**  国务院发布的《深化标准化工作改革方案》中，明确提出培育发展团体标准。在工作推进上，选择市场化程度高、技术创新活跃、产品类标准较多的领域，先行开展团体标准试点工作。团体标准（协会标准）由具备相应能力的协会、学会、商会、联合会等社会组织和产业联盟协调相关市场主体共同制定，满足市场和创新需要的标准，供市场自愿选择，增加标准的有效供给，由社会组合和产业技术联盟自主制定和发布，通过市场竞争优胜劣汰。同时还需要政府予以必要的规范、引导和监督，帮助团体标准步入正确化。

### 参 考 文 献

[1]  蔡玉良等.水泥工业 $CO_2$ 减排及资源化技术探讨 [J].中国水泥，2015（1）：69.

[2]  赵晓东.水泥中控操作员 [M].北京：中国建材出版社，2014.

[3]  高长明."机械生物预处理＋热盘炉"协同处置生活垃圾在华润水泥成功应用 [N].中国建材报，2016-7-15（二版）.

[4]  侯星宇等.水泥窑协同处置工业废弃物的生命周期评价 [J].北京，环境科学学报，2015（12）：4113-4118.

[5]  靳吉丽，曹欣欣.团体标准"实至名归" [J].中国标准化，2015，（4）：35-37.

[6]  武洪明.推进水泥工业供给侧结构性改革至关重要 [N].中国建材报，2016-7-27（二版）.

# 附录 标准、规范、政策

## 附录一 《水泥单位产品能源消耗限额》（GB 16780—2012）

### 1. 现有水泥企业水泥单位产品能源消耗限额限定值指标（强制性）

| 项目 | | 可比熟料综合 | | | 可比水泥综合 | |
|---|---|---|---|---|---|---|
| | | 煤耗/(kg$_{ce}$/t) | 电耗/(kW·h/t) | 能耗/(kg$_{ce}$/t) | 电耗/(kW·h/t) | 能耗/(kg$_{ce}$/t) |
| 熟料 | | ≤112 | ≤64 | ≤120 | — | — |
| 水泥 | 无外购熟料 | — | — | — | ≤90 | ≤98① |
| | 外购熟料 | — | — | — | ≤40 | ≤8 |

① 如果水泥中熟料配比超过或低于75%，每增减1%，可比水泥综合能耗限额限定值应增减1.20kg$_{ce}$/t。

### 2. 新建水泥企业水泥单位产品能耗消耗限额准入值指标（强制性）

| 项目 | | 可比熟料综合 | | | 可比水泥综合 | |
|---|---|---|---|---|---|---|
| | | 煤耗/(kg$_{ce}$/t) | 电耗/(kW·h/t) | 能耗/(kg$_{ce}$/t) | 电耗/(kW·h/t) | 能耗/(kg$_{ce}$/t) |
| 熟料 | | ≤108 | ≤60 | ≤115 | — | — |
| 水泥 | 无外购熟料 | — | — | — | ≤88 | ≤93① |
| | 外购熟料 | — | — | — | ≤36 | ≤7.5 |

① 如果水泥中熟料配比超过或低于75%，每增减1%，可比水泥综合能耗限额限定值应增减1.15kg$_{ce}$/t。

### 3. 水泥企业水泥单位产品能耗限额先进值指标（推荐性）

| 项目 | | 可比熟料综合 | | | 可比水泥综合 | |
|---|---|---|---|---|---|---|
| | | 煤耗/(kg$_{ce}$/t) | 电耗/(kW·h/t) | 能耗/(kg$_{ce}$/t) | 电耗/(kW·h/t) | 能耗/(kg$_{ce}$/t) |
| 熟料 | | ≤103 | ≤56 | ≤110 | — | — |
| 水泥 | 无外购熟料 | — | — | — | ≤85 | ≤88① |
| | 外购熟料 | — | — | — | ≤32 | ≤7.0 |

① 如果水泥中熟料配比超过或低于75%，每增减1%，可比水泥综合能耗限额限定值应增减1.10kg$_{ce}$/t。

### 4. 水泥生产企业的分步能耗限额指标
#### （1）现有水泥企业分步能耗

| 项目 | 生料制备工段① 电耗/(kW·h/t) | 熟料烧成工段 | | 水泥制备工段 电耗/(kW·h/t) |
|---|---|---|---|---|
| | | 煤耗/(kg$_{ce}$/t) | 电耗/(kW·h/t) | |
| 熟料 | ≤22 | ≤115 | ≤33 | — |
| 水泥 | ≤22 | ≤115 | ≤33 | ≤38 |

① 生料制备工段为原料中等易磨性的电耗，应折算至每吨生料基准；没有经过海拔高度和强度等级修正，为水泥企业实际能源消耗，供水泥企业生产控制指标参考。指标主要考虑为海拔高度低于1000m的生产线生产中实际消耗的能源。

设备配置：生料采用辊式磨或辊压机终粉磨系统；烧成系统采用新型干法生产工艺，煤粉制备采用风扫磨或辊式磨；水泥制备采用辊式磨系统、辊压机半终粉磨系统；大型风机采用适当的调速方式。

（2）新建水泥企业分步能耗

| 项目 | 生料制备工段[①]<br>电耗/(kW·h/t) | 熟料烧成工段 | | 水泥制备工段<br>电耗/(kW·h/t) |
| --- | --- | --- | --- | --- |
| | | 煤耗/(kg_ce/t) | 电耗/(kW·h/t) | |
| 熟料 | ≤18.5 | ≤108 | ≤33 | — |
| 水泥 | ≤18.5 | ≤108 | ≤33 | ≤34 |

① 生料制备工段为原料中等易磨性的电耗，应折算至每吨生料基准。

在设备配置上，除大型风机外，与"现有企业"相同。大型风机采用变频调速方式同时配制纯低温余热发电系统，窑头和窑尾除尘设备均采用袋除尘器。

（3）水泥企业分步能耗先进值指标

| 项目 | 生料制备工段[①]<br>电耗/(kW·h/t) | 熟料烧成工段 | | 水泥制备工段<br>电耗/(kW·h/t) |
| --- | --- | --- | --- | --- |
| | | 煤耗/(kg_ce/t) | 电耗/(kW·h/t) | |
| 熟料 | ≤16 | ≤105 | ≤32 | — |
| 水泥 | ≤16 | ≤105 | ≤32 | ≤32 |

① 生料制备工段为原料中等易磨性的电耗，应折算至每吨生料基准。水泥企业通过节能技术改造和加强节能管理，达到分步电耗先进值。

能耗限额标准中的强制性属性、用途如下："限定值"指标是淘汰落后产能的强制性要求，用于支撑淘汰高耗能的生产工艺和技术；"准入值"指标是对新建企业工艺的强制性要求，用于支撑固定资产投资项目节能评价与审查；"先进值"指标代表了国际或国内先进水平，用于支撑能效对标、先进工艺和技术推广及优惠鼓励政策。

能耗限额标准，提高了新建项目的能效准入门槛、淘汰落后产能、推广高效节能产品、促进节能技术进步，对提升能源管理水平具有重要意义。

指标定义如下。

熟料综合煤耗：在统计期内生产每吨熟料的燃料消耗折算成标准煤，包括烘干原燃材料和烧成熟料消耗的燃料。

可比熟料综合煤耗：在统计期内生产每吨熟料的燃料消耗，包括烘干原燃材料和烧成熟料消耗燃料的熟料综合煤耗，再按熟料28d抗压强度等级修正到52.5等级及海拔高度统一修正后所得的标准煤耗。

熟料综合电耗：在统计期内生产每吨熟料，包括熟料生产过程的电耗和生产熟料辅助过程的电耗。

可比熟料综合电耗：在统计期内生产每吨熟料的综合电力消耗，包括熟料生产过程的电耗和生产熟料辅助过程的电耗，再按熟料28d抗压强度等级修正到52.5等级及海拔高度统一修正后所得的综合电耗。

可比熟料综合能耗：在统计期内生产每吨熟料消耗的各种能源，按熟料28d抗压强度等级及海拔高度统一修正到52.5等级后并折算成标准煤所得的综合能耗。

水泥综合电耗：在统计期内生产每吨水泥的综合电力消耗，包括水泥生产各过程的电耗和生产水泥的辅助过程的电耗（包括厂区线路损失以及车间办公室、仓库的照明等消耗）。

可比水泥综合能耗：在统计期内生产每吨水泥消耗的各种能源，统一按熟料 28d 抗压强度等级修正到 52.5 等级、海拔高度、水泥 28d 抗压强度等级修正到出厂为 42.5 等级及海拔高度统一修正后，并折算成标准煤所得的综合能耗。

熟料强度 $d_A$、水泥强度 $d_B$ 及海拔高度 $K$ 修正计算式：

$$d_A = \sqrt[4]{\frac{52.5}{A}} \qquad d_B = \sqrt[4]{\frac{42.5}{B}} \qquad K = \sqrt{\frac{P_H}{P_0}}$$

式中　$d_A$、$d_B$、$K$——熟料、水泥强度等级和海拔修正系数；

　　　　$A$、$B$——在统计期内熟料平均 28d 抗压强度、水泥加权平均强度，MPa；

　　　　$P_H$、$P_0$——当地环境大气压和海平面环境大气压（10325Pa），Pa。

# 附录二　《水泥工业大气污染物排放标准》（GB 4915—2013）

1. 现有与新建企业大气污染物排放限值［单位：mg/m³（标准）］

| 生产过程 | 生产设备 | 颗粒物 | 二氧化硫 | 氮氧化物（以 NO₂ 计） | 氟化物（以总 F 计） | 汞及其化合物 | 氨 |
|---|---|---|---|---|---|---|---|
| 矿山开采 | 破碎机及其他通风生产设备 | 20 | — | — | — | — | — |
| 水泥制造 | 水泥窑及窑尾余热利用系统 | 30 | 200 | 400 | 5 | 0.05 | 10① |
| | 烘干机、烘干磨、煤磨及冷却机 | 30 | 600② | 400② | — | — | — |
| | 破碎机、磨机、包装机及其他通风生产设备 | 20 | — | — | — | — | — |
| 散装水泥中转站及水泥制品生产 | 水泥仓及其他生产设备 | 20 | — | — | — | — | — |

① 适用于使用氨水、尿素等含氨物质作为还原剂，去除烟气中氮氧化物。
② 适用于采用独立热源的烘干设备。

现有企业 2015 年 6 月 30 日前仍执行 GB 4945—2004，自 2015 年 7 月 1 日起执行 GB 4945—2013 标准。新建企业自 2014 年 3 月 1 日起执行 GB 4945—2013 标准。

2. 大气污染物特别排放限值［单位：mg/m³（标准）］

| 生产过程 | 生产设备 | 颗粒物 | 二氧化硫 | 氮氧化物（以 NO₂ 计） | 氟化物（以总 F 计） | 汞及其化合物 | 氨 |
|---|---|---|---|---|---|---|---|
| 矿山开采 | 破碎机及其他通风生产设备 | 10 | — | — | — | — | — |
| 水泥制造 | 水泥窑及窑尾余热利用系统③ | 20 | 100 | 320 | 3 | 0.05 | 8① |
| | 烘干机、烘干磨、煤磨及冷却机 | 20 | 400② | 300② | — | — | — |
| | 破碎机、磨机、包装机及其他④通风生产设备 | 10 | — | — | — | — | — |
| 散装水泥中转站及水泥制品生产 | 水泥仓及其他生产设备 | 10 | — | — | — | — | — |

① 适用于使用氨水、尿素等含氨物质作为还原剂，去除烟气中氮氧化物。

② 适用于采用独立热源的烘干设备。

③ 窑尾余热利用系统，是指引入水泥窑窑尾废气利用废气余热进行物料干燥、发电等，并对余热利用后的废气进行净化处理的系统。

④ 散装水泥中转站及水泥制品是指散装水泥集散中心。一般为水运（海运、河运）与陆运中转站。预拌混凝土、砂浆和混凝土预制件的生产，不包括水泥用于施工现场搅拌的过程。

重点地区企业执行上表规定的大气污染物特别排放限值。执行特别排放限值的时间和地域范围由国务院环境保护行政主管部门或省级人民政府规定。重点地区是指根据环境保护工作的要求，在国土开发密度较高，环境承载能力开始减弱，或大气环境容量较小、生态环境脆弱，容易发生严重大气环境污染问题而需要严格控制大气污染物排放的地区。

3. 大气污染物无组织排放限值［单位：mg/m³（标准）］

| 序号 | 污染物项目 | 限值 | 限值含义 | 无组织排放监控位置 |
|---|---|---|---|---|
| 1 | 颗粒物 | 0.5 | 监控点与参照点总悬浮物（TSP）1h浓度值的差值 | 厂界外20m处上风向设参照点，下风向设监控点 |
| 2 | 氨① | 1.0 | 监控点处1h浓度平均值 | 监控点设在下风向厂界外10m范围内浓度最高点 |

① 适用于使用氨水、尿素等含氨物质作为还原剂，去除烟气中氮氧化物。

无组织排放是指大气污染物不经过排气筒的无规则排放，主要包括作业场所物料堆存、开放式输送扬尘，以及设备、管线等大气污染物泄漏。

自2014年3月1日起，水泥工业企业大气污染物无组织排放监控点浓度应符合上表规定。

# 附录三　我国利用水泥窑协同处置固体废物现行的污染控制标准及控制目标

| 形态 | | 污染物种类 | 标准号 | 控制目标 | |
|---|---|---|---|---|---|
| 气相中 | 气态污染物/［mg/m³（标准）］ | 氯化氢（HCl） | ① | 10 | |
| | | 氟化氢（HF） | ① | 1 | |
| | | 二噁英类 | ① | 0.1ng-TEQ/m³ | |
| | | $NO_x$ | ② | 400；重点地区企业320 | |
| | | $SO_2$ | ② | 200；重点地区企业100 | |
| | | TOC | ① | 10（指协同处置固废前后增加值） | |
| | | 恶臭气体 | ③ | 具体参考标准所述 | |
| | 固态悬浮物/［mg/m³（标准）］ | 汞及其化合物（以Hg计） | ① | 0.05 | |
| | | 铊、镉、铅、砷及其化合物（以Tl+Cd+Pb+As计） | ① | 1 | |
| | | 粉尘 | ② | 30；重点地区企业20 | |
| 固相中 | 熟料 | 重金属类 | | 熟料中含量/(mg/kg) | 熟料浸出含量/(mg/L) |
| | | 砷（As） | ④ | 40 | 0.1 |
| | | 铅（Pb） | | 100 | 0.3 |
| | | 镉（Cd） | | 1.5 | 0.03 |
| | | 铬（Cr） | | 150 | 0.2 |
| | | 铜（Cu） | | 100 | 1.0 |
| | | 镍（Ni） | | 100 | 0.2 |
| | | 锌（Zn） | | 500 | 1.0 |
| | | 锰（Mn） | | 600 | 1.0 |

| 形态 | 污染物种类 | | 标准号 | 控制目标 | | |
|---|---|---|---|---|---|---|
| | | | | 一级 | 二级 | 三级 |
| 液相中 | 污水处理系统出水 | 相关物质 | ⑤ | | | |
| | | pH | | 6~9 | 6~9 | 6~9 |
| | | COD | | 100 | 150 | 500 |
| | | BOD₅ | | 20 | 30 | 300 |
| | | SS | | 70 | 150 | 400 |
| | | 氨氮 | | 15 | 25 | — |
| | | 总汞(Hg) | | 0.05 | | |
| | | 总镉(Cd) | | 0.1 | | |
| | | 总铬(Cr) | | 1.5 | | |
| | | 总砷(As) | | 0.5 | | |
| | | 总铅(Pb) | | 1.0 | | |
| | | 总镍(Ni) | | 1.0 | | |

重点地区指：根据环境保护工作的要求，在国土开发密度较高，环境承载能力开始减弱，或大气环境容量较小，生态环境脆弱，容易发生严重大气环境污染问题，而需要严格控制大气污染物排放的地区。

标准号中数码代表：①GB 30485—2013；②GB 4915—2013；③GB 14554—1993；④GB 30760—2014；⑤GB 8978—1996。

技术链接：pH——酸碱度；TOC——总有机碳；COD——化学需氧量；BOD₅——5 日生化需氧量；SS——总固体悬浮物含量。

《水泥窑协同处置工业废物设计规范》（GB 50634—2010）中规定的水泥中重金属限值如下。

| 重金属元素 | 在熟料中固化率/% | 含量限值/(mg/kg) | | |
|---|---|---|---|---|
| | | 生料中 | 熟料中 | 水泥中 |
| 砷(As) | 83~91 | 20 | 40 | 0.05 |
| 铅(Pb) | 72~95 | 60 | 100 | 0.1 |
| 镉(Cd) | 80~99 | 1.0 | 1.5 | 0.01 |
| 铬(Cr) | 91~97 | 90 | 150 | 0.1 |
| 铜(Cu) | 80~99 | 60 | 100 | 1.5 |
| 镍(Ni) | 87~97 | 60 | 100 | 0.1 |
| 锌(Zn) | 74~88 | 300 | 500 | 5.0 |
| 钡(Ba) | 80~99 | 200 | 400 | 4.0 |
| 锰(Mn) | 80~99 | 60 | 100 | 1.0 |

注：资料来源为颜碧兰等. 我国水泥窑协同处置废弃物技术规范研究进展 [J]. 中国水泥，2012：46-47.

# 附录四 水泥行业规范条件 (2015 年本)

2015 年第 5 号

## 一、建设要求与产业布局

① 水泥建设项目（包括水泥熟料和水泥粉磨）应符合主体功能区规划，国家产业规划和产业政策，当地水泥工业结构调整方案。建设用地符合城乡规划，土地利用总体规划和土地使用标准。

② 禁止在风景名胜区、自然保护区、饮用水源保护区、大气污染防治敏感区域、非工业规划建设区和其他需要特别保护的区域内新建水泥项目。

③ 建设水泥熟料项目必须坚持等量或减量置换，避免水泥熟料产能增长。支持现有企业围绕发挥特种水泥（含专用水泥）开展提质增效改造。

④ 新建水泥项目，应当统筹构建循环经济产业链。新建水泥熟料项目，须兼顾协同处置当地城市和产业固体废物。新建水泥粉磨项目，要统筹消纳利用当地适用作混合材料的固体废物。

## 二、生产工艺与技术装备

① 水泥建设项目应按《产业结构调整指导目录》要求，采用先进可靠、能效等级高、本质安全的工艺、装备和信息技术，提高自动化水平。

② 水泥企业按《工业项目建设用地控制指标》规定集约利用土地，产区划分功能区域，按《水泥工厂设计规范》（GB 50295）建设。

③ 水泥熟料项目应有设计开采年限不低于 30 年的石灰岩资源保障。水泥粉磨项目要配套建设适度规模的散装设施。

④ 推进企业信息化建设，加快建立企业能源、资源管理系统，提升信息化水平，从源头上减少污染物产生，提高资源利用率和本质安全水平。

## 三、清洁生产和环境保护

① 水泥企业应按《水泥行业清洁生产评价指标体系》（发改委公告 2014 年第 3 号）要求，建立清洁生产推行机制，定期实施清洁生产审核。

② 建立主要污染物在线监控系统。易产生粉尘的工段，配套建设抑尘、除尘设施，防止含尘气体无组织排放。采用智能装置，减少含尘现场操作人员。水泥熟料项目采用抑制氮氧化物产生的工艺和原燃料，配套建设脱硝装置（效率不低于 60%）和除尘装置。水泥粉磨项目配套建设除尘装置，气体排放达到《水泥工业大气污染物排放标准》（GB 4915）。

③ 固体废弃物按规定收集、贮存和再利用。石灰岩矿山建设、生产坚持生态保护、安全生产和资源综合利用，严格按照批复的矿山资源开发利用方案进行，严防水土流失，统筹骨料（机制砂）生产。

④ 完善噪声防治措施，厂界噪声符合《工业企业厂界环境噪声排放标准》（GB 12348）。

⑤ 限制使用并加快淘汰含铬耐火材料和预热器内筒，积极推进水泥窑无铬化。

⑥ 开展废物协同处置，须严格执行《水泥窑协同处置固体废弃物污染控制标准》（GB 30485）。

⑦ 实施雨污分流，清污分流，生产冷却水循环使用，废水经处理后尽可能循环使用，确实无法利用的必须达标排放。

⑧ 环境保护设施应与主体工程同时设计、同时施工、同时投入使用。

⑨ 建立环境管理体系，制定环境突发事件应急预案。

### 四、节能降耗和综合利用

① 统筹建设企业能源管理中心，推进能源梯级高效利用，开展节能评估与审查，建立能源管理体系。

② 单位产品能耗限额按《水泥单位产品能源消耗限额》（GB 16780）执行。

③ 年耗标准煤 5000 吨以上的企业，定期向工业节能主管部门报送企业能源利用状况报告。

④ 支持现有企业围绕余热利用、粉磨节能、除尘脱硝等开展节能减排改造，围绕协同处置城市和产业废弃物开展功能拓展改造。

### 五、质量管理和产品质量

① 建立水泥产品质量保证制度和企业质量管理体系。

② 按《水泥企业质量管理规程》（工原 [2010] 第 129 号公告）设定专门质量保障机构和合格的化验室，建立水泥产品质量对比验证和内部抽查制度。

③ 开展产品质量检验、化学分析对比验证检验和抽查对比活动，确保质量保证制度和质量管理体系运转有效。

④ 水泥粉磨生产中添加助磨剂的，水泥产品出厂检验报告单上要注明助磨剂的主要成分和添加量。复合水泥产品出厂检验报告单要注明混合材的种类、成分和掺合量。

⑤ 水泥质量符合《通用硅酸盐水泥》（GB 175）。水泥熟料质量符合《硅酸盐水泥熟料》（GB/T 21372）。

⑥ 不向无水泥产品生产许可证的企业出售水泥熟料。

### 六、安全生产、职业卫生和社会责任

① 水泥建设项目符合《水泥工厂职业安全卫生设计规范》（GB 50577）的要求。

② 建立健全安全生产责任制和各项规章制度，完善以安全生产标准标准化为基础的安全生产管理体系。

③ 配套建设安全生产和职业危害防治设施，并与主体工程同时设计、同时施工、同时投入使用。

④ 不偷漏税款，不拖欠工资，按期足额缴纳养老保险、医疗保险、工伤保险、失业保险和生育保险金。

⑤ 鼓励企业定期发布社会责任报告。

### 七、监督管理

① 水泥建设项目应符合本规范条件。项目的投融资、土地供应、环保评价、节能评估、安全监督、生产许可和淘汰落后等应依据本规范条件进行。

② 地方工业和信息化主管部门督促本地区水泥企业执行本规范条件。

③ 工业和信息化部依企业申请公告符合本规范条件的企业和生产线名单，并实行动态管理。

④ 鼓励企业自我声明企业生产经营符合本规范条件。有关协会和中介机构配合宣传和监督执行本规范条件。

### 八、附则

① 本规范条件适用于中华人民共和国境内（台湾、香港、澳门地区除外）水泥企业。

新型干法水泥生产工艺读本（第三版）

② 本规范条件所涉及的国家标准、政策和法规若进行修订的，按修订后的执行。

③ 本规范条件由工业和信息化部负责解释。

④ 本规范条件自 2015 年 3 月 1 日起实施。《水泥行业准入条件》（工原 [2010] 第 127 号公告）同时废止。

# 附录五 《产品质量国家监督抽查不合格产品生产企业后处理工作规定》摘录

2015 年第 57 号 2015 年 7 月 1 日执行

第一章 总则 从第一条到第五条

本规定适用于质检总局组织实施的产品质量国家监督抽查（以下简称"国抽"）不合格产品生产企业的后续处理工作。

第二章 工作内容和程序 从第六条到第二十二条

不合格产品生产企业应当自收到《产品质量国家监督抽查责令整改通知书》之日起，根据不合格产品产生的原因和后处理部门（指负责实施"国抽"后处理的部门）提出的整改要求，制定整改方案。按下列要求在 30 日内完成整改，并向后处理部门提交整改报告，提出复查申请。

一、要求

① 自收到"国抽"不合格产品检验报告之日起至整改复查合格前，停止生产、销售同一规格型号的产品。

② 在本单位通报监督抽查情况，查明产品不合格原因，查清质量责任，制定相应的整改措施，落实质量主体责任。

③ 对库存不合格产品及检验机构退回的不合格样品，进行全面清理，并妥善保管，等待后处理部门依法处置。对已出厂、销售的不合格产品，依法进行处理，主动向社会公布有关信息，通知销售者停止销售，并向后处理部门书面报告有关情况。

④ 对只因标签、标志或者说明书不符合产品安全标准的产品，生产企业在采取补救措施且能保证产品质量安全的情况下，方可继续销售，并向后处理部门书面报告有关情况。

⑤ 参加质量技术监督部门组织的产品质量分析会。

⑥ 接受质量技术监督部门组织的整改复查。

除因停产、转产等原因不再继续生产销售的，或者因拆迁、自然灾害等情况不能正常生产且能提供有效证明的以外，不合格产品生产企业必须进行整改。

二、申请延期

不合格产品生产企业不能按期完成整改的，可以申请延期一次，并应在整改期满 5 日前，向后处理部门申请延期复查，延期不得超过 30 日。

三、暂时不能进行整改

不合格产品生产企业确因不能正常生产而造成暂时不能进行整改的，应当提供有效证明，停止同类产品的生产。在正常生产该类产品时，按要求进行整改并申请复查。企业在整改复查合格前，不得继续生产销售同一规格型号的产品。

四、逾期不改正时

不合格产品生产企业逾期不改正，由省级质量技术监督部门向社会公告。公告后，后处理部门，应当组织进行强制复查。经复查仍不合格的，后处理部门应当责令企业在 30 日内进行停业整顿。整顿期满后经再次复查仍不合格的，应当通报工商行政和其他行政许可部门吊销有关证照。

## 附录六　中国建材联合会提出淘汰落后产能的六大措施

（摘录自《中国建材》2015 年 11 期 24 页）

① 根据新落后产能界定标准，新增加"淘汰达不到国家能耗标准、环保排放标准和质量标准的水泥生产线（包括粉磨站），淘汰达不到国家环保排放标准和质量标准的特种水泥生产线"。

② 加强能耗测定和能耗评价，严格执行能耗标准。水泥企业要严格按照《水泥行业规范条件（2015 年本）》要求，企业自行定期保送单位产品能耗数据。政府主管部门可通过具有水泥企业能源审计资质的第三方机构进行协助核查，进行准确的产品能耗测定和评价。对能耗不达标的生产线，责令其在 6 个月内进行技术改造；对于超过期限能耗仍然不达标的生产线，地方政府将其关闭。

③ 实施污染物排放的实时监控，严格执行环保排放标准。水泥生产线要全部安装在线污染物排放监测装置，并与政府相关部门联网，实施远程实时监督。对发现在线排放监测不合格（按当日平均值）或政府部门抽查不合格的生产线（每年至少抽查三次），严格按规定进行环保处罚，并下达环保改造通知，要求限期整改。在整改期限内，实施惩罚性排污费。对于超过期限环保排放仍不合格的生产线，地方政府要停发《排放污染物许可证》，并责令其关闭。

④ 加大质量监督力度，严格执行质量标准。由政府部门委托有水泥产品检验资质的机构，加强对水泥产品质量的检查频次，重点检查规模小，环保和能耗不易达标的生产线（每年至少抽查三次）。对检查出质量不合格且经整改后仍然达不到要求的生产线，政府部门要责令其关闭。

⑤ 委托独立第三方专业机构检测和评价。选择有国家级资质的独立第三方专业机构，开展能耗、污染物排放和产品质量检测与评价，为行政主管部门提供数据和依据。政府主管部门根据第三方数据，明确与推进淘汰落后生产线的时限并跟踪实施。另外，要设立专项资金支撑第三方专业机构的运行。

⑥ 建立有效的淘汰落后产能的机制。为确保淘汰落后产能的顺利进行，建议对属于淘汰的生产线，由地方政府主管部门将其列入淘汰名单，明确淘汰的时间、责任人，并联合当地有关金融、电力部门，在 6 个月内对企业采取停止贷款、停止能源供应等有效措施，确保淘汰落后水泥生产线顺利完成。

## 附录七　《关于水泥企业用电实行阶梯电价政策有关问题的通知》摘录

国家发改委、工信部下发《关于水泥企业用电实行阶梯电价政策有关问题的通知》（发改价格〔2016〕75 号）。在通知中决定自 2016 年 1 月 14 日对水泥生产企业（对淘汰类以外的通用硅酸盐水泥生产）用电实行基于可比熟料（水泥）综合电耗水平标准的阶梯电价政策。

新型干法水泥生产工艺读本（第三版）

**一、对水泥生产企业用电实行阶梯电价**

① 对《产业结构调整指导目录（2011 年本）（修正）》明确淘汰的利用水泥立窑、干法中空窑、立波尔窑、湿法窑生产熟料的企业以外的通用硅酸盐水泥生产企业生产用电实行基于可比熟料（水泥）综合电耗水平标准的阶梯电价政策。水泥企业用电阶梯电价标准具体见附件。

② 水泥企业用电阶梯电价按年度执行，数据的核算基期为上一年度 1 月 1 日起到 12 月 31 日止。

③ 国家将根据情况适时调整水泥企业用电实行阶梯电价政策实施的电耗分档和加价标准。

④ 各地可以结合实际情况在上述规定基础上进一步加大阶梯电价实施力度，提高加价标准。

**二、建立健全相关配套制度**

略

**三、加强分工协作**

略

**四、严格管理和规范使用加价电费资金**

因实施阶梯电价政策而增加的加价电费，10％留电网企业用于弥补执行阶梯电价增加的成本；90％留给地方政府用于奖励水泥行业先进企业、支持企业节能改造。具体加价电费资金管理使用办法由省级人民政府有关部门制定。

**五、加强监督检查**

略

**六、其他事项**

本通知自印发之日起执行。对原淘汰类以外的通用硅酸盐水泥生产企业实施的差别电价和惩罚性电价政策相应停止执行。

附件：水泥企业用电阶梯电价加价标准

国家发改委、工信部 2015 年 1 月 14 日

## 附件　水泥企业用电阶梯电价加价标准

① GB 16780—2012《水泥单位产品能源消耗限额》实施之前（2013 年 10 月 1 日之前）投产的水泥企业，阶梯电价加价标准如下。

| 水泥生产线 | 可比水泥综合电耗不超过 90kW·h/t 的用电不加价；可比水泥综合电耗＞90kW·h/t，但≤93kW·h/t 的，电价每 kW·h/t 加价 0.1 元；可比水泥综合电耗＞93kW·h/t 的，电价每 kW·h/t 加价 0.2 元 |
|---|---|
| 水泥熟料生产线 | 可比熟料综合电耗不超过 64kW·h/t 的用电不加价；可比熟料综合电耗＞64kW·h/t，但≤67kW·h/t 的，电价每 kW·h/t 加价 0.1 元；可比熟料综合电耗＞67kW·h/t 的，电价每 kW·h/t 加价 0.2 元 |
| 水泥粉磨站 | 可比水泥综合电耗不超过 40kW·h/t 的用电不加价；可比水泥综合电耗＞40kW·h/t，但≤42kW·h/t 的，电价每 kW·h/t 加价 0.15 元；可比水泥综合电耗＞42kW·h/t 的，电价每 kW·h/t 加价 0.25 元 |

② GB 16780—2012《水泥单位产品能源消耗限额》实施之后（2013 年 10 月 1 日之后）

投产的水泥企业，阶梯电价加价标准如下。

| 水泥生产线 | 可比水泥综合电耗不超过 88kW·h/t 的其用电不加价；可比水泥综合电耗＞88kW·h/t，但≤90kW·h/t 的，电价每 kW·h/t 加价 0.1 元；可比水泥综合电耗＞90kW·h/t 的，电价每 kW·h/t 加价 0.2 元 |
|---|---|
| 水泥熟料生产线 | 可比熟料综合电耗不超过 60kW·h/t 的其用电不加价；可比水泥综合电耗＞60kW·h/t，但≤64kW·h/t 的，电价每 kW·h/t 加价 0.1 元；可比水泥综合电耗＞64kW·h/t 的，电价每 kW·h/t 加价 0.2 元 |
| 水泥粉磨站 | 可比水泥综合电耗不超过 36kW·h/t 的其用电不加价；可比水泥综合电耗＞36kW·h/t，但≤40kW·h/t 的，电价每 kW·h/t 加价 0.15 元；可比水泥综合电耗＞36kW·h/t 的，电价每 kW·h/t 加价 0.25 元 |